高等学校网络空间安全专业“十三五”规划教材

新编密码学

范九伦　张雪锋　侯红霞　编著

西安电子科技大学出版社

内 容 简 介

本书系统地介绍了密码学的基本原理、基本算法，并对其安全性进行了相应的分析。全书主要内容包括绪论、基础知识、古典密码、分组密码、序列密码、Hash函数、公钥密码、数字签名与身份认证、密钥管理和现代密码学发展前沿及应用等。

本书主要作为信息安全、网络工程、计算机科学与技术、通信工程等专业本科高年级学生的教材，也可供相关专业的科技人员参考。

图书在版编目(CIP)数据

新编密码学/范九伦，张雪锋，侯红霞编著. —西安：西安电子科技大学出版社，2018.10
ISBN 978-7-5606-5011-1

Ⅰ.①新…　Ⅱ.①范…　②张…　③侯　Ⅲ.①密码学　Ⅳ.①TN918.1

中国版本图书馆CIP数据核字(2018)第179612号

策划编辑　陈　婷
责任编辑　曹　锦　陈　婷
出版发行　西安电子科技大学出版社(西安市太白南路2号)
电　　话　(029)88242885　88201467　　邮　　编　710071
网　　址　www.xduph.com　　　　　　电子邮箱　xdupfxb001@163.com
经　　销　新华书店
印刷单位　陕西天意印务有限责任公司
版　　次　2018年10月第1版　2018年10月第1次印刷
开　　本　787毫米×1092毫米　1/16　印张14.5
字　　数　338千字
印　　数　1～3000册
定　　价　35.00元
ISBN 978-7-5606-5011-1/TN

XDUP　5313001-1

＊＊＊如有印装问题可调换＊＊＊

高等学校网络空间安全专业“十三五”规划教材

编审专家委员会名单

前言

QIANYAN

密码学有着悠久而神秘的历史，最早的密码技术可以追溯到古罗马时代。1949 年，Claude Shannon 在《Bell System Technical Journal》上发表的论文《Communication Theory of Secrecy Systems》，标志着密码学研究进入了崭新的时代。20 世纪 70 年代以来，分组密码和公钥密码技术得到了迅速发展，取得了丰硕的研究成果，也被广泛应用于信息安全的各个领域。随着互联网技术和计算机技术的发展和普及，越来越多的人认识到密码学的重要性。为了给在校本科生学习密码学提供内容较新、论述较系统的教材，也为了给从事相关领域研究工作的科研人员提供一本内容充实并且具有一定实用性的参考书，我们编写了本书。

本书系统地介绍了密码学的基本原理，在此基础上详细介绍了密码学中的基本算法及其应用。其中内容以当前被广泛应用的密码技术为主，重点放在密码学研究的核心问题上，既突出了广泛性，又注重对主要知识内容的深入讨论。书中对当前被广泛应用的密码算法及其理论基础进行了详细介绍，并对其安全性进行了相应的分析。本书的每一章最后都附有相应的习题，便于读者对书中的内容进行总结和应用。

本书计划教学课时为 48～64 学时，建议根据课时量和授课对象来选择和组织相关内容。学习"密码学"课程的学生需要具备高等数学和线性代数的基础知识，同时应该掌握基本的编程技术和数据结构的基本知识。为了便于读者学习和理解，书中同时介绍了学习密码学需要具备的数论基础知识。对于已经具备相关数论知识的读者，这一部分内容可以作为了解；对于不具备相应数论基础知识的读者，这一部分内容可以作为自学部分。

全书共分 10 章，第 1 章由范九伦编写，第 2、3、4 章由张雪锋编写，第 5、6、7、8、9、10 章由侯红霞编写。全书由范九伦负责整理和统稿。

衷心感谢本书的编审专家，他们提出了许多宝贵的意见和建议，使我们受益匪浅。衷心感谢西安电子科技大学出版社的编辑老师，是他们的辛勤劳动，使本书得以顺利出版。为了使本书既包含密码学的基础知识，又能反映这些基础知识涉及的最新研究成果，本书在编写过程中参考了国内外许多同行的论文和著作，引用了其中的观点、数据与结论，在此一并表示谢忱。

由于作者学识有限，书中难免有不当之处，敬请广大读者批评、指正。

作者

2018年5月31日于西安

目录

MULU

第1章 绪 论

全球信息化的飞速发展，特别是计算机技术与通信技术相结合而诞生的计算机互联网的发展和广泛应用，打破了传统的时间和空间的限制，极大地改变了人们的工作方式和生活方式，促进了经济和社会的发展，提高了人们的工作水平和生活质量。

在信息化日益普及的今天，伴随着信息技术的广泛应用，信息资源不仅成为人们日常工作、学习、生活中的基础资源，而且日益成为国家和社会发展的重要战略资源。国际上围绕信息的获取、使用和控制的竞争愈演愈烈，信息安全已成为维护国家安全和社会稳定的一个焦点，各国都给予极大的关注和投入。在我国，与信息技术被广泛应用形成鲜明对比的是信息安全问题日益突出，目前，我国已经成为信息安全事件的主要受害国之一。中国互联网络信息中心(CNNIC)发布的《2016 年中国手机网民网络安全状况研究报告》表明，虽然多年来我国不断加强信息安全的治理工作，但所面临的信息安全问题仍然十分严重，新型的信息安全事件不断出现，且迅速向更多网民蔓延，导致信息安全事件的情境日益多样和复杂化，信息安全所引起的直接经济损失已达到很大规模，发起信息安全事件的因素已从此前的好奇心理升级为明显的逐利性，经济利益链条已然形成，信息安全事件中所涉及的信息类型、危害类型越来越多，且日益深入涉及网民的隐私，潜在的后果更严重。与此同时，我国广大网民缺乏关于信息安全的知识，对信息安全的危害性并不清楚，采取的信息安全保护措施还未达到较高的水平，很多人尚不具备处理信息安全事件的能力。

目前信息安全已成为亟待解决、影响国家大局和长远利益的重大关键问题之一，它不但是发挥信息革命带来的高效率、高效益的有力保证，而且是抵御信息侵略的重要屏障。信息安全保障能力是 21 世纪综合国力、经济竞争实力和生存能力的重要组成部分，是世界各国都在奋力攀登的制高点。从大的方面来说，信息安全问题已威胁到国家的政治、经济和国防等领域；从小的方面来说，信息安全问题已威胁到个人的隐私等。因此，信息安全已成为社会稳定与安全的必要前提条件。

信息安全不仅要保证信息的保密性、完整性，也就是关注信息自身的安全，防止偶然的或未授权者对信息的恶意泄露、修改和破坏，从而导致信息的泄密或被非法使用等问题，而且还要保证信息的可用性、可控性，保证人们对信息资源的有效使用和管理。

密码技术是信息安全的核心技术，它的发展有着悠久而神秘的历史。当前，掌握核心密码技术是关系到国家信息安全战略成败的关键之一。为了对密码技术的发展和基本概念有一个概要认识，本章将简要介绍密码技术的发展历程，并给出密码技术涉及的相关基本概念和模型。

1.1 概　　述

密码学有着悠久而神秘的历史，人们很难对密码学的起始时间给出准确的定义。一般认为人类对密码学的研究与应用已经有几千年的历史，它最早应用在军事和外交领域，随着科技的发展而逐渐进入人们的生活中。密码学研究的是密码编码和破译的技术与方法，其中通过研究密码变化的客观规律，并将其应用于编制密码，实现保密通信的技术被称为编码学；通过研究密码变化的客观规律，并将其应用于破译密码，实现获取通信信息的技术被称为破译学。编码学和破译学统称为密码学。David Kahn 在他的被称为“密码学圣经”的著作《Kahn on Codes：Secrets of the New Cryptology》中这样定义密码学：“Cryptology，the science of communication secrecy”。

密码学研究的是，对通信双方要传输的信息进行何种保密变换，才能防止未被授权的第三方对信息的窃取。此外，密码技术还可以被用来进行信息鉴别、数据完整性检验、数字签名等。密码学作为保护信息的手段，其发展主要经历了三个阶段。

第一阶段，从古代到 1949 年。这一阶段的加密技术根据实现方式分为手工密码和机器/电子时代两个时期。

在手工密码时期，人们只需通过纸和笔对字符进行加密。密码学的历史源远流长，人类对密码的使用可以追溯到古巴比伦时代。图 1-1 所示的 Phaistos 圆盘是一种直径约为 160 mm 的黏土圆盘，表面有明显的象形文字。该圆盘于 1930 年在克里特岛被人们发现，但一直无法破译那些象形文字。近年有研究学家认为它记录着某种古代天文历法，但真相仍是个谜，只能大致推算出其出现的时间(大约在公元前 1700—公元前 1600 年)。这一时期还产生了另一种著名的加密方式——凯撒密码。为了避免重要信息落入敌军手中而导致泄密，凯撒发明了一种单字替代密码，把明文中的每个字母用密文中的对应字母替代，明文字符集与密文字符集是一一对应的关系，通过替代操作，凯撒密码实现了对字符信息的加密。

图 1-1　Phaistos 圆盘

随着工业革命的兴起，密码学也进入了机器/电子时代。与手工密码操作相比，电子密码机使用了更优秀、更复杂的加密手段，同时也拥有更高的加密与解密效率。其中最具有代表性的就是图 1-2 所示的 ENIGMA 密码机。

图1-2 ENIGMA密码机

ENIGMA密码机是德国在1919年发明的一种加密电子器，它表面看上去就像常用的打字机，但在功能上却与打字机有着天壤之别。其键盘与电流驱动的转子相连，可以多次改变每次敲击的数字；相应信息以摩斯密码输出，同时还需要密钥，而密钥每天都会修改。ENIGMA密码机被证明是有史以来最可靠的加密系统之一，第二次世界大战期间它开始被德军大量用于铁路、企业领域，令德军保密通信技术处于领先地位。

这个时期的密码技术所使用的加密设备虽然有了很大的进步，但是密码学的理论却没有多大的改变，加密的主要手段仍是简单的替代和换位，而且实现信息加密的过程过于简单，安全性能很差。伴随着高性能计算机的出现，古典密码体制逐渐退出了历史舞台。

第二阶段，从1949年到1975年。密码学正式作为一门科学的理论基础应该首推1949年美国科学家Shannon的一篇文章《Communication Theory of Secrecy Systems》。Shannon在研究保密机的基础上，提出的将密码建立在求解某个已知数学难题的基础上的观点，为近代密码学的研究奠定了理论基础。这一时期有关密码学研究的科技文献难得一见，密码学的研究成果几乎专门服务于军事领域，大量的资源被用来研究如何进行信息保密和破译对方的保密技术，所以大量研究成果不能公开，导致公开的研究文献近乎空白。

第三阶段，从1976年至今。这一时期，高性能计算机的出现，使得密码算法进行高度复杂的运算成为可能。20世纪70年代，以公钥密码体制(非对称密码体制，Asymmetric Cryptography System)的提出和数据加密标准DES的问世为标志，密码学才在真正意义上取得了重大突破，进入现代密码学阶段。其中，1976年Diffie和Hellman发表了研究论文《New Directions in Cryptography》，导致了密码学上的一场革命。在这篇论文中，Diffie和Hellman首先证明了在发送端和接收端无密钥传输的保密通信是可能的，从而开创了公钥密码学的新纪元。现代密码学改变了古典密码学单一的加密手法，融入了大量的数论、几何、代数等专业知识，使密码学得到进一步蓬勃发展。

直到现在，世界各国仍然对密码学的研究高度重视，密码技术已经发展到了现代密码学时期。密码学已经成为结合物理、量子力学、电子学、语言学等多个专业的综合科学，出现了如“量子密码”、“混沌密码”等先进理论。随着计算机技术和网络技术的发展，以及互联网的普及和网上业务的大量开展，人们更加关注密码学，在工作和生活中更加依赖密码技术，密码技术在信息安全中起着越来越重要的作用。

1.2 保密通信的基本模型

保密是密码学的核心目的。密码学的基本目的是面对攻击者 Oscar，在被称为 Alice 和 Bob 的通信双方之间应用不安全的信道进行通信时，保证通信安全。图 1-3 给出了保密通信的基本模型。

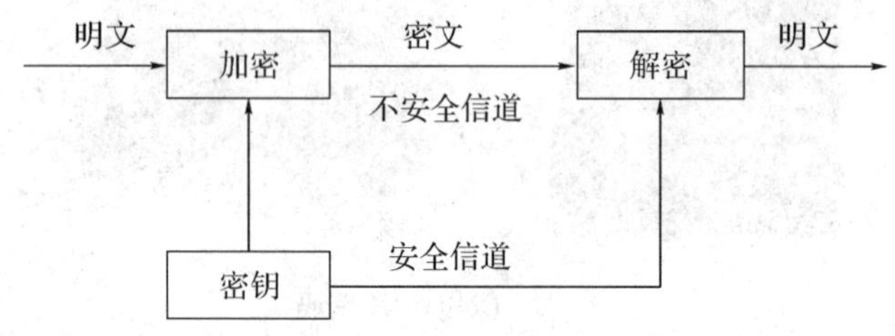

图 1-3 保密通信的基本模型

在保密通信过程中，Alice 和 Bob 也分别被称为信息的发送方和接收方；Alice 要发送给 Bob 的信息称为明文(Plaintext)。为了保证信息不被未经授权的 Oscar 识别，Alice 需要使用密钥(Key)对明文进行加密(Encryption)，加密得到的结果称为密文(Ciphertext)。密文一般是不可理解的。Alice 将密文通过不安全的信道发送给 Bob，同时通过安全的通信方式将密钥发送给 Bob。Bob 在接收到密文和密钥的基础上，可以对密文进行解密(Decryption)，从而获得明文。对于 Oscar 来说，他可能会窃听到信道中的密文，但因为得不到加密密钥，所以无法知道相应的明文。

1.3 密码学的基本概念

在图 1-3 给出的保密通信的基本模型中，根据加密和解密过程所采用密钥的特点可以将加密算法分为两类：对称密码算法(单钥密码算法，Symmetric Cryptography Algorithm)和非对称密码算法(公钥密码算法，Asymmetric Cryptography Algorithm)。

对称密码算法也称为传统密码算法，是指解密密钥与加密密钥相同或者能够从加密密钥中直接推算出解密密钥的加密算法。通常在大多数对称密码算法中解密密钥与加密密钥是相同的，所以这类加密算法要求 Alice 和 Bob 在进行保密通信前，需要通过安全的方式商定一个密钥。对称密码算法的安全性依赖于密钥的管理。

非对称密码算法也称为公钥密码算法，是指用来解密的密钥不同于进行加密的密钥，也不能够通过加密密钥直接推算出解密密钥。一般情况下，加密密钥是可以公开的，任何人都可以应用加密密钥来对信息进行加密，但只有拥有解密密钥的人才可以解密出被加密的信息。在以上过程中，加密密钥称为公钥，解密密钥称为私钥。

在图 1-3 所示的保密通信机制中，为了在接收端能够有效地恢复出明文信息，要求加密过程必须是可逆的。从图中可见，加密方法、解密方法、密钥和消息(明文、密文)是保密通信中的几个关键要素，它们构成了相应的密码体制(Cipher System)。

定义 1.1 密码体制。密码体制的构成包括以下要素：

(1) M：明文消息空间，表示所有可能的明文组成的有限集；

(2) C：密文消息空间，表示所有可能的密文组成的有限集；

(3) K：密钥空间，表示所有可能的密钥组成的有限集；

(4) E：加密算法集合；

(5) D：解密算法集合。

该密码体制应该满足的基本条件是：对任意的 $\text{key} \in K$，存在一个加密规则 $e_{\text{key}} \in E$ 和相应的解密规则 $d_{\text{key}} \in D$，使得对任意的明文 $x \in M$，$e_{\text{key}}(x) \in C$ 且 $d_{\text{key}}(e_{\text{key}}(x)) = x$。

在以上密码体制的定义中，最关键的条件是加密过程中 e_{key} 的可逆性，即密码体制不仅能够对明文消息 x 应用 e_{key} 进行加密，而且应该可以使用相应的 d_{key} 对得到的密文进行解密，从而恢复出明文。

显然，密码体制中的加密函数 e_{key} 必须是一一映射的。我们要避免出现在加密时 $x_1 \neq x_2$，而对应的密文 $e_{\text{key}}(x_1) = e_{\text{key}}(x_2) = y$ 的情况，这时在解密过程无法准确地确定密文 y 对应的明文 x。

自从有了加密算法，对加密信息的破解技术应运而生。加密算法的对立面称为密码分析，也就是研究加密算法的破译技术。加密算法和破译技术构成了一对矛盾体，密码学的主要目的是保护通信消息的秘密以防止被攻击。

假设攻击者 Oscar 完全能够截获 Alice 和 Bob 之间的通信，密码分析是指在不知道密钥的情况下恢复出明文的方法。根据密码分析的 Kerckhoffs 原则：攻击者知道所用的加密算法的内部机理，不知道的仅仅是加密算法所采用的加密密钥。常用的密码分析攻击分为以下四类：

(1) 唯密文攻击(Ciphertext Only Attack)。攻击者有一些消息的密文，这些密文都是用相同的加密算法进行加密得到的。攻击者的任务就是恢复出尽可能多的明文，或者能够推算出加密算法采用的密钥，以便可以采用相同的密钥解密出其他被加密的消息。

(2) 已知明文攻击(Know Plaintext Attack)。攻击者不仅可以得到一些消息的密文，而且也知道对应的明文。攻击者的任务就是用加密信息来推算出加密算法采用的密钥或者导出一个算法，此算法可以对用同一密钥加密的任何新的消息进行解密。

(3) 选择明文攻击(Chosen Plaintext Attack)。攻击者不仅可以得到一些消息的密文和相应的明文，而且还可以选择被加密的明文，这比已知明文攻击更为有效，因为攻击者能够选择特定的明文消息进行加密，从而得到更多有关密钥的信息。攻击者的任务是推算出加密算法采用的密钥或者导出一个算法，此算法可以对用同一密钥加密的任何新的消息进行解密。

(4) 选择密文攻击(Chosen Ciphertext Attack)。攻击者能够选择一些不同的被加密的密文并得到与其对应的明文信息，攻击者的任务是推算出加密密钥。

对于以上任何一种攻击，攻击者的主要目标都是为了确定加密算法采用的密钥。显然这四种类型的攻击强度依次增大，相应的攻击难度则依次降低。

随着信息技术的发展和普及，对信息保密的需求将日益广泛和深入，密码技术的应用也将越来越多地融入到人们的日常工作、学习和生活中。鉴于密码学有着广阔的应用前景和完善的理论研究基础，可以相信，密码学一定能够不断地发展和完善，为信息安全提供坚实的理论基础和支撑，为信息技术的发展提供安全服务和技术保障。

习 题 1

1-1 衡量密码体制安全性的基本准则有哪些?

1-2 谈谈密码在实现保密通信中的作用。

1-3 密码学研究的主要问题是什么?

1-4 谈谈你所了解的密码学的应用。

第 2 章　基 础 知 识

2.1　数论基础知识

在数学中，研究整数性质的一门分支称为数论。数论中的许多概念是设计公钥密码算法的基础，数论领域中的大整数分解、素性检测、开方求根、求解不同模数的同余方程组等问题在公钥密码学中经常遇到，同时它们也是数论中非常重要的内容。作为本书的基础知识，本章将介绍数论中的一些与现代密码学关系密切的基本知识和算法。

2.1.1　素数与互素

1. 整除与素数

如果整数 a、b、c 之间存在关系 $a=b\cdot c$ 且 $b\neq 0$，那么称 b 整除 a 或者 a 能被 b 整除，且 b 是 a 的因子或除数，a 是 b 的倍数，记为 $b|a$。

整除有如下性质：

(1) $a|a$。

(2) 如果 $a|1$，那么有 $a=\pm 1$。

(3) 对于任何 $a\neq 0$，则有 $a|0$。

(4) 如果 $a|b$ 且 $b|a$，那么 $a=\pm b$。

(5) 如果 $a|b$ 且 $b|c$，那么有 $a|c$。

(6) 如果 $a|b$ 且 $b|c$，那么对所有的 x，$y\in\mathbb{Z}$ 有 $a|(bx+cy)$。(这里 $\mathbb{Z}$ 表示整数集，下同。)

根据整除的定义，上述性质(1)～(6)都是显而易见的，在此不再证明。另外，如不做特别说明，所有的量均取整数。

如果 $p\neq\pm 1$ 且 p 的因子仅为 ± 1 和 $\pm p$，那么整数 p 被称为素数或质数。如果只考虑正整数，那么素数就是只能被 1 和它自身整除的整数(1 除外)。非素数的整数被称为合数。但是，1 既不是素数也不是合数。

素数的一些基本结论如下：

(1) 素数有无穷多个。目前尚没有有效的办法来确定所有的素数，迄今所发现的最大素数是 $2^{32\,582\,657}-1$。

(2) 设 p 是素数，$x_i(i=1, 2, \cdots, n)$ 是整数，如果 $p\mid\prod_{i=1}^{n}x_i$，那么至少存在一个 $x_i(i\in\{1, 2, \cdots, n\})$能被 p 整除。

(3) 素数定理。设 $x\in\mathbb{Z}$，则不超过 x 的素数个数可近似地用 $\frac{x}{\ln x}$ 表示。

(4) 算术基本定理。设 $2\leqslant n\in\mathbb{Z}$，则 n 可分解成素数幂的乘积：

$$n=p_1^{\alpha_1}p_2^{\alpha_2}\cdots p_k^{\alpha_k}$$

其中，$p_i(i=1, 2, \cdots, n)$是互不相同的素数；$\alpha_i(i=1, 2, \cdots, n)$是正整数。并且如果不计因子的顺序，上述因子分解式是唯一的。

2. 最大公因子与互素

设 a，b，$c\in\mathbb{Z}$，如果 $c|a$ 且 $c|b$，那么称 c 是 a 与 b 的公因子或公约数。

如果 d 满足下列条件，那么称正整数 d 是 a 与 b 的最大公因子或最大公约数。

(1) d 是 a 与 b 的公因子。

(2) 如果 c 也是 a 与 b 的公因子，那么 c 必是 d 的因子。

可见，a 与 b 的最大公因子就是 a 与 b 的公因子中最大的那一个，记为 $d=\gcd(a, b)=\max\{c|c|a \text{ 且 } c|b\}$。

注：如果 a 和 b 全为 0，那么它们的公因子和最大公因子均无意义。

如果 a 与 b 的最大公因子为 1，即 $\gcd(a, b)=1$，那么称整数 a 与 b 互素。

最大公因子有下列性质：

(1) 任何不全为 0 的两个整数的最大公因子存在且唯一。

(2) 设整数 a 与 b 不全为 0，则存在整数 x 和 y，使得 $ax+by=\gcd(a, b)$。特别地，如果 a 与 b 互素，那么存在整数 x 和 y，使得 $ax+by=1$。

(3) 如果 $\gcd(a, b)=d$，那么 $\gcd(a/d, b/d)=1$。

(4) 如果 $\gcd(a, x)=\gcd(b, x)=1$，那么 $\gcd(ab, x)=1$。

(5) 如果 $c|(ab)$，且 $\gcd(b, c)=1$，那么 $c|a$。

上述性质(1)～(5)可以由因子和素数的定义直接证明，并且上面关于因子和互素的概念与性质都可以推广到多个整数的情况，这里不再赘述。

2.1.2 同余与模运算

1. 带余除法

对于任意的两个正整数 a 和 b，一定可以找到唯一确定的两个整数 k 和 r，满足 $a=kb+r$ 且 $0\leqslant r<b$，则分别称 k 和 r 为 a 除以 b(或者 b 除 a)的商和余数；称满足这种规则的运算为带余除法。显然，在带余除法中，$k=\lfloor a/b\rfloor$，其中$\lfloor x\rfloor$表示不大于 x 的最大整数，或者称为 x 的下整数。

若记 a 除以 b 的余数为 $a \bmod b$，则带余除法可表示成

$$a=\left\lfloor\frac{a}{b}\right\rfloor b+a \bmod b$$

【例 2.1】 若 $a=17$，$b=5$，则 $a=3b+2$，即 $k=\lfloor 17/5\rfloor=3$，$r=17 \bmod 5=2$。

对于整数 $a<0$，也可以类似地定义带余除法和它的余数，例如：$-17 \bmod 5=3$。

2. 整数同余与模运算

设 a，b，$n\in\mathbb{Z}$ 且 $n>0$，如果 a 和 b 除以 n 的余数相等，即 $a \bmod n=b \bmod n$，那么称 a

与 b 模 n 同余；将这种关系记为 $a \equiv b \bmod n$，n 称为模数，$a \bmod n$ 相应地也可以被称为 a 模 n 的余数。

【例 2.2】 $17 \equiv 2 \bmod 5$，$73 \equiv 27 \bmod 23$。

显然，如果 a 与 b 模 n 同余，那么必然有 $n|(a-b)$，也可以写成 $a-b=kn$ 或 $a=kn+b$，其中 $k \in \mathbb{Z}$。

由带余除法的定义可知，任何整数 a 除以正整数 n 的余数一定在集合 $\{0, 1, 2, \cdots, n-1\}$ 中。结合整数同余的概念，所有整数根据模 n 同余关系可以分成 n 个集合，每一个集合中的整数模 n 同余，并将这样的集合称为模 n 同余类或剩余类，且可依次记为 $[0]_n$，$[1]_n$，$[2]_n$，…，$[n-1]_n$，即 $[x]_n=\{y | y \in \mathbb{Z} \wedge y \equiv x \bmod n\}$，$x \in \{0, 1, 2, \cdots, n-1\}$。如果从每一个模 n 同余类中取一个数为代表，形成一个集合，那么此集合称为模 n 的完全剩余系，以 $\mathbb{Z}_n$ 表示。显然，$\mathbb{Z}_n$ 的最简单表示就是集合 $\{0, 1, 2, \cdots, n-1\}$，这也是最常用的表示，即 $\mathbb{Z}_n=\{0, 1, 2, \cdots, n-1\}$。

综上可知，$a \bmod n$ 将任一整数 a 映射到 $\mathbb{Z}_n=\{0, 1, 2, \cdots, n-1\}$ 中唯一的数，这个数就是 a 模 n 的余数。所以，可将 $a \bmod n$ 看做一种运算，并称其为模运算。

模运算具有如下的性质(其中 $n>1$)：

(1) 如果 $n|(a-b)$，那么 $a \equiv b \bmod n$。

(2) 模 n 同余关系是整数间的一种等价关系，它具有等价关系的三个基本性质，即

① 自反性：对任意整数 a，有 $a \equiv a \bmod n$。

② 对称性：如果 $a \equiv b \bmod n$，那么 $b \equiv a \bmod n$。

③ 传递性：如果 $a \equiv b \bmod n$ 且 $b \equiv c \bmod n$，那么 $a \equiv c \bmod n$。

(3) 如果 $a \equiv b \bmod n$ 且 $c \equiv d \bmod n$，那么 $a \pm c \equiv b \pm d \bmod n$，$ac \equiv bd \bmod n$。

(4) 模运算具有普通运算的代数性质，可交换、结合和分配，如

$$(a \bmod n \pm b \bmod n) \bmod n=(a \pm b) \bmod n$$
$$(a \bmod n \times b \bmod n) \bmod n=(a \times b) \bmod n$$
$$((a \times b) \bmod n \pm (a \times c) \bmod n)=(a \times (b \pm c)) \bmod n$$

(5) 加法消去律。如果 $(a+b) \equiv (a+c) \bmod n$，那么 $b \equiv c \bmod n$；

(6) 乘法消去律。如果 $ab \equiv ac \bmod n$ 且 $\gcd(a, n)=1$，那么 $b \equiv c \bmod n$。

(7) 如果 $ac \equiv bd \bmod n$ 且 $c \equiv d \bmod n$ 及 $\gcd(c, n)=1$，那么 $a \equiv b \bmod n$。

上述性质(1)～(7)均可由同余和模运算的定义直接证明，请读者自己完成。

【例 2.3】 已知 $11 \bmod 9=2$ 和 $17 \bmod 9=8$，下面是对性质(4)的验证：

$$\begin{cases}((11 \bmod 9)+(17 \bmod 9)) \bmod 9=(2+8) \bmod 9=1 \\ (11+17) \bmod 9=1\end{cases}$$

$$\begin{cases}((11 \bmod 9)-(17 \bmod 9)) \bmod 9=(2-8) \bmod 9=-6 \bmod 9=3 \\ (11-17) \bmod 9=-6 \bmod 9=3\end{cases}$$

$$\begin{cases}((11 \bmod 9)\times(17 \bmod 9)) \bmod 9=(2\times 8) \bmod 9=16 \bmod 9=7 \\ (11\times 17) \bmod 9=187 \bmod 9=7\end{cases}$$

$$\begin{cases}((5\times 11 \bmod 9)+(5\times 17 \bmod 9)) \bmod 9=(1+4) \bmod 9=5 \\ (5\times(11+17)) \bmod 9=140 \bmod 9=5\end{cases}$$

$$\begin{cases}((5\times 11 \bmod 9)-(5\times 17 \bmod 9)) \bmod 9=(1-4) \bmod 9=-3 \bmod 9=6\\(5\times(11-17)) \bmod 9=-30 \bmod 9=6\end{cases}$$

由性质(4)还可知，指数模运算可以变成模指数运算，从而使计算得以简化。例如，计算$13^{11} \bmod 17$ 可按如下方式进行：

$$13^2 \bmod 19=17$$
$$13^4 \bmod 19=(13^2\times 13^2) \bmod 19=(17\times 17) \bmod 19=4$$
$$13^8 \bmod 19=(13^4\times 13^4) \bmod 19=(4\times 4) \bmod 19=16$$
$$13^{11} \bmod 19=(13\times 13^2\times 13^8) \bmod 19=(13\times 17\times 16) \bmod 19=2$$

【例 2.4】 利用同余式演算证明 $5^{60}-1$ 是 56 的倍数。

证明 因为

$$5^3 \bmod 56=125 \bmod 56=13$$

所以

$$5^6 \bmod 56=(5^3)^2 \bmod 56=13^2 \bmod 56=1$$

于是

$$5^{60} \bmod 56=(5^6)^{10} \bmod 56=1^{10} \bmod 56=1$$

所以

$$5^{60}\equiv 1 \bmod 56$$

即 $56\mid(5^{60}-1)$，$5^{60}-1$ 是 56 的倍数。

对于性质(5)和性质(6)，应注意加法的消去律是无条件的，但模运算的乘法消去律是有条件的。比如，$6\times 3\equiv 2 \bmod 8$ 和 $6\times 7\equiv 2 \bmod 8$，但 3 与 7 模 8 不同余，这就是因为 6 与 8 不互素，不满足乘法消去律的附加条件，两边的 6 不能被消去。

其实，有一个概念可以作为性质(5)和性质(6)的保障，这个概念就是逆元，其定义如下：

设 a，$n\in\mathbb{Z}$ 且 $n>1$，如果存在 $b\in\mathbb{Z}$ 使得 $a+b\equiv 0 \bmod n$，那么称 a，b 互为模 n 的加法逆元，也称负元，记为 $b\equiv -a \bmod n$。

同上，a，$n\in\mathbb{Z}$ 且 $n>1$，如果存在 $b\in\mathbb{Z}$ 使得 $ab\equiv 1 \bmod n$，那么称 a，b 互为模 n 的乘法逆元，记为 $b\equiv a^{-1} \bmod n$。

显然，对任何整数 a，其模 n 的加法逆元总是存在的，$n-a$ 就是其中的一个，但不能保证任何整数都有模 n 的乘法逆元。

定理 2.1 设 a，$n\in\mathbb{Z}$，如果 $\gcd(a, n)=1$，那么存在唯一的 $b\in\mathbb{Z}_n$，满足 $ab\equiv 1 \bmod n$。

证明 任取 i，$j\in\mathbb{Z}_n$ 且 $i\neq j$，由于 $\gcd(a, n)=1$，根据性质(6)可知 $ai\neq aj \bmod n$，因此 $a\mathbb{Z}_n \bmod n=\mathbb{Z}_n$，即

$$\{a \bmod n, 2a \bmod n, \cdots, (n-1)a \bmod n\}=\{1, 2, \cdots, n-1\}$$

所以

$$1\in a\mathbb{Z}_n \bmod n$$

即存在 $b\in\mathbb{Z}_n$ 使得 $ab \bmod n\equiv 1\in a\mathbb{Z}_n \bmod n$。由 $\mathbb{Z}_n$ 中数的互异性可知，满足上面条件的 b 是唯一的。

2.1.3 欧拉(Euler)定理

1. 欧拉(Euler)函数

定义 2.1 设 $n\in\mathbb{Z}$ 且 $n>1$，将小于 n 且与 n 互素的正整数的个数称为 n 的欧拉函数，记为 $\varphi(n)$。例如，$\varphi(5)=4$，$\varphi(6)=2$。

欧拉函数有如下性质：

(1) 如果 p 为素数，那么有 $\varphi(p)=p-1$。

(2) 如果 $\gcd(m, n)=1$，那么 $\varphi(mn)=\varphi(m)\varphi(n)$。

(3) 如果 $n=p_1^{\alpha_1}p_2^{\alpha_2}\cdots p_k^{\alpha_k}$，那么

$$\varphi(n)=n\left(1-\frac{1}{p_1}\right)\left(1-\frac{1}{p_2}\right)\cdots\left(1-\frac{1}{p_k}\right)$$

其中，p_i 为素数；α_i 为正整数；$i=1, 2, \cdots, k$。

以上这些性质均可由欧拉函数的定义直接证明，读者可以自己完成。

2. 欧拉定理

定理 2.2 欧拉定理。设 $a, n\in\mathbb{Z}$ 且 $n>1$，如果 $\gcd(a, n)=1$，那么 $a^{\varphi(n)}\equiv 1 \bmod n$。

证明 记小于 n 且与 n 互素的全体正整数构成的集合为 $R=\{x_1, x_2, \cdots, x_{\varphi(n)}\}$，这个集合也称为模 n 的既约剩余系。那么对于集合

$$aR \bmod n=\{ax_1 \bmod n, ax_2 \bmod n, \cdots, ax_{\varphi(n)} \bmod n\}$$

中任一元素 $ax_i \bmod n$，$i=1, 2, \cdots, \varphi(n)$，因为

$$\gcd(a, n)=1 \quad \text{且} \quad \gcd(x_i, n)=1$$

所以

$$\gcd(ax_i, n)=1$$

又因 $ax_i \bmod n<n$，故 $ax_i \bmod n\in R$，进而 $aR \bmod n\subseteq R$。

因为对于任意的 $x_i, x_j\in R$ 且 $x_i\neq x_j$，都有 $ax_i \bmod n\neq ax_j \bmod n$。否则，若 $ax_i \bmod n=ax_j \bmod n$，则由于 $\gcd(a, n)=1$，根据消去律可得 $x_i \bmod n=x_j \bmod n$，即 $x_i=x_j$。所以集合 $aR \bmod n$ 中没有相同的元素，$aR \bmod n=R$。

令两个集合的全体元素相乘，则有

$$\prod_{i=1}^{\varphi(n)}(ax_i \bmod n)=\prod_{i=1}^{\varphi(n)}x_i$$

所以

$$a^{\varphi(n)}\prod_{i=1}^{\varphi(n)}x_i\equiv\prod_{i=1}^{\varphi(n)}x_i \pmod n$$

再由 $\gcd(x_i, n)=1$，$i=1, 2, \cdots, \varphi(n)$ 和消去律可得

$$a^{\varphi(n)}\equiv 1 \bmod n$$

由欧拉定理可得如下推论：

(1) 若 p 为素数且 $\gcd(a, p)=1$，则有 $a^{\varphi(p)}=a^{(p-1)}\equiv 1 \bmod p$。这个结论又称为费尔马(Fermat)定理。

(2) 若 $\gcd(a, n)=1$，显然有 $a^{\varphi(n)-1}=a^{-1} \bmod n$，$a^{\varphi(n)+1}\equiv a \bmod n$；对于 $n=p$ 为素数

的情况，有 $a^p \equiv a \bmod p$，$a^{p-2}=a^{-1} \bmod n$。

(3) 设 $n=pq$ 且 p 和 q 为素数，$a\in\mathbb{Z}$，若 $\gcd(a, n)=p$ 或 q，则同样有 $a^{\varphi(n)+1}\equiv a \bmod n$。

根据欧拉定理，如果 $\gcd(a, n)=1$，那么至少存在一个整数 m 满足方程 $a^m\equiv 1 \bmod n$，比如 $m=\varphi(n)$。

【例 2.5】 若 $a=5$，$n=11$，则有 $5^1\equiv 5 \bmod 11$，$5^2\equiv 3 \bmod 11$，$5^3\equiv 4 \bmod 11$，$5^4\equiv 9 \bmod 11$，$5^5\equiv 1 \bmod 11$。

称满足方程 $a^m\equiv 1 \bmod n$ 的最小正整数 m 为 a 模 n 的阶。在例 2.5 中，5 模 11 的阶为 5。

如果 a 模 n 的阶 $m=\varphi(n)$，那么称 a 为 n 的本原根或者本原元。显然，5 不是 11 的本原根。

由本原根的定义和模运算的性质可知，如果 a 是 n 的本原根，那么 a，a^2，…，$a^{\varphi(n)}$ 在模 n 下互不相同且都与 n 互素；如果 $n=p$ 为素数，那么有 a，a^2，…，a^{p-1} 在模 p 下互不相同且都与 p 互素，即 $\{a \bmod p, a^2 \bmod p, \cdots, a^{p-1} \bmod p\}=\{1, 2, \cdots, p-1\}=\mathbb{Z}_p^*$。

并非所有的正整数都有本原根，且有本原根的整数的本原根也不一定唯一。只有以下形式的正整数才有本原根：2，4，p^α，$2p^\alpha$，其中 p 为奇素数，α 为正整数。例如，7 有两个本原根分别是 3 和 5。

2.1.4 几个有用的算法

1. 欧几里得(Euclid)算法

在前面，我们给出了模运算下的乘法逆元概念，求模运算下的乘法逆元是数论中常用的一种技能。由欧拉定理可知，若整数 a 与 n 互素，则 $a^{-1}=a^{\varphi(n)-1} \bmod n$；若 n 不是素数，则不容易求出 $\varphi(n)$，所以这种方法在多数情况下适用。

现在，求乘法逆元最有效的方法是利用欧几里得算法。基本的欧几里得算法可以方便地求出两个整数的最大公因子，而扩展的欧几里得算法则不仅可以求两个整数的最大公因子，而且在这两个数互素的情况下，还可以求出其中一个数模另一个数的乘法逆元。

1) 基本的欧几里得算法

欧几里得算法基于一个基本事实：对任意两个整数 a 和 b，这里不妨设 $a>b>0$，有 $\gcd(a, b)=\gcd(b, a \bmod b)$。

注： 若其中有负整数，则可以通过其绝对值来求它们的最大公因子；若其中一个为 0，则最大公因子为非 0 的那一个；若两个都为 0，则最大公因子无意义。

证明 对于任意两个整数 a 和 b，一定存在整数 k 满足

$$a=kb+a \bmod b$$

设 d 是 a 与 b 的任一公因子，故 $d|a$ 且 $d|b$，所以 $d|(a-kb)$，即 $d|(a \bmod b)$。因此，d 是 b 与 $a \bmod b$ 的公因子。

同理，若 d 是 b 与 $a \bmod b$ 的公因子，则 d 也是 a 与 b 的公因子。

所以 a 与 b 的全部公因子同 b 与 $a \bmod b$ 的全部公因子完全相同，因此它们的最大公因子也相同，即 $\gcd(a, b)=\gcd(b, a \bmod b)$。

在计算两个整数的最大公因子时，可以重复使用上面的结论，直到余数变为 0，这个过程又称为辗转相除。通过辗转相除求最大公因子的过程可表示如下：

$$a=k_0b+r_0$$
$$b=k_1r_0+r_1$$
$$r_0=k_2r_1+r_2$$
$$\vdots$$
$$r_{n-2}=k_nr_{n-1}+r_n$$
$$r_{n-1}=k_{n+1}r_n+0$$

其中，$r_0=a \bmod b$，$r_1=b \bmod r_0$，$r_i=r_{i-2} \bmod r_{i-1}(i=2, 3, \cdots, n)$。由于 $r_0>r_1>r_2>\cdots\geqslant 0$，且它们皆为整数，因此上述带余除法在经过有限步后余数必为 0。最后，当余数为 0 时，有 $\gcd(r_n, 0)=r_n$，再倒推回来可得 $r_n=\gcd(r_n, 0)=\gcd(r_{n-1}, r_n)=\gcd(r_{n-2}, r_{n-1})=\cdots=\gcd(r_0, r_1)=\gcd(b, r_0)=\gcd(a, b)$，即辗转相除到余数为 0 时，其前一步的余数即为要求的最大公因子。

欧几里得算法就是使用辗转相除求两个整数最大公因子的简化过程。先看一个例子。

【例 2.6】 $\gcd(30, 12)=\gcd(12, 6)=\gcd(6, 0)=6$

下面给出欧几里得算法的描述，假定输入的两个整数 $a>b>0$。

```
EUCLID (a, b)
        X←a; Y←b;
LABEL: if Y=0 then return X;
        R=X mod Y;
        X←Y; Y←R;
        goto LABEL.
```

【例 2.7】 用辗转相除求 1970 和 1066 的最大公因子。

解

$$1970=1\times1066+904$$
$$1066=1\times904+162$$
$$904=5\times162+94$$
$$162=1\times94+68$$
$$94=1\times68+26$$
$$68=2\times26+16$$
$$26=1\times16+10$$
$$16=1\times10+6$$
$$10=1\times6+4$$
$$6=1\times4+2$$
$$4=2\times2+0$$

显然 $\gcd(2, 0)=2$，因此 $\gcd(1970, 1066)=2$。

2) 扩展的欧几里得算法

基本的欧几里得算法不仅可以求出两个整数 a 和 b 的最大公因子 $\gcd(a, b)$，而且还可以进一步求出方程 $sa+tb=\gcd(a, b)$ 的一组整数解(注意：s、t 不唯一)。具体方法是将欧几里得算法倒推回去，由辗转相除过程中的倒数第二行可得 $\gcd(a, b)=r_n=r_{n-2}-r_{n-1}k_n$，即 $\gcd(a, b)$ 可表示成 r_{n-2} 和 r_{n-1} 的整系数线性组合；再由辗转相除过程的上一行可得 $r_{n-1}=r_{n-3}-r_{n-2}k_{n-1}$，代入前式 $\gcd(a, b)=r_n=r_{n-2}-r_{n-1}k_n$，可得 $\gcd(a, b)=k_nr_{n-3}-$

$(1+k_nk_{n-1})r_{n-2}$，即 gcd(a, b)可表示成 r_{n-3} 和 r_{n-2} 的整系数线性组合。如此下去，最终可将 gcd(a, b)可表示成 a 和 b 的整系数线性组合，即 gcd$(a, b)=sa+tb$。

如果 a 与 b 互素，即 gcd$(a, b)=1$，那么有 $1=sa+tb$，所以 $sa=1 \bmod b$，因此 $s=a^{-1} \bmod b$。

扩展的欧几里得算法就是根据这个原理，它不仅能够求出 gcd(a, b)，而且当 gcd$(a, b)=1$ 时，它还能给出 $a^{-1} \bmod b$。

扩展的欧几里得算法描述如下：

Extended EUCLID(a, b)：

$(X_1, X_2, X_3) \leftarrow (1, 0, b)$; $(Y_1, Y_2, Y_3) \leftarrow (0, 1, a)$;

LABEL：if $Y_3=0$ then return{$X_3=\gcd(a, b)$; NO INVERSE}.

if $Y_3=1$ then return{$Y_3=\gcd(a, b)$; $Y_2=a^{-1} \bmod b$; $Y_1=b^{-1} \bmod a$}.

$Q=\left\lfloor \frac{X_3}{Y_3} \right\rfloor$

$(T_1, T_2, T_3) \leftarrow (X_1-QY_1, X_2-QY_2, X_3-QY_3)$;

$(X_1, X_2, X_3) \leftarrow (Y_1, Y_2, Y_3)$;

$(Y_1, Y_2, Y_3) \leftarrow (T_1, T_2, T_3)$;

goto LABEL.

上述算法中，Q 即为 X_3 除以 Y_3 的商，故 X_3-QY_3 就是 X_3 除以 Y_3 的余数 $X_3 \bmod Y_3$。与基本的欧几里得算法一样，这里的 X_3 与 Y_3 通过中间变量 T_3 辗转相除，最终产生 a 与 b 的最大公因子 gcd(a, b)。

扩展的欧几里得算法中，变量之间有如下关系：

$$bX_1+aX_2=X_3,\ bY_1+aY_2=Y_3,\ bT_1+aT_2=T_3$$

如果 gcd$(a, b)=1$，那么在最后一轮循环中 $Y_3=1$。因此，$bY_1+aY_2=1$，进而 $aY_2\equiv 1 \bmod b$，$Y_2\equiv a^{-1} \bmod b$，或者 $bY_1\equiv 1 \bmod a$，$Y_1\equiv b^{-1} \bmod a$。

【例 2.8】 用扩展的欧几里得算法求 gcd(550, 1769)、$550^{-1} \bmod 1769$ 和 $1769^{-1} \bmod 550$。

解 算法的运行结果和各个中间变量的变化情况如表 2－1 所示。

表 2－1 例 2.8 表

循环次数	Q	X_1	X_2	X_3	$Y_1(T_1)$	$Y_2(T_2)$	$Y_3(T_3)$
初值	—	1	0	1769	0	1	550
1	3	0	1	550	1	−3	119
2	4	1	−3	119	−4	13	74
3	1	−4	13	74	5	−16	45
4	1	5	−16	45	−9	29	29
5	1	−9	29	29	14	−45	16
6	1	14	−45	16	−23	74	13
7	1	−23	74	13	37	−119	3
8	4	37	−119	3	−171	550	1

由此可见，gcd(550，1769)＝1，$550^{-1} \bmod 1769=550$，$1769^{-1} \bmod 550=-171\equiv 379$。

2. 快速指数算法

在 RSA 等公钥密码算法中，经常面临着需要计算大量的底数和指数均为大整数的模幂运算。如果按模幂运算的定义直接计算，那么一方面可能由于中间结果过大而超过计算机允许的整数取值范围，另一方面其运算工作量也是难以忍受的。

要有效解决这个问题，可以从两个方面着手，一是利用模运算的性质：

$$a^m \pmod n \equiv (a^u \pmod n)\times a^v \pmod n)) \bmod n，(其中\ m=u+v)$$

二是考虑如何提高指数运算的有效性，例如通过计算出 x，x^2，x^4，x^8，x^{16}，可以方便地组合出指数在 1 到 31 之间的任何一个整数次幂，并且最多只需 4 次乘法运算即得出答案。

一般地，求 a^m 可以通过如下快速指数算法来完成，其中 a 和 m 是正整数。

将 m 表示成二进制的形式：$m=(b_k b_{k-1}\cdots b_0)_2$，即 $m=\sum_{b_i\neq 0} 2^i$，$i=0, 1, \cdots, k$。

因此，有 $a^m=a^{\sum_{b_i\neq 0} 2^i}=\prod_{b_i\neq 0} a^{2^i}$，$i=0, 1, \cdots, k$。所以，

$$a^m \pmod n)=\left(\prod_{b_i\neq 0} a^{2^i}\right) \bmod n \equiv \prod_{b_i\neq 0} (a^{2^i} \bmod n)，i=0, 1, \cdots, k$$

根据以上原理，可得计算 a^m 的快速指数算法如下：

```
c=0;d=1
for  i=k  downto  0  do
{
    c=2×c;
    d=(d×d) mod n;
    if  b_i=1  then  {
                c=c+1;
                d=(d×a) mod n  }
}
return  d.
```

上述算法中，变量 c 表示指数的变化情况，其终值是 m；变量 d 表示相对于指数 c 的幂的变化情况，其终值就是所求的 a^m。其实，变量 c 完全可以去掉，但也可以通过 c 的值来判断 d 是否达到最终结果 a^m。

【例 2.9】 用快速指数算法计算 $2007^{2008} \bmod 2009$。

解　将 2008 表示成二进制的形式：$2008=(11111011000)_2$，算法的运行情况如表 2－2 所示。

表 2－2　例 2.9 表

i		10	9	8	7	6	5	4	3	2	1	0
b_i		1	1	1	1	1	0	1	1	0	0	0
c	0	1	3	7	15	31	62	125	251	502	1004	2008
d	1	2007	2001	1881	1385	740	1152	1690	1396	86	1369	1773

所以，$2007^{2008} \bmod 2009=1773$。

3. 素性检测算法

判定一个给定的整数是否为素数的问题被称为素性检测。目前，对于大整数的素性检测问题还没有简单、直接的通用方法，在这里介绍一个概率检测算法。首先需要一个引理。

引理 2.1 如果 p 是大于 2 的素数，那么方程 $x^2 \equiv 1 \bmod p$ 的解只有 $x \equiv \pm 1 \bmod p$。

证明 由 $x^2 \equiv 1 \bmod p$ 得

$$x^2 - 1 \equiv 0 \bmod p$$

所以

$$(x+1)(x-1) \equiv 0 \bmod p$$

因此有 $p \mid (x+1)$，或者 $p \mid (x-1)$，或者 $p \mid (x+1)$ 且 $p \mid (x-1)$。

事实上，$p \mid (x+1)$ 且 $p \mid (x-1)$ 是不可能的。因为如果 $p \mid (x+1)$ 与 $p \mid (x-1)$ 同时成立，那么存在两个整数 s 和 t 满足

$$x+1 = sp$$
$$x-1 = tp$$

两式相减得到 $2 = (s-t)p$，对大于 2 的素数 p 和整数 s、t 这是不可能的。因此，只能有 $p \mid (x+1)$ 或者 $p \mid (x-1)$。

由 $p \mid (x+1)$ 可得，$x+1 = kp$，故 $x \equiv -1 \bmod p$。

同理，由 $p \mid (x-1)$ 可得 $x \equiv 1 \bmod p$。

所以，如果 p 是大于 2 的素数，那么方程 $x^2 \equiv 1 \bmod p$ 的解只有 $x \equiv \pm 1 \bmod p$。

引理 2.1 的逆否命题为：如果方程 $x^2 \equiv 1 \bmod p$ 存在非 ± 1（模 p）的解，那么 p 不是大于 2 的素数。

例如：$3^2 \bmod 8 = 1$，所以 8 不是素数。

上述引理的逆否命题就是著名的 Miller - Rabin 素性检测算法的基本依据之一。下面给出 Miller - Rabin 素性检测算法的基本描述。

```
Miller_Rabin(a, n):
represent(n−1) as binary b_k b_{k−1} … b_0;
d←1;
for i=k downto 0 do
{
    x←d;
    d←(d×d) mod n;
    if(d=1)and(x≠1)and(x≠n−1)then return TRUE;
    if b_i=1 then d←(d×a) mod n
}
if d≠1 then return TRUE;
return FALSE.
```

此算法的两个输入中，n 是待检测的整数，a 是小于 n 的整数。如果算法的返回值为 TRUE，那么 n 肯定不是素数；如果返回值为 FALSE，那么 n 有可能是素数。

容易看出，在 for 循环结束时，$d = a^{n-1} \bmod n$，那么由费尔马定理可知，如果 n 为素数，那么 d 为 1；反之，若 $d \neq 1$，则 n 不是素数，所以返回 TRUE。

由于 $n-1 \equiv -1 \bmod n$，结合算法中变量 x 和 d 的联系，可知 for 循环体内的 if 条件

$(d=1)$ and $(x\neq 1)$ and $(x\neq n-1)$ 意味着方程 $x^2\equiv 1 \bmod n$ 有非 ± 1(模 n)的解。根据引理 2.1 可知 n 不是素数，所以算法返回 TRUE。

作为 Miller - Rabin 算法依据之一的引理 2.1 给出的并不是充分必要条件，所以 Miller - Rabin算法只是一种概率算法，如果该算法返回 FALSE，那么只能说 n 有可能是素数。为了能够以足够大的概率确定 n 是素数，通常对 s 个不同的整数 a 重复调用 Miller - Rabin 算法，只要其中有一次算法返回 TRUE，则可以肯定 n 不是素数；若算法每次都返回 FALSE，则以 $(1-2^{-s})$ 的概率确信 n 就是素数。因此，当 s 足够大时，可以非常肯定地相信 n 是素数。

2.1.5　同余方程组的求解

1. 一次同余方程

定义 2.2　给定整数 a、b 和 $n>0$，且 n 不能整除 a，称下式

$$ax\equiv b(\bmod n)$$

为模 n 的一次同余方程，其中 x 为变量。

显然，如果一次同余方程 $ax\equiv b(\bmod n)$ 有解 $x=x'$，则必然存在某个整数 k 使得

$$ax'=b+kn$$

即

$$ax'-kn=b$$

因此，该一次同余方程有解的必要条件是

$$d|b，其中\ d=\gcd(a,\ n)$$

另一方面，假如 $d=\gcd(a,\ n)$ 且 $d|b$，那么由同余方程理论可知满足一次同余方程 $ax\equiv b(\bmod n)$ 的 x 与满足同余方程

$$\frac{a}{d}x\equiv\frac{b}{d}\bmod\left(\frac{n}{d}\right)$$

的 x 在取值上相同。因为 a/d 与 n/d 互素，$(a/d)^{-1}$ 是存在的，故方程

$$\frac{a}{d}x\equiv\frac{b}{d}\bmod\left(\frac{n}{d}\right)$$

有解，为

$$x\equiv\left(\frac{a}{d}\right)^{-1}\left(\frac{b}{d}\right)\bmod\left(\frac{n}{d}\right)$$

所以方程 $ax\equiv b(\bmod n)$ 也有解。

这说明了 $\gcd(a,\ n)|b$ 是一次同余方程 $ax\equiv b(\bmod n)$ 有解的充分必要条件。

定理 2.3　设 a，b 和 n 为整数，且 $n>0$ 及 n 不能整除 a，记 $d=\gcd(a,\ n)$，那么

(1) 若 d 不能整除 b，则一次同余方程 $ax\equiv b(\bmod n)$ 无解。

(2) 若 $d|b$，则 $ax\equiv b(\bmod n)$ 恰好存在 d 个模 n 不同余的解。

证明　因为 $d|b$ 是一次同余方程 $ax\equiv b(\bmod n)$ 有解的充分必要条件，所以(1)是显然的。下面证明(2)。

当 $d|b$ 时，方程 $ax\equiv b(\bmod n)$ 有解，不妨设解为 x_0，则一定存在整数 k_0 使得

$$ax_0-k_0n=b$$

那么对于任意的整数 t，构造

$$x_t = x_0 + \frac{nt}{d} \text{和} k_t = k_0 + \frac{at}{d}$$

则有

$$\begin{aligned} ax_t - k_t n &= a\left(x_0 + \frac{nt}{d}\right) - \left(k_0 + \frac{at}{d}\right)n \\ &= ax_0 + \frac{ant}{d} - k_0 n - \frac{ant}{d} \\ &= b \end{aligned}$$

即 $ax_t \equiv b(\bmod n)$，所以 x_t 也是方程 $ax \equiv b(\bmod n)$ 的解。由于 t 可以是任意的整数，因此，如果 $d|b$，那么一次同余方程 $ax \equiv b(\bmod n)$ 有无穷多解。但由于 nt/d 在模 n 下只有 d 个不相同的剩余类，且它们分别对应于 $t=0, 1, \cdots, d-1$，因此一次同余方程 $ax \equiv b(\bmod n)$ 只有 d 个模 n 不同余的解。

定理 2.3 不仅告诉我们一次同余方程 $ax \equiv b(\bmod n)$ 是否有解，而且还给出有解时的解数和求解方法：

(1) 利用欧几里得算法求出 $d=\gcd(a, n)$，若 d 不能整除 b，则方程无解。

(2) 若 $d|b$，则同余方程 $\frac{a}{d}x \equiv \frac{b}{d} \bmod \left(\frac{n}{d}\right)$ 有唯一解 $x \equiv \left(\frac{a}{d}\right)^{-1}\left(\frac{b}{d}\right) \bmod \left(\frac{n}{d}\right)$。只要利用扩展的欧几里得算法求出 $\left(\frac{a}{d}\right)^{-1}$，就能计算出这个解，并记为 x_0。

(3) 在(2)中计算出的 x_0 同样也是同余方程 $ax \equiv b(\bmod n)$ 的一个解；再令 $x_t = x_0 + \frac{nt}{d}(\bmod n)$，并算出对应于 $t=0, 1, \cdots, d-1$ 的值，即可得到同余方程 $ax \equiv b(\bmod n)$ 的全部 d 个模 n 不同余的解。

【例 2.10】 求解 $8x \equiv 12(\bmod 20)$。

解 由于 $\gcd(8, 20)=4$，且 $4|12$，故此方程有 4 个解。

先解方程 $2x \equiv 3(\bmod 5)$，因为 $2\times 3 \equiv 1(\bmod 5)$，所以 $2^{-1}=3(\bmod 5)$，可求出解为

$$x_0 = 2^{-1}\times 3(\bmod 5) = 3\times 3(\bmod 5) = 4(\bmod 5)$$

再令 $x_t = x_0 + \frac{20t}{4}(\bmod 20)$，且 $t=0, 1, 2, 3$，可求出

$$x_1 = 4+5\times 1(\bmod 20) = 9(\bmod 20)$$
$$x_2 = 4+5\times 2(\bmod 20) = 14(\bmod 20)$$
$$x_3 = 4+5\times 3(\bmod 20) = 19(\bmod 20)$$

x_0、x_1、x_2、x_3 即为同余方程 $8x \equiv 12(\bmod 20)$ 的全体不同余的解。

2. 中国剩余定理

通过以上介绍我们解决了一次同余方程的求解问题，如果进一步将若干个一次同余方程组成同余方程组，又该如何对其求解呢？这个问题是数论中的基本问题之一，并且早在公元前 100 年就由中国古代数学家孙子给出了答案，现在国际上一般称这个定理为中国剩余定理，国内称之为孙子定理。这个定理告诉我们，如果知道某个整数关于一些两两互素的模数的余数，那么就可以重构这个整数。

例如，如果已知 x 关于 5 和 7 的余数分别是 2 和 3，即 $x \bmod 5=2$ 且 $x \bmod 7=3$，那么在 $\mathbb{Z}_{35}$ 范围内 x 的唯一取值是 17。同样，$\mathbb{Z}_{35}$ 中的每个数都可以用它关于 5 和 7 的两个余数来重构。

定理 2.4　中国剩余定理。设 $n_1, n_2, \cdots, n_k$ 是两两互素的正整数，那么对任意的整数 $a_1, a_2, \cdots, a_k$，一次同余方程组：

$$x \equiv a_i \bmod n_i, \quad i=1, 2, \cdots, k$$

在同余意义下必有唯一解，且这个解是

$$x \equiv \sum_{i=1}^{k} N_i N_i^{-1} a_i \bmod N$$

其中，$N=\prod_{i=1}^{k} n_i$，$N_i=N/n_i$，$N_i N_i^{-1} \equiv 1 \bmod n_i$，即 N_i^{-1} 是 N_i 关于模数 n_i 的逆，$i=1, 2, \cdots, k$。

证明　首先证明此同余方程组在同余意义下不会有多个解。假如此同余方程组有两个解 c_1 和 c_2，那么对所有 n_i，$i=1, 2, \cdots, k$，都有 $c_1 \equiv c_2 \equiv a_i \bmod n_i$，故 $c_1-c_2 \equiv 0 \bmod n_i$，$n_i \mid (c_1-c_2)$。又因为所有的 n_i（$i=1, 2, \cdots, k$）两两互素，所以 $N \mid (c_1-c_2)$，即 $c_1 \equiv c_2 \bmod N$。因此，此同余方程组在同余意义下不可能有多个解。

再证明 $x \equiv \sum_{i=1}^{k} N_i N_i^{-1} a_i \bmod N$ 就是此同余方程组的解。由于 $n_1, n_2, \cdots, n_k$ 两两互素，因此 n_i 与 N_i 必然互素，N_i 关于模数 n_i 的逆 N_i^{-1} 存在。另一方面，$N_j N_j^{-1} \equiv 1 \bmod n_j$，且若 $j \neq i$，则 $n_j \mid N_i$。因此

$$\sum_{i=1}^{k} N_i N_i^{-1} a_i \bmod n_j = N_j N_j^{-1} a_j \bmod n_j \equiv a_j \bmod n_j, \quad j=1, 2, \cdots, k$$

所以，$x \equiv \sum_{i=1}^{k} N_i N_i^{-1} a_i \bmod N$ 是此同余方程组的解。

综上所述，满足定理条件的同余方程组有唯一解 $x \equiv \sum_{i=1}^{k} N_i N_i^{-1} a_i \bmod N$。

现在来分析我国古代《孙子算经》上的一个问题："今有物，不知其数，三三数之剩二，五五数之剩三，七七数之乘二，问物几何？"这个问题实际上就是要求同余方程组

$$\begin{cases} x \equiv 2 \pmod 3 \\ x \equiv 3 \pmod 5 \\ x \equiv 2 \pmod 7 \end{cases}$$

的正整数解。书中给出满足这一问题的最小正整数解是 $x=23$，所用的解法就是基于中国剩余定理。实际上，所有模 $N=3\times5\times7=105$ 同余 23 的正整数都是上述问题的解。下面再看一个例子。

【例 2.11】　解同余方程组

$$\begin{cases} x \equiv 1 \pmod 3 \\ x \equiv 4 \pmod 5 \\ x \equiv 2 \pmod 7 \\ x \equiv 9 \pmod{11} \end{cases}$$

解　此同余方程组中，$n_1=3$，$n_2=5$，$n_3=7$，$n_4=11$，满足中国剩余定理的条件，因

此，$N_1=5\times7\times11$，$N_2=3\times7\times11$，$N_3=3\times5\times11$，$N_4=3\times5\times7$。下面计算它们的逆。

由于 $N_1(\bmod 3)\equiv2\times1\times2\equiv1$，故可取 $N_1^{-1}=1(\bmod 3)$；

由于 $N_2(\bmod 5)\equiv3\times2\times1\equiv1$，故可取 $N_2^{-1}=1(\bmod 5)$；

由于 $N_3(\bmod 7)\equiv3\times5\times4\equiv4$，故可取 $N_3^{-1}=2(\bmod 7)$；

由于 $N_4(\bmod 11)\equiv3\times5\times7\equiv6$，故可取 $N_4^{-1}=2(\bmod 3)$。

依中国剩余定理可知原同余方程组的解为

$$
\begin{aligned}
x &\equiv \sum_{i=1}^{k} N_i N_i^{-1} a_i \bmod N \\
&\equiv (5\times7\times11)\times1\times1+(3\times7\times11)\times1\times(-1)+(3\times5\times11)\times2\times2 \\
&\quad +(3\times5\times7)\times2\times(-2)(\bmod 3\times5\times7\times11) \\
&\equiv 385-231+660-420(\bmod 1155) \\
&\equiv 394(\bmod 1155)
\end{aligned}
$$

2.1.6 模为素数的二次剩余

二次剩余是数论中的一个非常重要的概念，许多数论问题都要用到二次剩余理论，本小节简单介绍模为素数的二次剩余。

对于一般形式的二次同余方程

$$ax^2+bx+c\equiv0(\bmod p)$$

通过同解变形和变量代换可化为

$$y^2\equiv d(\bmod p) \tag{2-1}$$

其中，$y\equiv2ax+b(\bmod p)$；$d\equiv b^2-4ac(\bmod p)$；p 为素数；a 是与 p 互素的整数。

当 $p|d$时，二次同余方程式(2-1)仅有解 $y\equiv0(\bmod p)$，在下面的讨论中一直假定 p 与 d 互素。另外，如果素数 $p=2$，那么仅可取 $d\equiv1(\bmod 2)$，这时式(2-1)仅有解 $y\equiv1(\bmod p)$，因此在下面的讨论中恒假定 p 为大于 2 的素数，即奇素数。

定义 2.3 二次剩余。设 p 是奇素数，d 是与 p 互素的整数，若方程

$$x^2\equiv d(\bmod p)$$

有解，则称 d 是模 p 的二次剩余或平方剩余；否则，称 d 是模 p 的二次非剩余。

例如：$x^2\equiv1(\bmod 7)$有解 $x\equiv1(\bmod 7)$和 $x\equiv6(\bmod 7)$；

$x^2\equiv2(\bmod 7)$有解 $x\equiv3(\bmod 7)$和 $x\equiv4(\bmod 7)$；

$x^2\equiv3(\bmod 7)$无解；

$x^2\equiv4(\bmod 7)$有解 $x\equiv2(\bmod 7)$和 $x\equiv5(\bmod 7)$；

$x^2\equiv5(\bmod 7)$无解；

$x^2\equiv6(\bmod 7)$无解。

可见，在同余意义下模 7 的二次剩余有 3 个，分别同余 1、2 和 4；二次非剩余也有 3 个，分别同余 3、5 和 6。

容易证明，在同余意义下，模 p 二次剩余的全体与模 p 二次非剩余的全体在数量上相等，都是$(p-1)/2$ 个；而且如果整数 d 是模 p 的二次剩余，那么在同余意义下 d 恰有两个模 p 的平方根。

下面给出一个从理论上判定整数 d 是否是模 p 的二次剩余的方法，这个方法通常称为

Euler 判别法或 Euler 准则。

定理 2.5 (Euler 准则)设 p 是奇素数，d 是与 p 互素的整数，那么 d 是模 p 二次剩余的充要条件为

$$d^{(p-1)/2}\equiv 1 \pmod p$$

d 是模 p 的非二次剩余的充要条件为

$$d^{(p-1)/2}\equiv -1 \pmod p$$

证明 首先证明对于任何与 p 互素的 d，$d^{(p-1)/2}\equiv 1 \pmod p$ 与 $d^{(p-1)/2}\equiv -1 \pmod p$ 有且仅有一式成立。由于 d 与 p 互素，因此由欧拉定理或者费尔马定理可知

$$d^{(p-1)}\equiv 1 \pmod p$$

因而有

$$(d^{(p-1)/2}+1)(d^{(p-1)/2}-1)\equiv 0 \pmod p$$

即

$$p\mid (d^{(p-1)/2}+1)(d^{(p-1)/2}-1)$$

由于 p 是奇素数，即 $p>2$，且

$$\gcd(d^{(p-1)/2}+1,\ d^{(p-1)/2}-1)\mid 2$$

因此，$p\mid (d^{(p-1)/2}+1)$ 与 $p\mid (d^{(p-1)/2}-1)$ 有且仅有一式成立，即 $d^{(p-1)/2}+1\equiv 0 \pmod p$ 与 $d^{(p-1)/2}-1\equiv 0 \pmod p$ 有且仅有一式成立。

所以，$d^{(p-1)/2}\equiv -1 \pmod p$ 与 $d^{(p-1)/2}\equiv 1 \pmod p$ 有且仅有一式成立。

下面证明 d 为模 p 的二次剩余的充要条件是同余式

$$d^{(p-1)/2}\equiv 1 \pmod p$$

成立。

① 证明必要性。若 d 是模 p 的二次剩余，则必定存在 x_0 使得

$$x_0^2\equiv d \pmod p$$

因而有

$$x_0^{(p-1)}\equiv d^{(p-1)/2} \pmod p\text{。}$$

因为 d 与 p 互素，所以 x_0 也与 p 互素，由欧拉定理可知

$$x_0^{(p-1)}\equiv 1 \pmod p$$

因而有

$$d^{(p-1)/2}\equiv 1 \pmod p$$

必要性得证。

② 证明充分性。设

$$d^{(p-1)/2}\equiv 1 \pmod p$$

成立，那么 d 与 p 必定互素。考察一次同余方程

$$kx\equiv d \pmod p$$

令 k 取遍 $\mathbb{Z}_n=\{1, 2, \cdots, p-1\}$ 中的每一个整数，则有 k 与 p 互素，且对每一个 k 上面的同余方程存在唯一的解 $x\in \mathbb{Z}_n$。如果 d 不是模 p 的二次剩余，那么每一个 k 与对应的解 x 不相等。这样，$\mathbb{Z}_n$ 中的 $(p-1)$ 个数可以按 k 与 x 配对，且两两配完，共 $(p-1)/2$ 对。因此有

$$1\times 2\times\cdots\times(p-1)\equiv d^{(p-1)/2} \pmod p$$

因为数论中有一个结论：$1\times2\times\cdots\times(p-1)\equiv-1(\bmod p)$，所以

$$d^{(p-1)/2}\equiv-1(\bmod p)$$

因为这个结果与前提条件矛盾，所以假设 d 不是模 p 的二次剩余是错误的，即如果 $d^{(p-1)/2}\equiv1(\bmod p)$，那么 d 必是模 p 的二次剩余。充分性得证。

由上面两部分的证明可以立即推出 Euler 准则的剩余部分。

由 Euler 准则容易得出下面两个推论：

(1) -1 是模 p 的二次剩余，当且仅当 $p\equiv1(\bmod 4)$，其中 p 是奇素数。

(2) 设 p 是奇素数，d_1、d_2 均与 p 互素，那么

① 若 d_1、d_2 均为模 p 的二次剩余，则 d_1d_2 也是模 p 的二次剩余。

② 若 d_1、d_2 均为模 p 的非二次剩余，则 d_1d_2 是模 p 的二次剩余。

③ 若 d_1 是模 p 的二次剩余，d_2 是模 p 的非二次剩余，则 d_1d_2 是模 p 的非二次剩余。

Euler 准则告诉我们如何判定一个整数 d 是否是模 p 的二次剩余(其中 p 是奇素数)，但对于一个模 p 的二次剩余 d，如何求出 d 的两个平方根？这个问题却没有一个简练的方法，下面将给出一类特殊模数的平方根的求法。

定理 2.6 如果 $p\equiv3(\bmod 4)$，d 是模 p 的二次剩余，那么 d 模 p 的两个平方根为

$$x\equiv\pm d^{(p+1)/4}(\bmod p)$$

证明 由于 d 是模 p 的二次剩余，因此由欧拉准则可知

$$d^{(p-1)/2}\equiv1(\bmod p)$$

所以有

$$x^2\equiv(\pm d^{(p+1)/4})^2\equiv d^{(p+1)/2}\equiv d^{(p-1)/2}\times d\equiv1(\bmod p)$$

结论：$x\equiv\pm d^{(p+1)/4}(\bmod p)$确实是 d 模 p 的两个平方根。

2.1.7 $\mathbb{Z}_p$ 上的离散对数

设计公钥密码算法的关键是寻找一个符合密码学要求的陷门单向函数。构造这样的陷门单向函数的思路主要有两个，一个是以 RSA 算法为代表的一类算法所使用的以大整数分解为基础的构造方法；另一个是利用离散对数来构造陷门单向函数。那么，什么是离散对数呢？下面介绍一种最简单的离散对数，即建立在 $\mathbb{Z}_p$ 上的离散对数。

认识离散对数要从模指数运算开始，模指数是这样的一种函数：

$$y\equiv a^x(\bmod p)$$

其中，a、x、y 和 p 都是正整数，且在密码学里总是要求 p 为素数，因而这里取 p 为素数。

显然，在模指数函数中，如果已知 a、x 和 p，那么很容易计算出函数值 y。现在将问题反过来看，即如果已知 y、a 和 p，能否求出 x 呢？或者说寻找 x，使之满足 $a^x\equiv y(\bmod p)$。这实际上就是模指数函数的反函数，它就是我们所说的离散对数，并且可将其表示成如下形式：

$$y\equiv\log_a^x(\bmod p)$$

由于这里要求 a、x、y 和 p 都是正整数，因此不是所有的离散对数都有解。例如很容易验证方程

$$3^x\equiv7(\bmod 13)$$

无解。也就是说，离散对数 $y\equiv\log_3^7(\bmod 13)$是无解的(在整数范围内)。

现在，在 $\mathbb{Z}_p$ 上来考察模指数函数 $y \equiv a^x \pmod p$，并且令 $y=1$，则可得一个模指数方程

$$a^x \equiv 1 \pmod p$$

由欧拉定理可知，如果 $a \in \mathbb{Z}_p$，那么有 a 与 p 互素，上面的模指数方程至少有一个解(比如 $x=\varphi(p)$)。在数论中将满足上述方程的最小正整数 x 称为 a 模 p 的阶。

a 模 p 的阶一定是 $\varphi(p)$ 的因子。

这是因为：假如 a 模 p 的阶(记为 m)不是 $\varphi(p)$ 的因子，则 $\varphi(p)$ 可表示成

$$\varphi(p)=km+r$$

其中，$0<r<m$。那么

$$a^{\varphi(n)} \equiv a^{km+r} \equiv (a^m)^k a^r \equiv a^r \equiv 1 \pmod p$$

即 $a^r \equiv 1 \pmod p$。这与 m 是 a 模 p 的阶矛盾。

如果 a 模 p 的阶等于 $\varphi(p)$，那么称 a 是 p 的本原根。因为 $\varphi(p)=p-1$，所以当 a 是 p 的本原根时，有

$$a^1,\ a^2,\ \cdots,\ a^{p-1}$$

在同余意义下互不相同，且都与 p 互素。也就是说，当 $x \in \mathbb{Z}_p^* = \{1, 2, \cdots, p-1\}$ 时，模指数函数 $y \equiv a^x \pmod p$ 是 $\mathbb{Z}_p^*$ 到 $\mathbb{Z}_p^*$ 的一一映射。

下面给出离散对数的严格定义。

定义 2.4　离散对数。设 p 是素数，正整数 a 是 p 的本原根，那么对 $\forall y \in \{1, 2, \cdots, p-1\}$，必定存在唯一的 $x \in \{1, 2, \cdots, p-1\}$ 使得 $y=a^x \pmod p$。此时，称 x 为模 p 下以 a 为底 y 的离散对数，并记之为 $x \equiv \log_a^y \pmod p$，但习惯上仍然写成 $y \equiv \log_a^x \pmod p$。

离散对数有如下性质：

(1) $\log_a^1 \equiv 0 \pmod p$。

(2) $\log_a^a \equiv 1 \pmod p$。

(3) $\log_a^{xy} \pmod p = (\log_a^x \pmod p + \log_a^y \pmod p) \bmod \varphi(p)$。

上述性质(1)和(2)可以由以下两个关系式直接得出：$a^0 \equiv 1 \pmod p$，$a^1 \equiv a \pmod p$。证明性质(3)需要如下引理：

引理 2.2　设 a 与 p 为互素的正整数，如果 $a^m \equiv a^n \pmod p$，那么有 $m \equiv n \pmod{\varphi(p)}$。

这是因为 a 与 p 互素，所以 a 存在模 p 的逆元 a^{-1}。在同余式 $a^m \equiv a^n \pmod p$ 两边同乘 $(a^{-1})^n$，得到 $a^{m-n} \equiv 1 \pmod p$。另外，欧拉定理告诉我们 $a^{\varphi(p)} \equiv 1 \pmod p$，所以一定存在整数 k 使得 $m-n=k\varphi(p)$，即 $m=n \pmod{\varphi(p)}$。

现在证明上述性质(3)：$\log_a^{xy} \pmod p = (\log_a^x \pmod p + \log_a^y \pmod p) \bmod \varphi(p)$。

证明　由离散对数的定义可知，$x \equiv a^{\log_a^x \pmod p} \pmod p$，$y \equiv a^{\log_a^y \pmod p} \pmod p$，$xy \equiv a^{\log_a^{xy} \pmod p} \pmod p$，所以

$$a^{\log_a^{xy} \pmod p} \pmod p \equiv xy = a^{\log_a^x \pmod p} \pmod p \times a^{\log_a^y \pmod p} \pmod p$$

由模运算的性质可得

$$a^{\log_a^{xy} \pmod p} \equiv a^{\log_a^x \pmod p} \times a^{\log_a^y \pmod p} \pmod p \equiv a^{(\log_a^x \pmod p + \log_a^y \pmod p)} \pmod p$$

根据引理 2.2，即有性质(3)：

$$\log_a^{xy}(\bmod p)=(\log_a^x(\bmod p)+\log_a^y(\bmod p)) \bmod \varphi(p)$$

前面已经提到，如果已知 a、x 和 p，那么使用快速指数算法可以很容易地计算出函数 $y\equiv a^x(\bmod p)$；但如果已知 a、y 和 p，能不能轻易地计算出离散对数 $x\equiv\log_a^y(\bmod p)$呢？现在的回答是：很困难。目前已知的求离散对数问题的最好算法其时间复杂度为

$$o\left(\exp\sqrt[3]{\left(\sqrt[3]{(\ln p)}\times\ln(\ln p)\right)^2}\right)$$

因此，当 p 很大时，计算离散对数在时间上是不可行的，也正是这个原因使之可以用于设计单向陷门函数。

2.2 计算复杂性问题

Oded Goldreich 在他的名著《Foundations of Cryptography ：Basic Tools》提到了定义“安全”的两种途径：基于信息论的经典方法和基于计算复杂性的现代方法。利用信息论考察“安全”，主要手段是度量密文中包含明文的信息量；而采用计算复杂性讨论“安全”，则是给出破译密文的难度，即是否能有效获取明文的完整信息。某些问题如公钥加密体制是不能用传统的信息论方法来研究的，随着计算复杂性和密码学研究的相互融合，计算复杂性方法成为研究密码学所必须掌握的工具。本节简要介绍确定型图灵机、非确定型图灵机、概率图灵机这三个基本计算模型，在此基础上讨论 NP 完全问题和加密体制是否安全之间的关系，以及多项式时间不可区分性。

2.2.1 确定性多项式时间

1. 算法效率分析

所谓算法(Algorithm)即是在有限步骤内求解某一问题所使用的一组定义明确的规则。前面章节中已经介绍了许多算法，但未对其做详细的效率分析。下面主要给出衡量算法效率的方法，它是后续内容的基础。

定义 2.5 复杂度(Complexity)。一般而言，分析某算法的效率存在如下两个指标：

(1) 时间复杂度(Time Complexity)：该算法完全运行所需运算时间的多少。

(2) 空间复杂度(Space Complexity)：该算法完全运行所需存储空间的大小。

在理论和实际中，由于使用者更关心问题解决的快慢，因此时间复杂度更为重要。随着技术的发展，存储设备的价格不断下降，对空间复杂度的关注越来越小。

衡量时间复杂度的最“精确”也最原始的办法是在某台计算机上执行算法，经过测量后得到关于它的评价。但这种时间复杂度的测试与具体机器有关，不同的计算机有不同的性能和结构，测量值自然不同。即便在同一台计算机上，算法的每次执行时间也会有一些偏差。为此，对时间复杂度的渐进分析是必要的，通常采用阶(Order)的概念来描述时间复杂度。

【例 2.12】 插入排序效率分析。

```
//这段程序对 int 型数组 a 进行插入排序，数组长度为 n。
for (int i = 0; i < n; i++)
```

```
    {
        //每次把 a[i]插入到已经排好序的 a[0], a[1], . . . , a[i-1]中
        int temp = a[i];
        int j;
        for (j = i-1; (j >= 0) && (temp < a[j]); j-)
            a[j+1] = a[j];
        a[j+1] = temp;
    }
```

显然，每一次循环的程序步数最少是 4，最多是 $2i+4$。整个程序在最好情况下需要执行 $4n$ 次，在最坏情况下需要执行 $\sum_{i=0}^{n-1}(2i+4)=n^2+3n$ 次。计算出其上、下界可了解该算法的执行时间。

假定该算法 5 次插入操作，并且假设这几次的实际的程序步数分别为 4、4、6、10、8，那么该操作序列的实际程序步数为 $4+4+6+10+8=32$。该指标和上、下界有一定的差距，而复杂算法的时间复杂度变化可能相当大。为描述输入数据导致的时间复杂度差异，可用平均时间复杂度来描述。设算法需要执行 i 步出现的概率为 p_i，则平均时间复杂度为 $\sum_{i=1}^{n} p_i \times i$。

与此对应，渐近时间复杂度存在最好情况、最坏情况和平均情况三种度量指标。

最坏情况下的时间复杂度渐进分析是由 Hopcroft 和 Tarjan 最先提出，其目的是为算法分析给出一个不依赖于具体硬件的定量方法。

定义 2.6 渐进记号(Asymptotic Notation)。假定 $f(\cdot)$、$f(\cdot)$均为非负函数，定义域均为 N，问题的输入规模为 n，为描述渐进复杂度中的阶，定义如下记号：

O：当且仅当 $\exists c, n_0, \forall n(n \geqslant n_0 \rightarrow f(n) \leqslant c \times g(n))$，称 $f(n)=O(g(n))$；

Ω：当且仅当 $\exists c, n_0, \forall n(n \geqslant n_0 \rightarrow f(n) \geqslant c \times g(n))$，称 $f(n)=\Omega(g(n))$；

Θ：当且仅当 $f(n)=O(g(n))$与 $f(n)=\Omega(g(n))$，称 $f(n)=\Theta(g(n))$。

通常分析的是时间的渐进复杂度，需要估计出 $t(n)=O(t_{asymptotic}(n))$。O 记号经常被采用(Paul Bachmann 于 1894 年引入)，因为它指出了算法时间的上界，其值也较好估算。更为精确的 Θ 大多时候较难计算，较少采用。此外，O 记号仅表示函数的上界，它不意味着最坏情况，各种情况下均有此记号。

一般而言，各种阶的增长速度不同，当输入规模增大时，增长速度慢的阶可认为是快速算法。常用的阶按照增长速度递增排序为

$$O(c), O(\log n), O(n), O(n\log n), O(n^2), O(2^n), O(n!), O(n^n)$$

其中，$O(c)$一般写为 $O(1)$，它是理论上的最佳算法；$O(n)$称为线性算法，它是实际中常见的最好算法；而 $O(n^n)$是最差算法，相当于穷举搜索。

定义 2.7 有效算法(Efficient Algorithm)。多项式算法是有效算法。也即时间复杂度为 $O(n^k)(k \in N)$的算法是有效算法。

2. 问题的难度

对于某个问题而言，需要对其难度进行描述。一个自然的想法是：该问题若存在有效算法解决之，则可认为它是较“简单”的问题；反之则可认为它是较“困难”的问题。

【例 2.13】 排序问题的难度。

元素的排序问题可用堆排序(HeapSort)解决，最坏情况下的时间复杂度为 $O(n\log n)$。注意到 $O(n\log n)$ 也是 $O(n^2)$，可知堆排序算法是有效算法，进而可认为排序问题是较"简单"的问题。事实上，基于比较方法的排序算法时间下界是 $\Omega(n\log n)$，堆排序也是解决排序问题的最好算法之一。

为引入更一般的定义，需要介绍图灵机(TM，Turing Machine)的概念，引入它的主要目的是形式化给出"计算"(Computation)的模型。

当然，计算模型不只 TM 一种，λ 演算、递归函数等都是计算模型，它们相互等价。计算理论领域对此有一个普遍被接受的论题，即著名的 Church - Turing 论题。

The Church - Turing Thesis：直观上可计算的函数类就是 TM(以及任意与 TM 等价的计算模型)可计算的函数类。

讨论计算模型时，首先要对计算进行抽象。A. M. Turing 仔细研究了人类进行计算的过程，他把人类的计算抽象成计算者、笔、纸三个基本要素。A. M. Turing 认为只要存在这三个要素，即可模拟计算的全过程。假定存在某个旁观者，他不认识计算者所采用的符号，以他所看到的过程为模拟。旁观者认为计算者一直在进行两种类型的操作：在纸上书写某些符号和把笔移动到纸上某位置。计算者采用的符号类型是有限的，他每次书写的符号可由纸上的现有符号和他自身的状态决定。事实上，旁观者观察到的过程即是抽象化的计算过程。为方便以后的讨论，A. M. Turing 进一步把纸简化成一条无限长的纸带，该纸带由无限方格组成。计算者每次只能移动纸带或者改变某方格内的符号，并且他每一时刻只能处于某一特定状态，而状态的变化就是计算者行为的抽象。

上面给出的这种简单的 TM 是确定性的，即确定型图灵机(DTM，Deterministic Turing Machine)。DTM 在给定输入数据后，之后它每一步的动作即可完全确定。每一时刻的 DTM 可用格局(Configuration)来描述，它包括纸带的内容、读写头的位置和控制器的状态。

定义 2.8 确定型图灵机。一台 DTM 由如下要素组成：

(1) 符号表 Σ：Σ 由有限个符号组成，包括标识空白的特殊字符 *。

(2) 可双向移动的无限长纸带：该纸带由无限个方格组成，方格上的符号均属于 Σ，除了有限个方格外，其他方格上的符号均为 *。

(3) 读写头：可在任一时刻对某个确定的方格进行操作。该读写头可向左(←)或向右(→)移动。

(4) 控制器：它携带状态集 Γ，包括特定的起始状态 γ_0 和停机状态集 h。

确定型图灵机如图 2-1 所示。

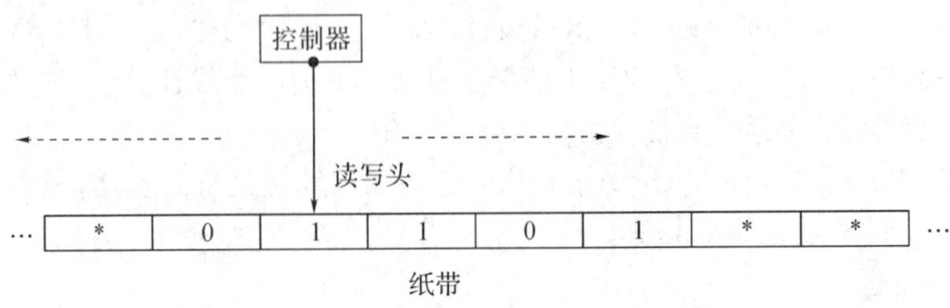

图 2-1 确定型图灵机

DTM 的计算可由转移函数(Transition Function)决定：

$$\delta: \Gamma \times \Sigma \rightarrow \Gamma \times \Sigma \times \{\leftarrow, \rightarrow\}$$

若控制器当前状态为 γ_n 且读写头指向方格内容为 σ_n，转移函数 $\delta(\gamma_n, \sigma_n)$ 可完成如下工作：

(1) 若 $\gamma_n \in \hbar$，则计算停止(也称停机)；否则确定控制器的下一步状态 γ_{n+1}。

(2) 修改读写头指向方格内容，将其改为 σ_{n+1}。

(3) 确定读写头移动的方向，要么向左(←)，要么向右(→)。

确定型图灵机模型易于理解：输入固定的程序和数据(此处隐含了冯·诺依曼结构中不区分程序和数据的思想)，然后 DTM 按照输入完全确定性地运行。不过 DTM 的构造相当复杂，在实际中往往采用更接近现实计算机的模型如 RASP、RAM 等，它们均与 DTM 等效，此处不再赘述。

一般而言，DTM 如果停机，运行结果只能是两种：接受和不接受。于是停机状态集 $\hbar$ 可划分为接受状态集 $\hbar_Y = \{\gamma_T\}$ 与不接受状态集 $\hbar_N = \{\gamma_F\}$。接受格局(Accepting Configuration)意味着 DTM 停机时，控制器状态属于 $\hbar_Y$。称 DTM 不接受该输入就是控制器状态属于 $\hbar_N$。于是 DTM 可等价于一台能回答问题的机器，接受输入数据计算后仅可回答 Yes 或 No。至于 DTM 是否停机属于可计算性(Computability)领域所研究的问题，可参阅相关书籍。

表面上，DTM 只能以停机来表示接受输入的程序和数据，它如何能和日常使用的计算机等价呢？这需要引入判定问题(Decision Problem)。所谓判定问题即是指问题的答案仅有 Yes 或 No。最优化问题均可转化为对应的判定问题，若该问题存在有效算法当且仅当其对应的判定问题存在有效算法。

【例 2.14】 最短路径问题的判定问题。

仅考虑路径长度均为非负整数的情况。定义判定问题为“是否存在长度小于等于 L 的路径?”容易计算出路径长度的上界 M，于是可对 L 从 0 开始递增直到 M，给出一系列判定问题。解决每个判定问题，直到找到某个回答为 Yes 的 L，该值即为所求最短路径。利用此判定问题可解决最短路径问题。

对于一般的问题，可先将该问题转换成判定问题，然后利用 DTM 回答的答案来解决。密码学中大量涉及的是离散优化问题，它们均可以转换成相应的判定问题，本节中的问题大部分为判定问题。一个粗略的结论是：DTM 的计算能力与日常使用的计算机等效。DTM 的输入称为语言(Language)，了解 DTM 的定义后，可给出较“简单”问题的定义。

定义 2.9 P 确定型图灵机上的具有有效算法的判定问题之集合。

从另一个角度看，DTM 是有效算法的模型表示：任何确定性有效算法均可由 DTM 实现，且可以在多项式时间内运行。这就是多项式时间 Church－Turing 论题(The Polynomial－time Church－Turing Thesis)。

通过对 DTM 的讨论，可知 DTM 代表了计算的能力，于是问题的难度即可定义为：若某问题存在有效算法，则称之为易解(Tractable)的；若它不存在多项式算法，则称它是难解的(Intractable)。该定义等价于：L 是易解的当且仅当 $L \in P$。这就是著名的 Cook－Karp 论题。

【例 2.15】 素性测试问题属于 P。

2002 年 6 月印度理工学院(Indian Institute of Technology, Kanpur)的 Manindra Agrawal、Neeraj Kayal 和 Nitin Saxena 发表了题为《PRIMES is in P》的论文；随后经过修改，在 2004 年的 Annals of Mathematics 上发表了修正后的《PRIMES is in P》。他们提出了

一个确定性多项式算法，现在被命名为 AKS 算法或 Agrawal - Kayal - Saxena 算法。AKS 算法短小精悍，极漂亮地解决了素性测试问题。

2.2.2 非确定多项式时间

如果所有的问题都存在有效算法，那么密码即无存在的价值，这是因为破译密码可以通过有效算法轻易解决。事实上，大多数问题目前还未发现有效算法。这些“未解决”问题中有一个巨大的问题子集，它们拥有共同的特点，即对于这些问题的正确答案能在多项式时间内验证。一个最简单的例子就是判定某数是否是合数，如果有人声称找到了其约数，可以在多项式时间内对其验证。计算机科学和密码学中可找到许多类似的问题，它们的集合称之为 NP。

当然也有大量问题是超出 NP 的。输出全排列是典型的例子，该问题属于 P - SPACE (Polynomial Space)。

容易验证 P 是 NP 的子集，但 P 是否是 NP 的真子集呢？此问题被称为“P = NP?”问题，它是计算复杂性领域乃至于整个理论计算机科学的焦点问题。(注意：了解 P 的定义后，常有人认为 NP 是 Non - Polynomial 的缩写。事实上，这里的 N 是“非确定性”(Non - Deterministic)的缩写。如果 NP 是 Non - Polynomial，有关“P = NP?”的讨论也将不复存在。)

【例 2.16】 可满足性问题(Boolean Satisfiability)。

给定某布尔表达式，是否存在某一组对其变量的真假赋值，使得该布尔表达式为真。因为该问题可在多项式时间内验证，所以它是 NP 问题。

例如 $S=((p_1 \vee p_2) \wedge p_3)$，需判断 p_1、p_2、p_3 在何种赋值下，可使 S 为真。当 p_1、p_2、p_3 为 1、0、1 时，可知 S 为真，该验证算法易知为有效算法。

目前给出的解决可满足性问题的算法均为指数算法，其上界为 $O(2^n)$。这些算法的基本思路均为回溯(BackTracking)。最简单的可满足性问题的蛮力算法如图 2 - 2 所示。

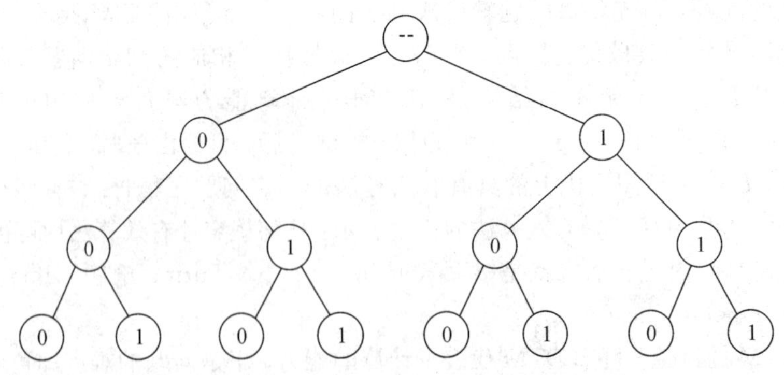

图 2 - 2　可满足性问题的蛮力算法

该算法从根结点开始进行搜索，分别给 p_1、p_2、p_3 赋值为 0 或 1，搜索每个可能的结点(可剪去某些不可能的子树)，最终得到是否可满足。

为了介绍 NP，下面简要描述关于非确定型图灵机(NTM，Non - deterministic Turing Machine)的概念，这里并不给出其精确定义，仅给出它的两种直观解释：

(1) NTM 在进行计算时，会自动选择最优路径。在上面的可满足性问题中，可假定

NTM 拥有一个具有预测能力的神奇硬币，根据它抛掷后的结果进行选择：正面提示下一步应该选择 1；而反面则选择 0。这样在 NTM 进行计算时，它会提示给 p_1、p_2、p_3 赋值 1、0、1。这样可利用此解答来验证出其可满足性。

(2) NTM 在进行计算时，碰到需要选择的分支，则对自身进行复制，每个分支分配一个副本进行计算，这样也只需要多项式时间即可判定其可满足性。

显然，NTM 的计算能力极强，远远超出目前计算机的能力。它不可能对应通常意义上的算法，更不可能在目前的实际计算中实现。

定义 2.10 NP：非确定型图灵机上的存在有效算法的判定问题之集合。

从定义 2.10 可看出，NP 问题的本质不是多项式时间内可验证，而是在 NTM 上可找到有效算法。这意味着如果有相当“智能”的信息引导，有望对其获得突破，即能在 DTM 上找到有效算法，这是多数组合优化问题均不可回避的难点。

如果不用 NTM 进行描述，还可以仅从判定问题的角度来认识 NP。这样，P 问题是指能够在多项式时间求解的判定问题；而 NP 问题则是指那些其“肯定解”(回答为是)能够在给定的正确信息下在多项式时间内验证的判定问题。

针对上述可满足性问题，目前仅能找到指数级的算法，很自然的问题就是它存在有效算法吗？目前的回答是：不确定。除此之外，还有一大批 NP 问题，目前既找不到有效算法，又不能确定它不存在有效算法。这类问题具有非常特殊的性质，即如果其中一个存在有效算法，那么此类问题均存在有效算法，这类问题统称为 NP 完全(NPC，NP - Complete)问题。

Cook 于 1971 年给出了第一个 NPC 问题，即可满足性问题。此后，大量 NPC 问题被发现，对它们的研究集中在寻找有效算法上，如果在其中一个问题上取得突破，那么 NPC 问题全部存在有效算法，并可确定 $P=\text{NP}$。不过，大多数学者认为 NPC 问题不存在有效算法，也即假定 NPC 问题是难解的。图 2 - 3 给出了在此假设下 NP 中各类问题的关系。

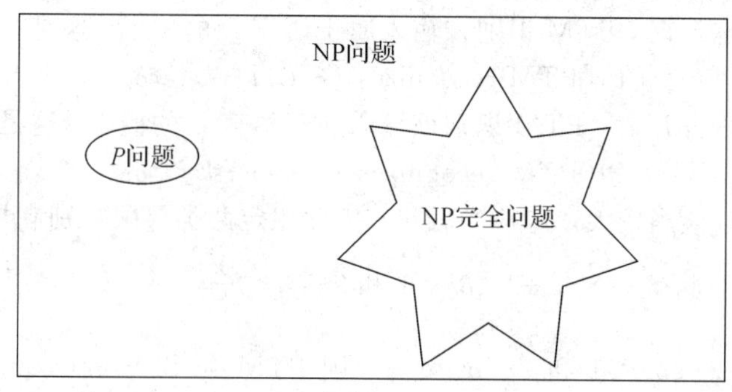

图 2 - 3 NP 中各类问题的关系

密码学家根据 NPC 问题是难解的假设，设计了相当多的加密体制。这些体制主要利用单向函数(One Way Function)的思想，原理是该类函数正向计算存在有效算法，对其反向计算是难解问题。基于单向函数思想的典型例子有 ElGamal 加密体制(基于离散对数问题)、Rabin 加密体制(基于 Rabin 函数)等。

一般而言，基于 NPC 问题设计的加密体制比较安全。值得注意的是，某些基于 NPC 问题设计的加密体制不甚安全，已经被攻破。

【例 2.17】 Merkle - Hellman 加密体制(CryptoSystem)。

Merkle－Hellman 加密体制是最早提出的公钥密码体制，其本质是背包加密算法，且基于子集和问题(Subset Sum Problem)。所谓子集和问题是：对于一个由正整数组成的集合和某个给定的数 Sum，是否存在该集合的某个子集，其元素之和恰好等于 Sum。子集和问题是 NPC 问题，从表面上看该体制很安全。1982 年 Shamir 利用 Lenstra－Lenstra－Lovász (L^3) 格基约简(Lattice Basis Reduction)算法破解了 Merkle－Hellman 加密体制。不过 Merkle－Hellman 加密体制的加密和解密速度很快，尽管它已被破解，但依然是有价值的。需要指出的是，此问题的解决不等于 NPC 问题存在有效算法。

此外，有些加密算法所采用的 NP 问题虽然未被肯定是 NPC 问题，但在实践上得到了良好的应用。RSA 算法即是一个典型的例子，目前对其尚无有效算法破解。

2.2.3 概率多项式时间

目前 NPC 问题虽然尚无有效算法，但该类问题在实际中经常出现，于是提出了两类算法来部分的解决：概率算法(Probabilistic Algorithm，也称随机算法 Randomized Algorithm)与近似算法(Approximation Algorithm)。密码学中经常用到概率算法，如何判定其优劣，这是本节所讨论的问题。

NTM 从本质上可认为是从不犯错的机器，它总能找到正确的路径。而人在预测中总会犯一定的错误，不同的人犯错误的可能性不同。一般来说，经验丰富的人犯的错误少，没有经验的人犯的错误多，这种现象可用他们犯错误的概率定量描述。

定义 2.11 概率图灵机(PTM，Probabilistic Turing Machine)是一台总停机的 NTM，它在每个格局至多有两个格局，从当前格局等可能的到达其中之一。PTM 停机的状态有三种：接受、不接受和未知。如果 PTM 停机在未知状态，那么称该计算无效。

如果 PTM 是多项式界限且没有未知状态，称该机为 PP 机(Probabilistic Polynomial－time Machine)；它能接受的语言类称为 PP。PP 机满足两类概率的界限：

输入 I 属于语言 L 时，PTM 识别该输入属于语言 L 的概率，这是一种正确概率：

$$\Pr[\text{PTM recognizes } I\in L \mid I\in L]\geqslant\delta_C$$

输入 I 不属于语言 L 时，PTM 识别该输入属于语言 L 的概率，这是一种错误概率：

$$\Pr[\text{PTM recognizes } I\in L \mid I\notin L]\leqslant\delta_E$$

理想情况下，δ_C 应当较大，δ_E 应当较小。为此规定两类界限分别满足：

$$\frac{1}{2}<\delta_C\leqslant 1 \text{ 和 } 0\leqslant\delta_E<\frac{1}{2}$$

若改变界限为 $\frac{1}{2}<\delta_C<1$ 和 $0<\delta_E<\frac{1}{2}$，则 PTM 为 BPP 机(Bounded Probabilistic Polynomial－time Machine)，所接受的语言类为 BPP。

为了提高 PTM 的准确性，可将同一输入多次交于 PTM 执行。对其重复执行 n 次，若识别次数达到 $\lfloor n/2\rfloor+1$ 以上，则认为该输入可识别。

采用重复执行的方案后，可证明

$$\Pr[\text{major of PTMs recognize } I\in L \mid I\in L]\to 1$$

$$\Pr[\text{major of PTMs recognize } I\in L \mid I\notin L]\to 0$$

这两个极限表明，如果运行次数足够多，便能得到接近于正确的结果。值得注意的是，运行次数越多，$\Pr[\text{PTM recognizes } I\in L \mid I\in L]$越大，$\Pr[\text{PTM recognizes } I\in L \mid I\notin L]$越

小，此种算法的性能可用于解决实际问题。此外，可证明两类界限若为 1/2，则两类概率均不能达到上面的极限。事实上，概率为 1/2 相当于随机猜测，没有任何经验知识支持，当然不能成功。

据此可给出一般意义下有效算法的定义：

定义 2.12　广义的有效算法在 DTM 或 PP 机下的多项式算法是有效算法。如果能找到这种意义下的有效算法用于密码破解，那么这种攻击也是相当有效的。

由于概率算法的特殊性，决定了衡量它的指标不仅是效率，还必须从正确率的角度考察。这些指标均可从其运作机理考察。

由于该方案仅讨论接受的次数，易知 $\Pr[\text{PTM recognizes } I\in L \mid I\in L]$越大，所需要重复运行的次数越少，这意味着该算法速度快；而 $\Pr[\text{PTM recognizes } I\in L \mid I\notin L]$越小，表明被 PTM 接受的计算中犯错的概率越小，这意味着该算法的正确率高。依此可对概率算法做如下分类：

定义 2.13　Monte Carlo 算法满足下列特点的概率算法：

$$\Pr[\text{PTM recognizes } I\in L \mid I\in L]=1$$

$$\Pr[\text{PTM recognizes } I\in L \mid I\notin L]\leqslant\delta_E$$

这种算法的速度最快，但会犯一定的错误。它对应复杂性类 PP(Monte Carlo)。

定义 2.14　Las Vegas 算法满足下列特点的概率算法：

$$\Pr[\text{PTM recognizes } I\in L \mid I\in L]\geqslant\delta_C$$

$$\Pr[\text{PTM recognizes } I\in L \mid I\notin L]=0$$

这种算法几乎完全正确，但速度较慢。它对应复杂性类 PP(Las Vegas)。

定义 2.15　Zero - Sided - Error 算法 满足下列特点的概率算法：

$$\Pr[\text{PTM recognizes } I\in L \mid I\in L]=1$$

$$\Pr[\text{PTM recognizes } I\in L \mid I\notin L]=0$$

Zero - Sided - Error 算法较为特殊，它的速度最快，也几乎完全正确。Zero - Sided - Error 算法对应复杂性类 ZPP，从定义上可知 ZPP 是 PP(Monte Carlo)与 PP(Las Vegas)的交集。

这些复杂性类之间满足如下关系：

$$P\subseteq \text{ZPP}\subseteq \begin{matrix}\text{PP(Monte Carlo)}\\ \text{PP(Las Vegas)}\end{matrix}\subseteq \text{BPP}\subseteq \text{PP}$$

2.2.4　多项式时间不可区分性

某些加密体制虽然暂时不存在有效算法破解，但这并不意味着它们是安全的。如果某人截获密文后然后伪造再发送，这种破坏力也是相当大的。对付这种攻击，需要有效的辨认方法。更重要的是，在零知识证明和交互证明中，辨认或者验证是必需的。为此，下面简要介绍多项式时间不可区分性。

给定样本空间 S，所含样本数为 $|S|$，对其进行编码，长度最多为 $l=\log|S|$。若有两个随机序列集合 $A=\{a_1, a_2, a_3, \cdots\}$和 $B=\{b_1, b_2, b_3, \cdots\}$，需要判断语言来自哪个随机序列集合。一个自然的判断方法是要求对方给出一串序列 R，辨认者对其进行辨认后进而做出判断。为保证算法的有效性，序列长度不得超过某个多项式 $P(l)$，辨认算法也必须是有效算法。

给出两类条件概率的定义：当序列 R 来自集合 A 时，辨认者判断该序列来自 A 的概率记为 $\Pr[A|R\Leftarrow A]$，辨认者判断该序列来自 B 的概率记为 $\Pr[B|R\Leftarrow A]$；当序列 R 来自集

合 B 时，辨认者判断该序列来自 A 的概率记为 $\Pr[A|R\Leftarrow B]$，辨认者判断该序列来自 B 的概率记为 $\Pr[B|R\Leftarrow B]$。

若 $\Pr[A|R\Leftarrow A]$ 和 $\Pr[B|R\Leftarrow A]$ 相差较大，可认为当序列 R 来自集合 A 时，辨认者的判断基本正确。若 $\Pr[A|R\Leftarrow B]$ 和 $\Pr[B|R\Leftarrow B]$ 相差较大，可认为当序列 R 来自集合 B 时，辨认者的判断基本正确。

根据这两类条件概率的差异，可给出判断标准为

$$\text{diff}=\min\{|\Pr[A|R\Leftarrow A]-\Pr[B|R\Leftarrow A]|,\quad |\Pr[A|R\Leftarrow B]-\Pr[B|R\Leftarrow B]|\}$$

显然，diff 与输入规模 l 有关，若对于相当大的 M，$\inf\limits_{l>M}\{\text{diff}\}>0$，则认为辨认者可做出有效的判断，这种多项式时间内完成的辨认称为有效辨认。在实际中，只需要求对于相当大的 M，diff 不至于可以忽略即可。

定义 2.16 多项式时间不可区分性(Polynomial - Time Indistinguishability) 给定输入规模 l 和随机序列集合 $A=\{a_1, a_2, a_3, \cdots\}$ 和 $B=\{b_1, b_2, b_3, \cdots\}$，称 A、B 多项式时间不可区分。(若不存在对它们的有效辨认。)

在计算复杂性领域，一个被广泛接受的假设是：存在多项式时间不可区分的随机序列集合。其特例是伪随机序列和真实随机序列的多项式时间不可区分性，即存在伪随机序列产生器，它产生的伪随机序列和真实随机序列是多项式时间不可区分的。这个假设相当有用，密码学中的许多判断均基于此。

习 题 2

2-1 若插入排序算法中程序执行的步数呈等概率分布，试讨论平均情况下该算法的时间复杂度。

2-2 修改例 2.12 的素性测试，若将结束循环的上界改成 $\sqrt{x}$，证明该算法依然是指数算法。

2-3 考虑路径长度均为非负实数的情况，找出最短路径问题对应的判定问题，并用它解决最短路径问题。

2-4 计算 $3^{19935} \bmod 77$。

2-5 计算 $7^{-1} \bmod 561$。

2-6 判断方程 $x^2\equiv 3 \bmod 383$ 是否有解？如果有解，求出其中的一个解。

2-7 计算下列数值：

$7503 \bmod 81$；$(-7503) \bmod 81$；$81 \bmod 7503$；$(-81) \bmod 7503$

2-8 证明：(1) $[a(\bmod m)\times b(\bmod m)] \bmod m=(a\times b)(\bmod m)$。

(2) $[a\times(b+c)] \bmod m=[(a\times b)(\bmod m)+(a\times c)(\bmod m)](\bmod m)$。

2-9 利用中国剩余定理求解

$$\begin{cases} x\equiv 2(\bmod 3)\\ x\equiv 1(\bmod 5)\\ x\equiv 1(\bmod 7)\end{cases}$$

2-10 什么是计算复杂性？它在密码学中有什么意义？

第 3 章　古典密码

古典密码(Classical Cipher)是密码学的渊源，虽然古典密码都比较简单而且容易被破译，但研究古典密码的设计原理和分析方法对于理解、设计以及分析现代密码技术是十分有益的。

通常，古典密码大多是以单个字母为作用对象的加密算法，本章简要介绍一些典型的古典密码体制(Classical Cipher System)，在此基础上，通过对古典密码学进行分析，给出密码分析学的基本概念和原理。

3.1　古典密码体制

3.1.1　棋盘密码

棋盘密码是公元前 2 世纪前后由希腊作家 Polybius 提出来的，在当时得到了广泛的应用。棋盘密码是将 26 个英文字母加密成两位整数来达到加密的目的。棋盘密码的密钥是一个 5×5 的棋盘，将 26 个英文字母放置在里面，其中字母 i 和 j 被放在同一个方格中。将字母 i 和 j 放在同一个方格的原因是“j”是一个低出现频率字母，在明文中很少出现，它可用“i”来替代而不影响文字的可读性。棋盘密码的密钥如表 3－1 所示。

表 3－1　棋盘密码密钥

标号	1	2	3	4	5
1	q	w	e	r	t
2	y	u	i/j	o	p
3	a	s	d	f	g
4	h	k	l	z	x
5	c	v	b	n	m

在给定了字母排列结果的基础上，每一个字母都会对应一个整数 $\alpha\beta$，其中 α 是该字母所在行的标号，β 是该字母所在列的标号。通过设计的棋盘就可以对英文消息进行加密，如 u 对应的是 22，f 对应的是 34。

【例 3.1】 如果明文消息是

Information Security

那么相应的密文序列为

23 54 34 24 14 55 31 15 23 24 54

32 13 51 22 14 23 15 21

解密过程应用相同的棋盘排列，根据密文给出的字母所在位置来恢复相应的明文消息。

棋盘密码的任一个密钥是25个英文字母（将字母i和j看成一个字母）在5×5的棋盘里的一种不重复排列。由于所有可能的排列有25！种，所以棋盘密码的密钥空间大小为25!。因此，如果对棋盘密码采用密钥穷举搜索的方法进行攻击，那么计算量相当大。

尽管棋盘密码将英文字母用数字代替，但棋盘密码的加密机制决定了密文中的整数和明文中的英文字母具有相同的出现频率，加密结果并不能隐藏由于明文中英文字母出现的统计规律性导致的密文出现的频率特性，频率分析法可以发现其弱点并对其进行有效攻击。

3.1.2 移位密码

移位密码的加密对象为英文字母。移位密码采用对明文消息的每一个英文字母向前推移固定key位的方式实现加密。换句话说，移位密码实现了26个英文字母的循环移位。由于英文共有26个字母，可以在英文字母表和$Z_{26}=\{0, 1, \cdots, 25\}$之间建立一一对应的映射关系，因此可以在$Z_{26}$中定义相应的加法运算来表示加密过程。

在移位密码中，当取密钥key=3时，得到的移位密码称为凯撒密码。这是因为该密码体制首先被Julius Caesar所使用。移位密码的密码体制定义如下：

定义3.1 移位密码体制。

令$M=C=K=Z_{26}$。对任意的$\text{key}\in Z_{26}$，$x\in M$，$y\in C$，定义

$$e_{\text{key}}(x)=(x+\text{key}) \bmod 26$$

$$d_{\text{key}}(y)=(y-\text{key}) \bmod 26$$

在使用移位密码体制对英文字母进行加密之前，首先需要在26个英文字母与Z_{26}中的元素之间建立一一对应关系；然后应用以上密码体制进行相应的加密计算和解密计算。

【例3.2】 设移位密码的密钥为key=7，英文字符与Z_{26}中的元素之间的对应关系如表3-2所示。

表3-2 例3.2表

英文字母	A	B	C	D	E	F	G	H	I	J	K	L	M
元素	00	01	02	03	04	05	06	07	08	09	10	11	12
英文字母	N	O	P	Q	R	S	T	U	V	W	X	Y	Z
元素	13	14	15	16	17	18	19	20	21	22	23	24	25

假设明文为ENCRYPTION。则加密过程如下：

首先，将明文根据对应关系表映射到Z_{26}，得到相应的整数序列：

04 13 02 17 24 15 19 08 14 13

然后对以上整数序列进行加密计算：

$$e_{\text{key}}(04)=(04+7)\bmod 26=11$$
$$e_{\text{key}}(13)=(13+7)\bmod 26=20$$
$$e_{\text{key}}(02)=(02+7)\bmod 26=09$$
$$e_{\text{key}}(17)=(17+7)\bmod 26=24$$
$$e_{\text{key}}(24)=(24+7)\bmod 26=05$$
$$e_{\text{key}}(15)=(15+7)\bmod 26=22$$
$$e_{\text{key}}(19)=(19+7)\bmod 26=00$$
$$e_{\text{key}}(08)=(08+7)\bmod 26=15$$
$$e_{\text{key}}(14)=(14+7)\bmod 26=21$$
$$e_{\text{key}}(13)=(13+7)\bmod 26=20$$

得到相应的整数序列为

11 20 09 24 05 22 00 15 21 20

最后应用对应关系表 3-2 将以上数字转化成英文字符，即得相应的密文为

LUJYFWAPVU

解密是加密的逆过程，计算过程与加密相似。首先应用对应关系表(如表 3-2)将密文字符转化成数字，再应用解密公式 $d_{\text{key}}(y)=(y-\text{key})\bmod 26$ 进行计算。在本例中，将每个密文对应的数字减去 7，再和 26 进行取模运算，对计算结果使用原来的对应关系表即可还原成英文字符，从而解密出相应的明文。

移位密码的加密和解密过程的本质都是循环移位运算，由于 26 个英文字母顺序移位 26 次后还原，因此移位密码的密钥空间大小为 26，其中有一个弱密钥，即 key=0。

移位密码中明文字符和相应的密文字符之间具有一一对应的关系，密文中英文字符的出现频率与明文中相应的英文字符的出现频率相同，加密结果也不能隐藏，由于明文中英文字母出现的统计规律性导致密文出现的频率特性，因此频率分析法可以发现其弱点并对其进行有效攻击。

3.1.3 仿射密码

仿射密码是移位密码的一个推广，其加密过程中不仅包含移位操作，而且使用了乘法运算。与移位密码相同，仿射密码的明文空间 M 和密文空间 C 均为 Z_{26}，因此，在使用仿射密码体制对英文消息进行加密之前，需要在 26 个英文字母与 Z_{26} 中的元素之间建立一一对应关系，然后才能应用仿射密码体制进行相应的加密计算和解密计算。仿射密码的密码体制定义如下：

定义 3.2 仿射密码体制。

令 $M=C=Z_{26}$，密钥空间 $K=\{(k_1, k_2)\in Z_{26}\times Z_{26}: \gcd(k_1, 26)=1\}$。对任意的密钥 $\text{key}=(k_1, k_2)\in K$，$x\in M$，$y\in C$，定义

$$e_{\text{key}}(x)=(k_1x+k_2)\bmod 26$$
$$d_{\text{key}}(y)=k_1^{-1}(y-k_2)\bmod 26$$

其中，k_1^{-1} 表示 k_1 在 Z_{26} 中的乘法逆；$\gcd(k_1, 26)=1$ 表示 k_1 与 26 互素。

根据数论中的相关结论，同余方程 $y\equiv(k_1x+k_2)\bmod 26$ 有唯一解 x，当且仅当

$\gcd(k_1, 26)=1$。当 $k_1=1$ 时，仿射密码就是移位密码，因此移位密码是仿射密码的特例。仿射密码相当于在使用移位密码之前先对明文做了一个一一对应变换。

【例 3.3】 设已知仿射密码的密钥 $k=(11, 3)$，则可知$11^{-1} \bmod 26=19$。假设明文字符对应的整数为 13，那么相应的密文字符对应整数的计算过程为

$$y=(11\times 13+3) \bmod 26=16$$

解密过程可以表示为

$$x=19\times(16-3) \bmod 26=13$$

在 Z_{26} 中，满足条件 $\gcd(k_1, 26)=1$ 的 k_1 只有 12 个不同的值(分别是 1、3、5、7、9、11、15、17、19、21、23、25)，因此仿射密码的密钥空间大小为 $12\times 26=312$，其中有 12 个弱密钥，即 k_1 取与 26 互素的 12 个数中的一个并且 $k_2=0$。由于仿射密码的密钥空间不大，因此使用穷举搜索的方式即可破解。

有关元素的乘法逆的具体计算方法，可查阅相关知识，这里不再赘述。对于 Z_{26}中与 26 互素的元素，相应的乘法逆为

$$1^{-1} \bmod 26=1$$
$$3^{-1} \bmod 26=9$$
$$5^{-1} \bmod 26=21$$
$$7^{-1} \bmod 26=15$$
$$11^{-1} \bmod 26=19$$
$$17^{-1} \bmod 26=23$$
$$25^{-1} \bmod 26=25$$

所给出的 Z_{26}上与 26 互素的元素逆元结论很容易通过乘法逆的定义进行验证。如 $11\times 19=209\equiv 1 \bmod 26$。

仿射密码不能抵抗已知明文攻击。如果通过频率分析法能够确定出至少两个字母的替换，这时求解仿射变换方程组可以得到参数 k_1 和 k_2。例如，对使用仿射密码体制加密的密文，如果确定出明文“e”是由“c”表示，明文“t”是由“f”表示，那么将这些字母转换成数字，建立仿射变换方程组：

$$2=(k_1\times 4+k_2) \bmod 26$$
$$5=(k_1\times 19+k_2) \bmod 26$$

求解上述方程组得到 $k_1=21$，$k_2=22$。

3.1.4 代换密码

移位密码可看成是对 26 个英文字母的一个简单置换，比移位密码稍微复杂一点的仿射密码是对 26 个英文字母的一个较为复杂的置换，因此可以考虑 26 个英文字母集合上的一般置换操作。鉴于 26 个英文字母和 Z_{26}的元素之间可以建立一一对应关系，于是 Z_{26}上的任一个置换也就对应了 26 个英文字母表上的一个置换。我们可以借助 Z_{26}上的置换来改变英文字母表中英文字符的原有位置，即用新的字符来代替明文消息中的原有字符，以达到加密明文消息的目的。Z_{26}上的置换被当做加密所需的密钥，由于该置换对应 26 个英文字母表上的一个置换，因此可以将代换密码的加密和解密过程看做应用英文字母表的置换所进行的代换操作。

定义 3.3 代换密码体制。

令 $M=C=Z_{26}$，K 是 Z_{26} 上所有可能置换构成的集合。对任意的置换 $\pi \in K$，$x \in M$，$y \in C$，定义

$$e_\pi(x)=\pi(x)$$
$$d_\pi(y)=\pi^{-1}(y)$$

其中，π 和 π^{-1} 互为逆置换。

【例 3.4】 设置换 π 定义如表 3-3 所示(由于 Z_{26} 上的任一个置换均可以对应 26 个英文字母表上的一个置换，因此本例中直接将 Z_{26} 上的置换 π 表示成英文字母表上的置换)。

表 3-3 例 3.4 表(一)

明文字符	A	B	C	D	E	F	G	H	I	J	K	L	M
密文字符	q	w	e	r	t	y	u	i	o	p	a	s	d
明文字符	N	O	P	Q	R	S	T	U	V	W	X	Y	Z
密文字符	f	g	h	j	k	l	z	x	c	v	b	n	m

假设明文为 ENCRYPTION，根据置换 π 定义的对应关系可以得到相应的密文为 tfeknhzogf。

解密过程首先根据加密过程中的置换 π 定义的对应关系计算相应的逆置换 π^{-1}，本例中的逆置换 π^{-1} 如表 3-4 所示。

表 3-4 例 3.4 表(二)

密文字符	q	w	e	r	t	y	u	i	o	p	a	s	d
明文字符	A	B	C	D	E	F	G	H	I	J	K	L	M
密文字符	f	G	h	j	k	l	z	x	c	v	b	n	m
明文字符	N	O	P	Q	R	S	T	U	V	W	X	Y	Z

根据计算得到的逆置换 π^{-1} 定义的对应关系，对密文 tfeknhzogf 进行解密，可以恢复出相应的明文为 ENCRYPTION。

代换密码的任一个密钥 π 都是 26 个英文字母的一种置换。由于所有可能的置换有 26! 种，因此代换密码的密钥空间大小为 26!。另外代换密码有一个弱密钥，26 个英文字母都不进行置换。

如果对代换密码采用密钥穷举搜索的方法进行攻击，计算量相当大。但是，代换密码中明文字符和相应的密文字符之间具有一一对应的关系，密文中英文字符的出现频率与明文中相应的英文字符的出现频率相同，加密结果也不能隐藏，由于明文中英文字母出现的统计规律性导致密文出现的频率特性，因此如果应用频率分析法对其进行密码分析，那么攻击难度要远远小于采用密钥穷举搜索法的攻击难度。

3.1.5 维吉尼亚密码

前面介绍的移位密码体制、仿射密码体制以及更为一般的代换密码体制中，一旦加密

密钥被选定，则英文字母表中每一个字母对应的数字都会被加密成唯一的一个密文，这种密码体制被称为单表代换密码。考虑到频率分析法破解单表代换密码很成功，人们开始考虑多表代换密码，通过用多个密文字母替换同一个明文字母的方式来消除字符的特性，即一个明文字母可以映射为多个密文字母。下面介绍多表代换密码的一个基本范例——维吉尼亚密码(Vigenère cipher)，它是由法国人 Blaise de Vigenère 在 16 世纪提出的。

定义 3.4 维吉尼亚密码体制。

令 m 是一个正整数，$M=C=K=(Z_{26})^m$。对任意的密钥 $\text{key}=(k_1, k_2, \cdots, k_m)\in K$，$(x_1, x_2, \cdots, x_m)\in M$，$(y_1, y_2, \cdots, y_m)\in C$，定义

$$e_{\text{key}}(x_1, x_2, \cdots, x_m)=(x_1+k_1, x_2+k_2, \cdots, x_m+k_m) \bmod 26$$

$$d_{\text{key}}(y_1, y_2, \cdots, y_m)=(y_1-k_1, y_2-k_2, \cdots, y_m-k_m) \bmod 26$$

如果已经在 26 个英文字母和 Z_{26} 之间建立了一一对应的关系，那么每一个密钥 $\text{key}\in K$ 都相当于一个长度为 m 的字母串，被称为密钥字。当 $m=1$ 时，维吉尼亚密码退化为移位密码。因此可将维吉尼亚密码看成移位密码的高维化，强化了移位密码的安全性。维吉尼亚密码通过将“单字目加密”改为“字母组加密”，体现出了“分组”加密的思想。

【例 3.5】 令 $m=8$，密钥字为“Computer”，则根据例 3.2 中表 3-2 所示对应关系可知，密钥字对应的数字序列为 key=(02，14，12，15，20，19，04，17)。假设明文消息为

Block cipher design principles

首先根据例 3.2 中表 3-2 所示对应关系，将其转换成相应的整数序列为

01 11 14 02 10 02
08 15 07 04 17 03
04 18 08 06 13 15
17 08 13 02 08 15
11 04 18

将以上得到的整数序列按照密钥字的长度进行分组处理，本例中将整数序列每 6 个分为一组，根据加密过程的运算关系：$e_{\text{key}}(x_1, x_2, \cdots, x_m)=(x_1+k_1, x_2+k_2, \cdots, x_m+k_m) \bmod 26$，使用密钥字对分组明文消息进行模 26 下的加密运算，具体加密过程如表 3-5 所示。

表 3-5 例 3.5 表

明文	01	11	14	02	10	02	08	15	07	04	17	03	04	18
密钥	02	14	12	15	20	19	04	17	02	14	12	15	20	19
密文	03	25	00	17	04	21	12	06	09	18	03	18	24	11
明文	08	06	13	15	17	08	13	02	08	15	11	04	18	
密钥	04	17	02	14	12	15	20	19	04	17	02	14	12	
密文	12	23	15	03	03	23	07	21	12	06	13	18	04	

对得到的整数序列应用例 3.2 中表 3-2 所示对应关系进行转换，得到相应的密文序列为

Dzarevmgjsdsylmxpddxhvmgnse

解密过程使用相同的字符和整数对应关系表和相同的密钥字，应用相应的逆运算关系：$d_{key}(y_1, y_2, \cdots, y_m)=(y_1-k_1, y_2-k_2, \cdots, y_m-k_m) \bmod 26$ 进行解密计算，即可恢复出相应的明文。

维吉尼亚密码的密钥空间大小为26^m，即使 m 的值较小，相应的密钥空间也会很大。在维吉尼亚密码体制中，一个字母可以被映射为 m 个字母中的某一个，这样的映射关系也比单表代换密码更为安全一些。维吉尼亚密码有一个弱密钥：$k_1=\cdots=k_m=0$。

因为维吉尼亚密码对明文消息序列采用分组加密的方式，不同分组中的相同明文字符可能对应不同的密文字符，所以明文字符和密文字符之间不再具有严格的一一对应关系，使得应用频率分析法对其进行密码分析的难度大大增加，具有较好的安全性。该密码体制被持续使用了几百年，但最终还是被破解了。破解维吉尼亚密码基于这样一个简单的观察：密钥的重复部分与明文中的重复部分的连接，在密文中也产生一个重复部分。相比于单表代换密码中反映出来的字母频率分布特征，多表代换密码使得字母频率分布趋于离散均匀分布，简单的字母频率分析法对多表代换密码失效。区分单表代换密码和多表代换密码的一个工具是一致性索引(IC，Index of Coincidence)，单表代换密码的 IC 值大概是 0.066。对于完全均匀分布的文字，IC 值大约是 0.038。如果 IC 值位于 0.038 与 0.066 之间，那么该密文使用的加密法可能是多表代换密码。此外，使用 IC 值能够大概确定出多表代换密码的密钥长度，从而降低了对该密码体制的分析难度。

3.1.6　置换密码

前面几个小节介绍的加密方式的共同特点是通过将英文字母改写成另一个表达形式来达到加密的效果。本小节介绍另一种加密方式，通过重新排列消息中元素的位置而不改变元素本身的方式，对一个消息进行变换。这种加密机制称为置换密码(也称为换位密码)。置换密码是古典密码中除代换密码外的重要一类，它被广泛应用于现代分组密码的构造。与维吉尼亚密码一样，置换密码也体现出了“分组”加密的思想。

定义 3.5　置换密码体制。

令 $m \geqslant 2$ 是一个正整数，$M=C=(Z_{26})^m$，K 是 $Z_m=\{1, 2, \cdots, m\}$上所有可能置换构成的集合。对任意的$(x_1, x_2, \cdots, x_m) \in M$，$\pi \in K$，$(y_1, y_2, \cdots, y_m) \in C$，定义

$$e_\pi(x_1, x_2, \cdots, x_m)=(x_{\pi(1)}, x_{\pi(2)}, \cdots, x_{\pi(m)})$$

$$d_\pi(y_1, y_2, \cdots, y_m)=(y_{\pi^{-1}(1)}, y_{\pi^{-1}(2)}, \cdots, y_{\pi^{-1}(m)})$$

其中，π 和 π^{-1} 互为 Z_m 上的逆置换；m 为分组长度。对于长度大于分组长度 m 的明文消息，可对明文消息先按照长度 m 进行分组，然后对每一个分组消息重复进行同样的置乱加密过程，最终实现对明文消息的加密。

【例 3.6】　令 $m=4$，$\pi=(\pi(1), \pi(2), \pi(3), \pi(4))=(2, 4, 1, 3)$。假设明文为

Information security is important

加密过程中，首先根据 $m=4$ 将明文分为 6 个分组，每个分组有 4 个字符：

Info　rmat　ions　ecur　ityi　simp　orta　nt

然后根据加密规则 $e_\pi(x_1, x_2, \cdots, x_m)=(x_{\pi(1)}, x_{\pi(2)}, \cdots, x_{\pi(m)})$，应用置换变换 π 对每个分组消息进行加密，得到相应的密文为

Noifmtraosincreutiiyipsmraottn

解密过程需要用到加密置换 π 的逆置换，在本例中，根据置换 π 定义的对应关系，得到相应的解密置换 π^{-1} 为

$$\pi^{-1}=(\pi(1)^{-1},\pi(2)^{-1},\pi(3)^{-1},\pi(4)^{-1})=(3,1,4,2)$$

解密过程中，首先根据分组长度 m 对密文进行分组，得到

noif　mtra　osin　creu　tiiy　ipsm　raot　tn

然后根据解密规则 $d_\pi(y_1, y_2, \cdots, y_m)=(y_{\pi^{-1}(1)}, y_{\pi^{-1}(2)}, \cdots, y_{\pi^{-1}(m)})$，应用解密置换 π^{-1} 对每个分组消息进行置换变换，就可以得到解密的消息。

需要说明的是，在以上加密过程中，应用给定的分组长度 m 对消息序列进行分组，当消息长度不是分组长度的整数倍时，可以在最后一段分组消息后面添加足够的特殊字符，从而保证能够以 m 为分组长度对消息进行分组处理。例 3.6 中，在最后的分组消息 tn 后面增加了 2 个空格，以保证分组长度的一致性。

对于固定的分组长度 m，Z_m 上共有 m! 种不同的排列，对应产生 m! 个不同的加密密钥 π，所以相应的置换密码共有 m! 种不同的密钥。应注意的是，置换密码尽管没有改变密文消息中英文字母的统计特性，但应用频率分析的攻击方法对其进行密码分析时，由于密文中英文字符的常见组合关系不再存在，并且与已知密文消息序列具有相同统计特性的对应明文组合并不唯一，导致相应的密码分析难度增大，因此，相比较而言，置换密码能较好地抵御频率分析法的攻击。另外，可以用唯密文攻击法和已知明文攻击法来破解置换密码。

3.1.7 Hill 密码

置换密码的主要思想体现在“分组—置换”，置换方式的过于简单使其安全性不高。为了进一步增加安全性，1929 年 Hill 提出了一种多表代换密码——Hill 密码。该算法保留了置换密码的加密框架，所不同的是对分组后的每个部分，采用线性变换的方式得到密文。即将明文消息按照步长 m 进行分组，对每一组的 m 个明文字母通过线性变换将其转换成 m 个相应的密文字母，密钥由一个较为简单的排列问题改变成较为复杂的 $m\times m$ 阶可逆矩阵。在使用 Hill 密码前，首先将英文的 26 个字母和数字 1～26 按自然顺序进行一一对应，以方便处理。

定义 3.6　Hill 密码体制。

令 $m\geqslant 2$ 是一个正整数，$M=C=(Z_{26})^m$，$\boldsymbol{K}$ 是定义在 Z_{26} 上的所有大小为 $m\times m$ 的可逆矩阵的集合。对任意的 $\boldsymbol{A}\in\boldsymbol{K}$，定义

$$e_{\boldsymbol{A}}(\boldsymbol{x})=\boldsymbol{A}\boldsymbol{x} \bmod 26$$
$$d_{\boldsymbol{A}}(\boldsymbol{y})=\boldsymbol{A}^{-1}\boldsymbol{y} \bmod 26$$

【例 3.7】　令 $m=4$，密钥为

$$\boldsymbol{A}=\begin{bmatrix} 8 & 6 & 9 & 5 \\ 6 & 9 & 5 & 10 \\ 5 & 8 & 4 & 9 \\ 10 & 6 & 11 & 4 \end{bmatrix}$$

则相应的 Z_{26} 上的逆矩阵为

$$\boldsymbol{A}^{-1}=\begin{bmatrix}23 & 20 & 5 & 1\\ 2 & 11 & 18 & 1\\ 2 & 20 & 6 & 25\\ 25 & 2 & 22 & 25\end{bmatrix}$$

明文为

Hill

根据例 3.2 中表 3－2 所示的对应关系，将以上明文转换成对应的数字序列为 07　08　11　11。根据密钥 $\boldsymbol{A}$ 可知，相应的密文为

$$\begin{bmatrix}y_1\\ y_2\\ y_3\\ y_4\end{bmatrix}=\begin{bmatrix}8 & 6 & 9 & 5\\ 6 & 9 & 5 & 10\\ 5 & 8 & 4 & 9\\ 10 & 6 & 11 & 4\end{bmatrix}\cdot\begin{bmatrix}7\\ 8\\ 11\\ 11\end{bmatrix}\bmod 26$$
$$=[9\quad 8\quad 8\quad 24]^{\mathrm{T}}$$

于是相应的密文序列为

Jiiy

已知密文消息和密钥 $\boldsymbol{A}$ 的逆矩阵 $\boldsymbol{A}^{-1}$，根据 Hill 密码体制的定义，对应的解密过程如下：

$$\begin{bmatrix}x_1\\ x_2\\ x_3\\ x_4\end{bmatrix}=\begin{bmatrix}23 & 20 & 5 & 1\\ 2 & 11 & 18 & 1\\ 2 & 20 & 6 & 25\\ 25 & 2 & 22 & 15\end{bmatrix}\cdot\begin{bmatrix}9\\ 8\\ 8\\ 24\end{bmatrix}\bmod 26$$
$$=[7\quad 8\quad 11\quad 11]^{\mathrm{T}}$$

结合例 3.2 中表 3－2 所示的对应关系即可恢复出相应的明文消息为 Hill。

通过例 3.7 可以发现，Hill 密码对于相同的明文字母，可能有不同的密文字母与之对应；对于不同的明文字母，也可能有相同的密文字母与之对应。一般情况下，Hill 密码能够较好地抵御基于字母出现频率的攻击方法。但已知明文攻击法可以很容易破解 Hill 密码，其攻击过程类似于对仿射密码的破解，用“已知明文—密文组”建立方程组，求解该方程组即可找到相应的密钥。

在上面介绍的几个典型的古典密码体制里，含有两个基本操作：替换（Substitution）和置换（Permutation）。替换实现了英文字母外在形式上的改变，每个英文字母被其他字母替换；置换实现了英文字母所处位置的改变，但没有改变字母本身。替换操作分为单表替换和多表替换两种方法。其中，单表替换的特点是把明文中的每个英文字母正好映射为一个密文字母，是一种一一映射，不能抵御基于英文字符出现频率的频率分析攻击法；多表替换的特点是明文中的同一字母可能用多个不同的密文字母来代替，与单表替换的密码体制相比，其形式上增加了加密的安全性。

替换和置换这两个基本操作具有原理简单且容易实现的特点。随着计算机技术的飞速发展，古典密码体制的安全性已经无法满足实际应用的需要，但是替换和置换这两个基本操作仍是构造现代对称加密算法最重要的核心方式。举例来说，替换和置换操作在数据加密标准（DES）和高级加密标准（AES）中都起到了核心作用。几个简单密码算法的结合可以

产生一个安全的密码算法，这就是简单密码仍被广泛使用的原因。除此之外，简单的替换和置换密码在密码协议上也有广泛的应用。

3.2 密码分析技术

自从有了加密算法，对加密信息的破解技术应运而生。加密算法的对立面称为密码分析，也就是研究密码算法的破译技术。加密和破译构成了一对矛盾体，密码学的主要目的是保护通信消息的秘密以防止被攻击。

由于古典密码都是为了对英文字符进行加密而设计的，因此许多对于古典密码的密码分析方法都利用了英文语言的统计特性。在对大量的英文文章、报纸、小说和杂志进行统计分析的基础上，Beker 和 Piper 给出了 26 个英文字符出现概率的统计结果，如表 3-6 所示。

表 3-6 26 个英文字符出现概率统计结果

字符	A	B	C	D	E	F	G	H	I
概率	0.082	0.015	0.028	0.043	0.127	0.022	0.020	0.061	0.070
字符	J	K	L	M	N	O	P	Q	R
概率	0.002	0.008	0.040	0.024	0.067	0.075	0.019	0.001	0.060
字符	S	T	U	V	W	X	Y	Z	
概率	0.063	0.091	0.028	0.010	0.023	0.001	0.020	0.001	

在表 3-6 的基础上，可以将 26 个英文字符划分成 5 个部分：

(1) 字符 E 的概率大约为 0.127。

(2) 字符 A、H、I、N、O、R、S、T 的概率大约为 0.06～0.09。

(3) 字符 D、L 的概率大约为 0.04。

(4) 字符 B、C、F、G、M、P、U、W、Y 的概率大约为 0.015～0.023。

(5) 字符 J、K、Q、V、X、Z 的概率小于 0.01。

当然，除了 26 个英文字符呈现出的统计规律性，还有一些字母组合也很常见，如 TH、HE、IN、RE、DE、ST、EN、AT、OR、IS、ET、IT、AR、TE、HI、OF、THE、ING、ERE、ENT、FOR 等，这些规律都为密码分析提供了很好的依据。

根据以上英文字母的统计规律性，可以实现对古典密码体制的破译。

先以仿射密码为例，来说明应用以上统计结果对其进行唯密文攻击的密码分析过程。假设攻击者 Oscar 截获到的密文为

FMXVEDKAPHFERBNDKRXRSREFMORUDSDKDVSHVUFEDKAPRKDLYEVLRHHRH

对以上密文消息中的英文字符进行统计，相应的结果如表 3-7 所示。

表 3-7 示例表

字符	A	B	C	D	E	F	G	H	I
频率	2	1	0	7	5	4	0	5	0
字符	J	K	L	M	N	O	P	Q	R
频率	0	5	2	2	1	1	2	0	8
字符	S	T	U	V	W	X	Y	Z	
频率	3	0	2	4	0	2	1	0	

通过以上统计可知，在密文消息中按照英文字符出现次数排序，英文字符出现次数由大到小依次是R、D、E、H、K、S、F、V。通过与表3-6对照，可以假设密文字符R对应的明文字符是e，密文字符D对应的明文字符是t，用仿射密码体制来表示为$e_{key}(4)=17$，$e_{key}(19)=3$。在仿射密码体制中，$e_{key}(x)=(k_1x+k_2) \bmod 26$，其中$k_1$、$k_2$是未知的加密密钥。根据假设可以得到关于密钥$k_1$、$k_2$的线性方程组：

$$\begin{cases}4k_1+k_2=17 \bmod 26\\19k_1+k_2=3 \bmod 26\end{cases}$$

解以上方程组，得到唯一的解$k_1=6$，$k_2=19$。显然，所得到的密钥是不合法的，这是因为$\gcd(k_1, 26)=2\neq1$，说明以上假设密文字符R对应明文字符e、密文字符D对应明文字符t是错误的。

接下来根据表3-6假设密文字符R对应的明文字符是e，密文字符E对应的明文字符是t，用仿射密码体制来表示为$e_{key}(4)=17$，$e_{key}(19)=4$，建立的线性方程组为

$$\begin{cases}4k_1+k_2=17 \bmod 26\\19k_1+k_2=4 \bmod 26\end{cases}$$

解方程组可得$k_1=13$，得到的密钥也是不合法的。

类似地，再假设密文字符R对应的明文字符是e，密文字符H对应的明文字符是t，用仿射密码体制来表示为$e_{key}(4)=17$，$e_{key}(19)=7$，建立的线性方程组为

$$\begin{cases}4k_1+k_2=17 \bmod 26\\19k_1+k_2=7 \bmod 26\end{cases}$$

解方程组可得$k_1=8$，得到的密钥仍然是不合法的。

再假设密文字符R对应的明文字符是e，密文字符K对应的明文字符是t，用仿射密码体制来表示为$e_{key}(4)=17$，$e_{key}(19)=10$，建立的线性方程组为

$$\begin{cases}4k_1+k_2=17 \bmod 26\\19k_1+k_2=10 \bmod 26\end{cases}$$

解方程组得到唯一的解$k_1=3$，$k_2=5$，得到的密钥是一组合法密钥。接下来应用得到的密钥对密文消息进行解密，进一步验证密钥的正确性。

因为$3^{-1} \bmod 26=9$，所以解密过程为$d_{key}(y)=9y-19$，解密密文可得到：

Algorithms are quite general definitions of arithmetic processes

通过解密出的明文消息可知，所得到的密钥是正确的。

接下来再以代换密码为例，来说明应用表 3-6 的统计结果对其进行唯密文攻击的密码分析过程。假设攻击者 Oscar 截获到的密文为

Y I F Q F M Z R W Q F Y V E C F M D Z P C V M R Z W N M D Z V E J B T X C D D U M J
N D I F E F M D Z C D M Q Z K C E Y F C J M Y R N C W J C S Z R E X C H Z U N M X Z
N Z U C D R J X Y Y S M R T M E Y I F Z W D Y V Z V Y F Z U M R Z C R W N Z D Z J J X
Z W G C H S M R N M D H N C M F Q C H Z J M X J Z W I E J Y U C F W D J N Z D I R

对以上密文消息中的英文字符进行统计，相应的结果如表 3-8 所示。

表 3-8 示例表

字符	A	B	C	D	E	F	G	H	I
频率	0	1	15	13	7	11	1	4	5
字符	J	K	L	M	N	O	P	Q	R
频率	11	1	0	16	9	0	1	4	10
字符	S	T	U	V	W	X	Y	Z	
频率	3	2	5	5	8	6	10	20	

通过以上统计可知，在密文消息中按照英文字符出现次数排序，英文字符出现次数由大到小依次是 Z、M、C、D、F、J、R、Y。通过与表 3-6 对照，可以假设密文字符 Z 对应的明文字符是 e，密文字符集合{M，C，D，F，J，R，Y}应该对应的明文字符集合是{a，h，i，o，r，s，t}。但是，仅依据表 3-6 与表 3-8 所示的统计结果之间的关系难以确定两个字符集合之间的具体对应关系。接下来再利用英文字符组合的统计规律性来进行分析。

以上已经假设密文字符 Z 对应的明文字符是 e，在密文消息中，与字符 Z 有关的长度为 2 的组合中出现较多的分别是 DZ 和 ZW(分别出现 4 次)，NZ 和 ZU(分别出现 3 次)，RZ、HZ、XZ、FZ、ZR、ZV、ZC 和 ZD(分别出现 2 次)。在以上统计结果中，ZW 出现了 4 次，而 WZ 没有出现，同时字符 W 本身单独出现的次数也较少，所以假设密文字符 W 对应的明文字符是 d。由于 DZ 出现 4 次，而 ZD 也出现了 2 次，因此可以假设密文字符 D 可能对应明文字符 r、s、t 中的某一个。

在密文的开始部分出现 ZRW 和 RZW 字符组合，字符组合 RW 在密文消息中也出现过，而且密文字符 R 在密文消息中也频繁出现，所以假设密文字符 R 对应的明文字符是 n。

根据已经做出的假设，可以给出密文的部分破译结果如下：

Y I F Q F M Z R W Q F Y V E C F M D Z P C V M R Z W N M D Z V E J B T X C D D U M J
? ? ? ? ? ? end ? ? ? ? ? ? ? ? ? e ? ? ? ? ned ? ? ? e ? ? ? ? ? ? ? ? ? ? ? ?
N D I F E F M D Z C D M Q Z K C E Y F C J M Y R N C W J C S Z R E X C H Z U N M X Z
? ? ? ? ? ? ? ? e ? ? ? ? e? ? ? ? ? ? ? ? ? ? n ? ? d ? ? ? en ? ? ? ? e ? ? ? ? e
N Z U C D R J X Y Y S M R T M E Y I F Z W D Y V Z V Y F Z U M R Z C R W N Z D Z J J
? e ? ? ? n ? ? ? ? ? ? n ? ? ? ? ? ? ed ? ? ? e ? ? ? e ? ne ? nd ? e ? e ? ?
X Z W G C H S M R N M D H N C M F Q C H Z J M X J Z W I E J Y U C F W D J N Z D I R
? ed ? ? ? ? ? n ? ? ? ? ? ? ? ? ? ? e ? ? ? ? ed ? ? ? ? ? ? ? ? d ? ? ? e ?? n

由于密文字符组合 NZ 出现的次数较高，而组合 ZN 出现次数很少，因此可假设密文字符 N 对应的明文字符是 h。若该假设是正确的，则在密文消息第三行中出现的 RZCRWNZ 对应的明文字符序列是 ne? ndhe，据此可以假设密文字符 C 对应的明文字符是 a。根据以上假设，我们可以得到进一步的破译结果如下：

YIFQFMZRWQFYVECFMDZPCVMRZWNMDZVEJBTXCDDUMJ
??????end?????a???e?a??nedh??e???????a?????
NDIFEFMDZCDMQZKCEYFCJMYRNCWJCSZREXCHZUNMXZ
h????????ea???e?a???a???nhad???en??a?e?h??e
NZUCDRJXYYSMRTMEYIFZWDYVZVYFZUMRZCRWNZDZJJ
he?a?n???????n???????ed???e????e??neandhe?e??
XZWGCHSMRNMDHNCMFQCHZJMXJZWIEJYUCFWDJNZDIR
?ed?a????nh????ha????a?e?????ed??????a?d??he??n

接下来确定在密文中出现次数较多的字符 M。由于已经确定密文 RNM 解密成 nh?，说明 h 很可能是一个单词的第一个字符，因此 M 对应的明文字符应该是一个元音字符。考虑到已经使用了元音字符 a 和 e，同时考虑到字符组合 ao 出现概率较低，可假设密文字符 M 对应的明文字符是 i，从而进一步得到破译结果如下：

YIFQFMZRWQFYVECFMDZPCVMRZWNMDZVEJBTXCDDUMJ
?????iend?????a?i?e?a?inedhi?e???????a???i?
NDIFEFMDZCDMQZKCEYFCJMYRNCWJCSZREXCHZUNMXZ
h??????i?ea?i?e?a???a?i?nhad???en??a?e?hi?e
NZUCDRJXYYSMRTMEYIFZWDYVZVYFZUMRZCRWNZDZJJ
he?a?n??????in?i?????ed???e????e?ineandhe?e??
XZWGCHSMRNMDHNCMFQCHZJMXJZWIEJYUCFWDJNZDIR
?ed?a??inhi??hai??a?e?i??ed??????a?d??he??n

在剩余的{D, F, J, Y}与{r, s, t, o}的对应关系中，根据密文消息第一行的组合 CFM 对应 a? i，可以猜测密文字符 F 不可能对应明文字符 o；根据密文消息第二行的组合 CJM 对应 a? i，可以猜测密文字符 J 也不可能对应明文字符 o。因此可假设密文字符 Y 对应的明文字符是 o。剩余的对应关系中，由于 NMD 出现了 2 次，因此假设密文字符 D 对应的明文字符是 r；而根据密文消息第二行的组合 HNCMF 对应 chai?，可以假设密文字符 F 对应的明文字符是 r，密文字符 H 对应的明文字符是 c，从而假设密文字符 J 对应的明文字符是 t。在此基础上，进一步得到破译结果如下：

YIFQFMZRWQFYVECFMDZPCVMRZWNMDZVEJBTXCDDUMJ
o ? r ? riend ? ro ? ? arise ? a ? inedhise ? ? t ? ? ? ass ? it
NDIFEFMDZCDMQZKCEYFCJMYRNCWJCSZREXCHZUNMXZ
hs ? r ? riseasi ? e ? a ? orationhadta ? en ? ? ace ? hi ? e
NZUCDRJXYYSMRTMEYIFZWDYVZVYFZUMRZCRWNZDZJJ
he ? asnt ? oo ? in ? i ? o ? redso ? e ? ore ? ineandhesett
XZWGCHSMRNMDHNCMFQCHZJMXJZWIEJYUCFWDJNZDIR
? ed ? ac ? inhischair ? aceti ? ted ? ? to ? ardsthes ? n

最终可以得到解密的明文消息为

Our friend from Paris examined his empty glass with surprise, as if evaporation had taken place while he wasn't looking. I poured some more wine and he settled back in his chair, face tilted up towards the sun.

理论上讲，一次一密的密码体制是不可破译的，但考虑到加密算法的密钥传输代价，它又是不实用的。实际上不存在不可破译的密码(除了后面将要介绍的序列密码，但考虑到算法的实用性，该密码算法也是有可能被破译的)。

对于加密法的评估，20世纪40年代，Shannon提出了一个常用的评估概念，他认为一个好的加密法应具有混淆性(Confusion)和扩散性(Diffusion)。混淆性意味着加密法应隐藏所有的局部模式，将可能导致破解密钥的提示性信息特征进行隐藏；扩散性要求加密法将密文的不同部分进行混合，使得任何字符都不在原来的位置。前面介绍的几个古典密码未能满足Shannon提出的混淆性和扩散性，所以它们能被破解。此外，加密系统的评估也要考虑经济因素，一个加密算法不光是为了安全而"牢不可破"(而且，它未必是牢不可破的)，如果获得信息的代价比破解加密的代价更小，可以认为该数据是安全的；如果破解加密需要的时间比信息的有用周期更长，也认为该数据是安全的。换句话说，任何加密算法的最终安全性基于这样一个原则：付出大于回报。按照这一原则，安全的密码系统应具备以下条件：

(1) 系统即使达不到理论上是不可破译的，也应该是实际上不可破译的。

(2) 系统的保密性不依赖于加/解密算法和系统的保密，而仅仅依赖于密钥的保密性。

(3) 加/解密运算简单、快捷，易于软/硬件实现。

(4) 加/解密算法适用于所有密钥空间的元素。

通常，破译密码需要考虑破译的时间复杂度(计算时间)和空间复杂度(计算能力)，衡量密码体制安全性的基本准则有以下几种：

(1) 计算安全性(Computational Security)。如果破译加密算法所需要的计算能力和计算时间是现实条件所不具备的，那么就认为相应的密码体制是满足计算安全性的。这意味着强力破解证明是安全的。

(2) 可证明安全性(Provable Security)。如果对一个密码体制的破译依赖于对某一个经过深入研究的数学难题的解决，就认为相应的密码体制是满足可证明安全性的。这意味着理论保证是安全的。

(3) 无条件安全性(Unconditional Security)。如果假设攻击者在运用无限计算能力和计算时间的前提下，也无法破译加密算法，就认为相应的密码体制是无条件安全性的。这意味着在极限状态上是安全的。

除了一次一密加密算法以外，从理论上来说，不存在绝对安全的密码体制。在实际应用中，只要能够证明采用的密码体制是计算安全的，就有理由认为加密算法是安全的，这是因为计算安全性能够保证所采用的算法在有效时间内的安全性。

习 题 3

3-1 已知仿射密码的密钥为(11, 3)，应用该密钥对明文消息

Cryptography and network security

进行加密，试给出相应的密文消息。

3-2　在一个密码体制中，如果对应一个密钥 k 的加密函数 e_k 和解密函数 d_k 相同，那么将这样的密钥 k 称为对合密钥。试找出定义在 Z_{26} 上的移位密码体制中所有对合密钥。

3-3　对于 $n=6$ 和 9，分别给出在 Z_n 上的 2×2 大小的所有可逆矩阵。

3-4　计算以下定义在 Z_{26} 上的矩阵的逆矩阵：

(1) $\begin{bmatrix} 11 & 8 \\ 3 & 7 \end{bmatrix}$　(2) $\begin{bmatrix} 10 & 5 & 12 \\ 3 & 14 & 21 \\ 8 & 9 & 11 \end{bmatrix}$

3-5　设置换密码体制中，$m=6$，给定的置换 π 如表 3-9 所示。

表 3-9　习题 3-5 表

x	1	2	3	4	5	6
$\pi(x)$	3	5	1	6	4	2

试给出置换 π 的逆置换，并应用置换 π 对以下明文消息进行加密：

A model for network security

3-6　下面给出一种特殊的置换密码体制。设 m、n 为正整数，将明文消息写成一个 $m\times n$ 的矩阵形式，然后依次取矩阵的各列构成相应的密文消息。例如，设 $m=4$，$n=3$，明文消息为

Cryptography

相应的矩阵为

cryp

togr

aphy

则得到相应的密文消息为

Ctaropyghpry

(1) 当已知 m 和 n 时，试给出 Bob 的解密过程。

(2) 试通过解密给出以下密文相应的密文消息：

Myamraruyiotenctorahroywdsoyeouarrgdernogw

3-7　试在 Z_{26} 上对代换密码和置换密码的安全性进行分析。

3-8　设多表代换密码 $C_i=\boldsymbol{A}M_i+\boldsymbol{B}\pmod{26}$ 中，$\boldsymbol{A}$ 是 2×2 矩阵，$\boldsymbol{B}$ 是 $\boldsymbol{0}$ 矩阵。已知明文“dont”被加密为“elnv”，求矩阵 $\boldsymbol{A}$。

3-9　设由仿射变换对一个明文加密得到的密文是 edsgickxhukl，又已知明文的前两个字符是 if。请对以上密文进行解密。

3-10　若仿射变换的加密为 $c=7m+21\pmod{26}$，则相应的解密变换是什么？

第4章 分组密码

分组密码也叫做块密码(Block Cipher)，是现代密码学的重要组成部分，它的主要功能是提供有效的数据保护。本章简要介绍分组密码的设计准则，重点给出有代表性的分组密码体制DES、AES和IDEA的加密原理和算法分析。

4.1 分组密码的设计准则

分组密码是指对固定长度的一组明文进行加密的一种加密算法，这一固定长度称为分组长度。分组长度是分组密码的一个参数，其值取决于实际应用的环境。对于通过计算机来实现的分组密码算法，通常选取的分组长度为64位。这是一个折中的选择，一是考虑到分组算法的安全性，分组长度不能太短，应该保证加密算法能够应付密码分析；二是考虑到分组密码的实用性，分组程度又不能太长，要便于操作和运算。近年来，随着计算机计算能力的不断提高，分组长度为64位的分组密码的安全性越来越不能满足实际需要，为了提高加密的安全性，很多的分组密码开始选择128位作为算法的分组长度。

分组密码的加密是对整个明文操作的，包括空格、标点符号和特殊字符，而不仅仅是字符。分组密码的加密过程是按分组长度n将明文分成若干个组，对每一个组长为n位的明文消息分组，执行相同的加密操作，相应地产生一个n位的密文分组，由此可见，不同的n位明文消息分组共有2^n个。考虑到加密算法的可逆性(即保证解密过程的可行性)，每一个不同的n位明文消息分组都应该产生一个唯一的密文消息分组，加密过程对应的变换被称为可逆变换或非奇异变换。从本质上来说，分组密码算法定义了一种从分组的明文消息到相应的密文消息的可逆变换。

在分组密码中，必须处理一个问题——填充。出现这个问题的原因是，分组加密作用在有固定大小的块上，但如果明文的大小不是分组长度的整数倍，填充就是一个问题。例如，分组的长度是64位(即8字节)，而明文的大小只有96位(即12字节)，在这种情况下，第二个分组就只有32位，这时需要进行填充。在分组加密中，要求填充是可逆的，也就是说，必须在加密时能添加填充字符，而在解密时能检测出填充字符。常见的解决办法是为明文添加(填充)足够的0，从而使明文长度是分组长度的整数倍。这样做面临的问题是，它可能是不可逆的。例如，对于明文字母“p”与添加了一些“0”后的明文字母“p”，经加密后再解密都是得到“p”，这就无从知道明文是否带有“0”。下面以举例的方式介绍4种常见的分组密码填充方式，其中第一种填充方式不可逆，后三种填充方式均可逆。

假定块长度为8字节，要加密的明文数据长度为9字节。那么消息被切成两个块，第二块只有1个字节，需要填充7个字节。如果把9字节的明文数据记为

F1 F2 F3 F4 F5 F6 F7 F8 F9

(1) Zeros填充算法。该算法需要填充的7个字节全部为0，分组结果为

第一个消息分组：F1 F2 F3 F4 F5 F6 F7 F8；

第二个消息分组：F9 00 00 00 00 00 00 00。

Zeros 填充算法无法区分第二个消息分组中 F9 后的 0 序列是否是明文中的原始序列，因此该填充算法不可逆。

(2) X923 填充算法。该算法需要填充的 7 个字节中前 6 个字节填充 0，最后一个字节记录填充的总字节数，分组结果为

第一个消息分组：F1 F2 F3 F4 F5 F6 F7 F8；

第二个消息分组：F9 00 00 00 00 00 00 07。

(3) PKCS7 填充算法。该算法需要填充的 7 个字节中的每一个字节填充所需要填充的总字节数，分组结果为

第一个消息分组：F1 F2 F3 F4 F5 F6 F7 F8；

第二个消息分组：F9 07 07 07 07 07 07 07。

(4) ISO10126 填充算法。该算法需要填充的 7 个字节中前 6 个字节填充随机字节序列，最后一个字节记录填充的总字节数，分组结果为

第一个消息分组：F1 F2 F3 F4 F5 F6 F7 F8；

第二个消息分组：F9 7D 2A 75 EF F8 EF 07。

与古典密码所不同的是，在分组密码中，密文块的所有位与明文块的所有位有关，正是这个原因体现了分组密码的最重要特征：如果明文的单个位发生了改变，那么密文块的位平均有一半要发生改变。分组密码是现代密码学的重要组成部分，当前被广泛使用的分组加密算法几乎都是基于被称为 Feistel 分组密码的。为了对具有代表性的分组密码：DES (Data Encryption Standard)算法、AES(Advanced Encryption Standard)算法和 IDEA (International Data Encryption Algorithm)算法进行深入研究和分析，首先要介绍 Feistel 分组密码的基本结构和设计准则。

4.1.1　Feistel 分组密码的基本结构

Feistel 密码结构是基于 1949 年 Shannon 提出的交替使用替换和置换方式构造密码体制设想的。在设计密码体制的过程中，Shannon 提出了能够破坏对密码系统进行各种统计分析攻击的两个基本操作：扩散(Diffusion)和混淆(Confusion)。扩散的目的是使明文和密文之间的统计关系变得尽可能的复杂；混淆的目的是使密文和密钥之间的统计关系变得尽可能复杂。为了使攻击者无法得到密钥，在扩散过程中，明文的统计信息被扩散到密文的更长的统计信息中，使得每一个密文数字与许多明文数字相关，从而使密文的统计信息与明文之间的统计关系尽量复杂，以至于密文的统计信息对于攻击者来说是无法利用的；在混淆过程中，密文的统计信息与加密密钥的取值之间的关系尽量复杂，以至于攻击者很难从中推测出加密密钥。扩散和混淆给出了分组密码应具有的本质特性，成为分组密码设计的基础。

Feistel 分组密码的基本结构如图 4-1 所示。加密算法的初始输入是一个长度为 $2L$ 位(bit，比特)的明文分组序列和一个初始密钥 K，在加密之前先将分组的明文序列等分成长度均为 L 的 L_0 和 R_0 两部分。加密过程分为 n 轮进行，其中第 i 轮以第 $i-1$ 轮输出的 L_{i-1} 和 R_{i-1} 作为输入，此外第 i 轮加密过程的输入还包括从初始密钥 K 产生的子密钥 K_i。第 i 轮的加密过程由两步操作实现：第一步先对 R_{i-1} 使用轮函数 F 和子密钥 K_i 进行变换，将

变换结果与 L_{i-1} 再进行异或运算，运算结果作为 R_i；第二步将 R_{i-1} 直接作为 L_i 得到第 i 轮的输出值。最终将加密过程的输出序列 L_n 和 R_n 组合起来产生相应的长度是 $2L$ 位的密文。

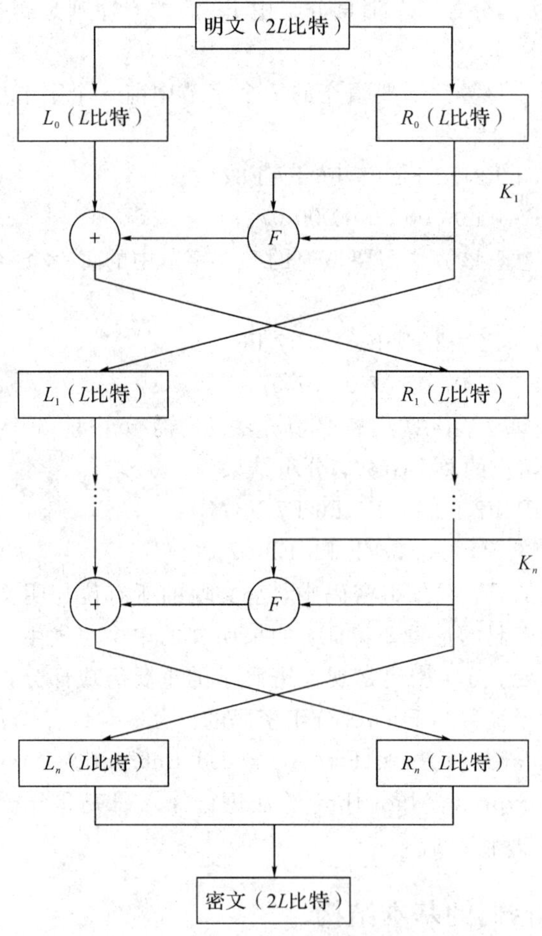

图 4-1　Feistel 分组密码的基本结构

Feistel 分组密码第一个加密阶段的示意图如图 4-2 所示。其中，S 操作通过密钥为每

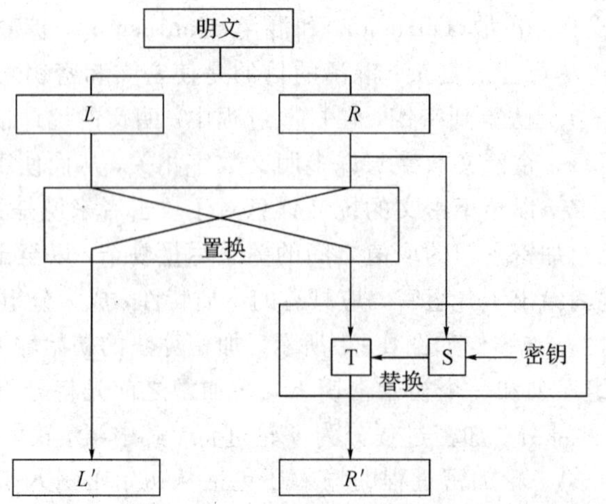

图 4-2　Feistel 分组密码第一个加密阶段示意图

一个阶段生成一个子密钥；T为每一轮加密过程中的核心操作，要求为非线性运算，保证加密算法的安全性。

在Feistel分组密码每一轮的加密过程中，第一步操作是一个替换过程，第二步操作是一个置换过程，通过"替换—置换"实现了Shannon提出的扩散和混淆操作。根据图4-1所示Feistel分组密码的基本结构和图4-2所示Feistel分组密码第一个阶段示意图可知，Feistel分组密码的安全性取决于以下几个方面：

(1) 明文消息和密文消息的分组大小。在其他条件相同的情况下，每一轮加密的分组长度越大，加密算法的安全性就越高，而相应的加密速度也越慢，效率越低。目前常用的分组加密算法的分组长度取64位。

(2) 子密钥的大小。算法的安全性随着子密钥长度的增加而提高，但是相应的加密速度会降低，所以设计分组密码时需要在安全性和加密效率之间进行平衡。在实际应用中，一般认为，要保证分组加密算法满足计算安全性，子密钥的长度至少要大于128位。

(3) 循环次数。循环次数越多安全性越高，相应的加密效率也就越低。

(4) 子密钥产生算法。在初始密钥给定的情况下，产生子密钥的算法越复杂，加密算法的安全性越高。

(5) 轮函数F。对于轮函数的讨论相对较复杂，一般认为，轮函数F越复杂，对应的加密算法的安全性越高。

Feistel分组密码的解密过程与加密过程是相同的。解密过程将密文作为算法的输入，同时按照与加密过程相反的次序使用子密钥对密文序列进行加密，即第1轮使用K_n，第2轮使用K_{n-1}，依此类推，最后一轮使用K_1，进行相同次数加密，"加密"的结果就得到相应的明文序列。

4.1.2 F函数的设计准则

Feistel分组密码的核心是轮函数F。轮函数F在Feistel分组密码算法中的作用是对消息序列进行混淆操作。为了保证这样的混淆操作的安全性，设计轮函数F的一个基本准则：轮函数F是非线性的。轮函数F的非线性程度越强，所用算法的安全性能越高，相应的攻击难度也就越大。S-盒(替换盒)是轮函数F的重要组成部分，关于S-盒的设计问题一直是人们关注的重点。对于S-盒的设计，基本要求是希望S-盒输入序列的任何变动都使得输出序列产生看似随机的变动，并且这两种变动之间的关系应该是非线性的。

一个好的加密算法必须具有一些特征，最基本的特征是密钥要足够大，使得强力攻击法无效或至少是得不偿失；另一个特征是，如果加密算法生成的密文通过了随机性测试，那么在很长一段时间里，该加密算法会给人以安全感。对于加密算法的评价，更为正式的要求是加密算法应该具有良好的"雪崩效应"：任何输入位或密钥位与输出位之间不应有任何联系。换句话说，密文中不能存在内容含有关于密钥或明文的提示。也就是说，输入消息序列或密钥位的一个位的值发生改变，相应的输出序列应该使多个位的值发生变化。

设计的轮函数F应该满足严格的雪崩准则(SAC, Strict Avalanche Criterion)。该准则的具体内容是：对于任意的i、j，当任何一个输入位i发生改变时，S-盒的任何输出位j的值发生改变的概率为1/2。虽然以上准则是对S-盒的设计提出的，但是由于S-盒是轮函数F的重要组成部分，所以该准则的要求也可以作为轮函数F的设计要求。

设计的轮函数 F 还应满足的一个准则是位独立准则(BIC，Bit Independence Criterion)。该准则的具体内容是：对于任意的 i、j、k，当任何一个输入位 i 发生改变时，输出位 j 和 k 的值应该独立地发生改变。

S-盒的设计除了要满足以上叙述的 SAC 和 BIC 准则外，还应该满足的一个条件是保证的雪崩准则(GAC，Guaranteed Avalanche Criterion)。该准则的具体内容是：一个好的 S-盒应该满足∂阶的(GA，Guaranteed Avalanche)。也就是说，对于输入序列中 1 位的值发生改变，输出序列中至少有∂位的值发生改变。一般要求∂的值介于 2 到 5 之间。

当然除了以上要求，关于 F 函数和 S-盒的设计还有其他很多的建议和要求。这些要求和建议都是为了改进轮函数 F 和 S-盒的非线性和随机性，从而增强分组密码算法的安全性。

4.2 数据加密标准——DES

数据加密标准(DES，Data Encryption Standard)算法是最为广泛使用的一种分组密码算法。DES 对推动密码理论的发展和应用起了重大的作用。学习 DES 算法对于掌握分组密码的基本理论、设计思想和实际应用都有重要的参考价值。20 世纪 70 年代中期，美国政府认为需要一个强大的标准加密系统，美国国家标准局(NBS，National Bureau of Standards)提出了开发这种加密算法的请求，最终 IBM 的 Lucifer 加密系统胜出，有关 DES 算法的历史过程如下：

1972 年美国商业部所属的美国国家标准局 NBS 开始实施计算机数据保护标准的开发计划。

1973 年 5 月 13 日，美国国家标准局 NBS 发布文告征集在传输和存储数据中保护计算机数据的密码算法。

1975 年 3 月 17 日，DES 算法描述被首次公布，认真地进行公开讨论。

1977 年 1 月 15 日，DES 被正式批准为无密级应用的加密标准(FIPS-46)，当年 7 月 1 日正式生效。以后每隔 5 年美国国家安全局对其安全性进行一次评估，以便确定是否继续使用它作为加密标准。在 1994 年 1 月的评估后，决定在 1998 年 12 月以后不再将 DES 作为数据加密标准。

4.2.1 DES 的描述

DES 是一个包含 16 个阶段的“替换—置换”的分组加密算法，它以 64 位为分组对数据加密。64 位的分组明文序列作为加密算法的输入，经过 16 轮加密得到 64 位的密文序列。尽管 DES 密钥的长度有 64 位，但用户只提供 56 位(通常是以转换成 ASCII 位的 7 个字母单词作为密钥)，其余的 8 位由算法提供，分别放在 8、16、24、32、40、48、56、64 位上，结果是每 8 位的密钥包含了用户提供的 7 位和 DES 算法确定的 1 位。添加的位是有选择的，使得每个 8 位的块都含有奇数个奇偶校验位(即 1 的个数为奇数)。DES 的密钥可以是任意的 56 位数，其中极少量的 56 位数被认为是弱密钥，为了保证加密的安全性，在加密过程中应该尽量避免使用这些弱密钥。

DES 对 64 位的明文分组进行操作。首先通过一个初始置换 IP，将 64 位的明文分成各

32 位长的左半部分和右半部分，该初始置换只在 16 轮加密过程进行之前进行一次，在接下来的轮加密过程中不再进行该置换操作。在经过初始置换操作后，对得到的 64 位序列进行 16 轮加密运算，这些运算被称为函数 f；在运算过程中，输入数据与密钥结合。经过 16 轮后，左、右半部分合在一起得到一个 64 位的输出序列，该序列再经过一个末尾置换 IP^{-1}（初始置换的逆置换）获得最终的密文（具体加密流程参见图 4－3）。初始置换 IP 和对应的逆初始置换 IP^{-1} 操作并不会增强 DES 算法的安全性，它的主要目的是为了更容易地将明文和密文数据以字节大小放入 DES 芯片中。

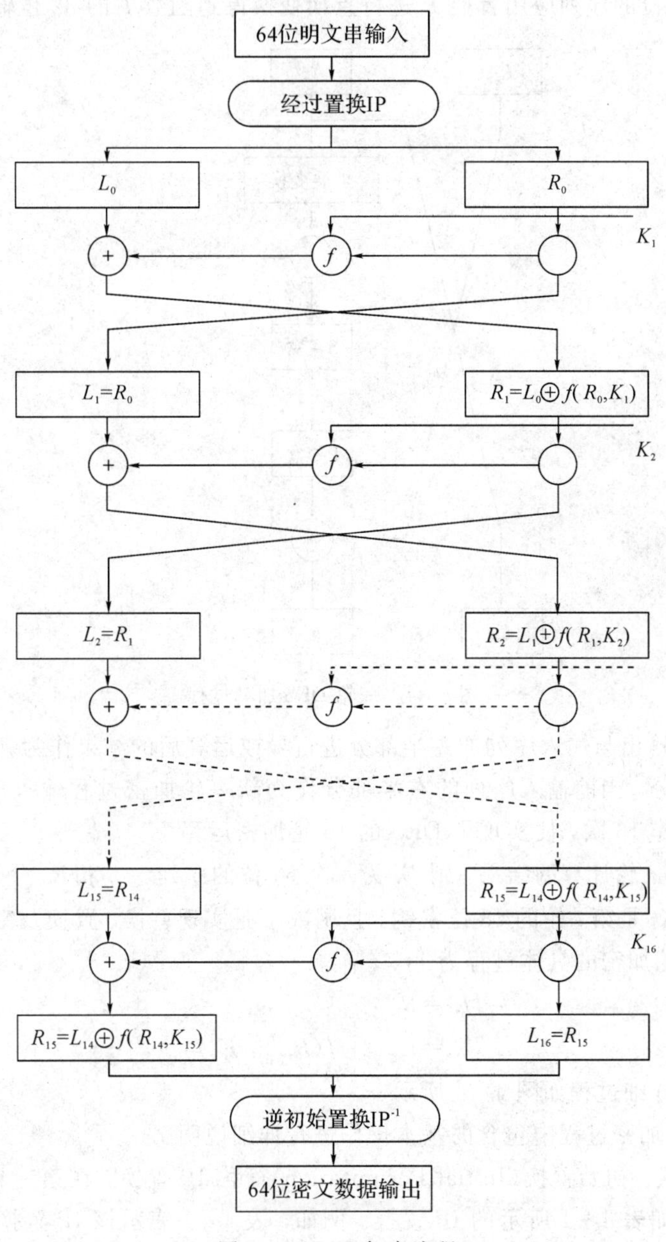

图 4－3　DES 加密流程

DES 的每个阶段使用的是不同的子密钥和上一阶段的输出，但执行的操作相同。这些操作定义在三种“盒”中，分别称为扩充盒(E-盒，Expansion Box)、替换盒(S-盒，Substitution Box)、置换盒(P-盒，Permutation Box)。在每一轮加密过程中，三个盒子的使用顺序如图4-4所示。在每一轮加密过程中，函数 f 的运算包括以下四个部分：首先将56位密钥等分成长度为28位的两部分，根据加密轮数，这两部分密钥分别循环左移1位或2位后合并成新的56位密钥序列，从移位后的56位密钥序列中选出48位(该部分采用一个压缩置换实现)；其次通过一个扩展置换将输入序列32位的右半部分扩展成48位后与48位的轮密钥进行异或运算；第三部分通过8个S-盒将异或运算后获得的48位序列替代成一个32位的序列；最后对32位的序列应用置换 P 进行置换变换得到函数 f 的32位输出序列。

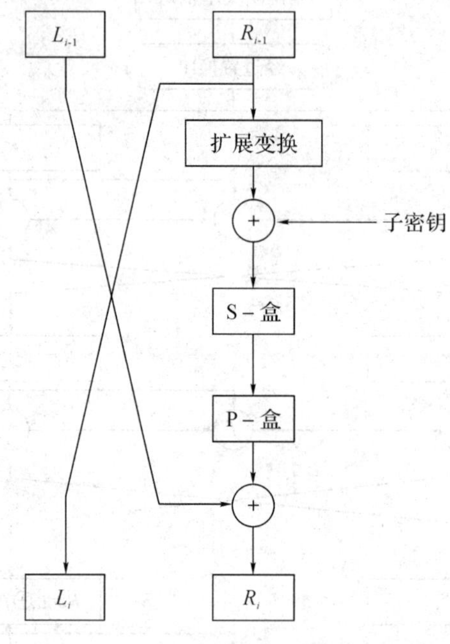

图4-4　一轮DES加密过程

将函数 f 的输出与输入序列的左半部分进行异或运算后的结果作为新一轮加密过程输入序列的右半部分，当前输入序列的右半部分作为新一轮加密过程输入序列的左半部分。上述过程重复操作16次，便实现了DES的16轮加密运算。

假设 B_i 是第 i 轮计算的结果，则 B_i 为一个64位的序列，L_i 和 R_i 分别是 B_i 的左半部分和右半部分，K_i 是第 i 轮的48位密钥，且函数 f 是实现替换、置换及密钥异或等运算的函数，那么每一轮加密的具体过程为

$$L_i = R_{i-1}$$
$$R_i = L_{i-1} \oplus f(R_{i-1}, K_i)$$

以上操作的详细过程如图4-4所示。

下面对DES加密过程中包含的基本操作进行详细说明。

(1) 初始置换。初始置换(Initial Permutation)简称IP置换，在第一轮运算之前执行，对输入分组实施如表4-1所示的IP置换。例如，表4-1表示该IP置换把输入序列的第58位置换到输出序列的第1位，把输入序列的第50位置换到输出序列的第2位，依此类推。

表 4-1　IP 置换

58	50	42	34	26	18	10	2	60	52	44	36	28	20	12	4
62	54	46	38	30	22	14	6	64	56	48	40	32	24	16	8
57	49	41	33	25	17	9	1	59	51	43	35	27	19	11	3
61	53	45	37	29	21	13	5	63	55	47	39	31	23	15	7

(2) 密钥置换。DES 加密算法输入的初始密钥大小为 8 个字节，因为每个字节的第 8 位用来作为初始密钥的校验位，所以加密算法的初始密钥不考虑每个字节的第 8 位，DES 的初始密钥实际对应一个 56 位的序列，每个字节第 8 位作为奇偶校验以确保密钥不发生错误。首先对初始密钥进行如表 4-2 所示的置换操作。

表 4-2　密钥置换

57	49	41	33	25	17	9	1	58	50	42	34	26	18
10	2	59	51	43	35	27	19	11	3	60	52	44	36
63	55	47	39	31	23	15	7	62	54	46	38	30	22
14	6	61	53	45	37	29	21	13	5	28	20	12	4

DES 的每一轮加密过程从 56 位密钥中产生出不同的 48 位子密钥(Subkey)，这些子密钥 K_i 通过以下方法产生：首先将 56 位密钥等分成两部分；然后根据加密轮数，这两部分密钥分别循环左移 1 位或 2 位。表 4-3 给出了对应不同轮数产生子密钥时具体循环左移的位数。

表 4-3　每轮循环左移的位数

轮数	1	2	3	4	5	6	7	8	9	10	11	12	13	14	15	16
位数	1	1	2	2	2	2	2	2	1	2	2	2	2	2	2	1

对两个 28 位的密钥循环左移以后，通过如表 4-4 所示的压缩置换(Compression Permutation)也称为置换选择，从 56 位密钥中选出 48 位作为当前加密的轮密钥。

表 4-4　压缩置换

14	17	11	24	1	5	3	28	15	6	21	10
23	19	12	4	26	8	16	7	27	20	13	2
41	52	31	37	47	55	30	40	51	45	33	48
44	49	39	56	34	53	46	42	50	36	29	32

表 4-4 给出的压缩置换不仅置换了 56 位密钥序列的顺序，同时也选择出一个 48 位的子密钥，这是因为该运算提供了一组 48 位的数字集。例如，56 位的密钥中位于第 33 位密钥数字对应输出到 48 位轮密钥的第 35 位，而 56 位的密钥中位于第 18 位的密钥数字在输出的 48 位轮密钥中将不会出现。DES 密钥生成过程如图 4-5 所示。

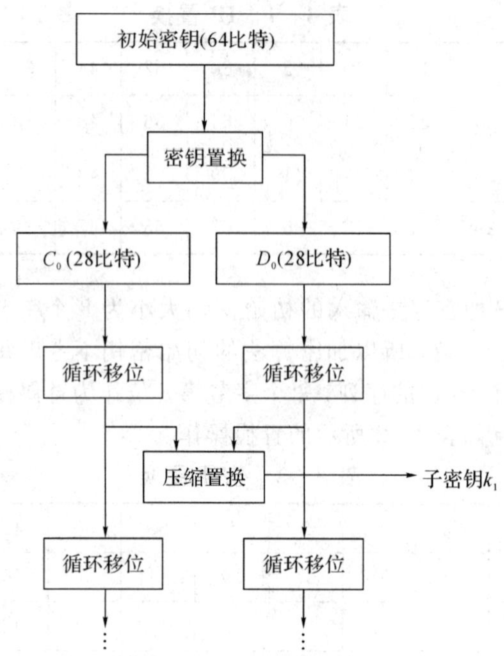

图 4-5 DES 密钥生成过程

以上产生轮密钥的过程中，由于每一次进行压缩置换之前都包含一个循环移位操作，因此在产生每一个子密钥时，使用了不同的初始密钥子集。虽然初始密钥的所有位在子密钥中使用的次数并不完全相同，但在产生的 16 个 48 位的子密钥中，初始密钥的每一位大约会被 14 个子密钥使用。由此可见，密钥的设计非常精巧，使得密钥随明文的每次置换而不同，每个阶段使用不同的密钥来执行“替换”或“置换”操作。

(3) 扩展变换。扩展变换(Expansion Permutation)也被称为 E-盒，将 64 位输入序列的右半部分 R_i 从 32 位扩展到 48 位。扩展变换不仅改变了 R_i 中 32 位输入序列的次序，而且重复了某些位。这个操作有以下三个基本的目的：一是经过扩展变换可以应用 32 位的输入序列产生一个与轮密钥长度相同的 48 位的序列，从而实现与轮密钥的异或运算；二是扩展变换针对 32 位的输入序列提供了一个 48 位的结果，使得在接下来的替代运算中能进行压缩，从而达到更好的安全性；三是由于输入序列的每一位将影响到两个替换，因此输出序列对输入序列的依赖性将传播得更快，体现出良好的“雪崩效应”。可见该操作有助于设计的 DES 算法尽可能快地使密文的每一位依赖于明文和密钥的每一位。

表 4-5 给出了扩展变换中输出位与输入位的对应关系。例如，处于输入分组中第 3 位的数据对应输出序列的第 4 位，而输入分组中第 21 位的数据则分别对应输出序列的第 30 位和第 32 位。

表 4-5 扩展变换(E-盒)

32	1	2	3	4	5	4	5	6	7	8	9
8	9	10	11	12	13	12	13	14	15	16	17
16	17	18	19	20	21	20	21	22	23	24	25
24	25	26	27	28	29	28	29	30	31	32	1

在扩展变换过程中，每一个输出分组的长度都大于输入分组，而且该过程对于不同的输入分组都会产生唯一的输出分组。E-盒的真正作用是确保最终的密文与所有的明文位都有关。

(4) S-盒替换(S-Boxes Substitution)。每一轮加密的 48 位的轮密钥与扩展后的分组序列进行异或运算以后，得到一个 48 位的结果序列，接下来应用 S-盒对该序列进行替换运算。替换由 8 个替换盒(Substitution Boxes，简称 S-盒)。每一个 S-盒对应 6 位的输入序列，得到相应的 4 位输出序列。在 DES 算法中，这 8 个 S-盒是不同的(DES 的这 8 个 S-盒所占的存储空间为 256 字节)。48 位的输入被分为 8 个 6 位的分组，每一分组对应一个 S-盒替换操作：分组 1 由 S-盒 1 操作，分组 2 由 S-盒 2 操作，依此类推(参见图 4-6)。

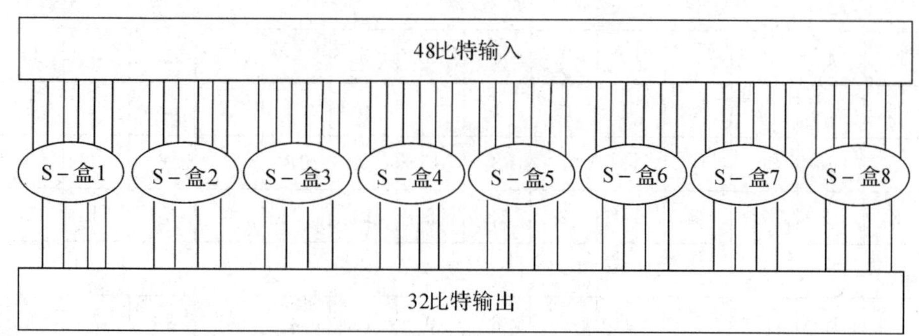

图 4-6　S-盒替换

在 DES 算法中，每个 S-盒对应一个 4 行、16 列的表，表中的每一项都是一个十六进制的数，相应的对应一个 4 位的序列。表 4-6 列出了所有 8 个 S-盒。

表 4-6　S-盒

S-盒 1															
14	4	13	1	2	15	11	8	3	10	6	12	5	9	0	7
0	15	7	4	14	2	13	1	10	6	12	11	9	5	3	8
4	1	14	8	13	6	2	11	15	12	9	7	3	10	5	0
15	12	8	2	4	9	1	7	5	11	3	14	10	0	6	13
S-盒 2															
15	1	8	14	6	11	3	4	9	7	2	13	12	0	5	10
3	13	4	7	15	2	8	14	12	0	1	10	6	9	11	5
0	14	4	11	10	4	13	1	5	8	12	6	9	3	2	15
13	8	10	1	3	15	4	2	11	6	7	12	0	5	14	9
S-盒 3															
10	0	9	14	6	3	15	5	1	13	12	7	11	4	2	8
13	7	0	9	3	4	6	10	2	8	5	14	12	11	15	1
13	6	4	9	8	15	3	0	11	1	2	12	5	10	14	7
1	10	13	0	6	9	8	7	4	15	14	3	11	5	2	12

续表

S-盒 4															
7	13	14	3	0	6	9	10	1	2	8	5	11	12	4	15
13	8	11	5	6	15	0	3	4	7	2	12	1	10	14	9
10	6	9	0	12	11	7	13	15	1	3	14	5	2	8	4
3	15	0	6	10	1	13	8	9	4	5	11	12	7	2	14
S-盒 5															
2	12	4	1	7	10	11	6	8	5	3	15	13	0	14	9
14	11	2	12	4	7	13	1	5	0	15	10	3	9	8	6
4	2	1	11	10	13	7	8	15	9	12	5	6	3	0	14
11	8	12	7	1	14	2	13	6	15	0	9	10	4	5	3
S-盒 6															
12	1	10	15	9	2	6	8	0	13	3	4	14	7	5	11
10	15	4	2	7	12	9	5	6	1	13	14	0	11	3	8
9	14	15	5	2	8	12	3	7	0	4	10	1	13	11	6
4	3	2	12	9	5	15	10	11	14	1	7	6	0	8	13
S-盒 7															
4	11	2	14	15	0	8	13	3	12	9	7	5	10	6	1
13	0	11	7	4	9	1	10	14	3	5	12	2	15	8	6
1	4	11	13	12	3	7	14	10	15	6	8	0	5	9	2
6	11	13	8	1	4	10	7	9	5	0	15	14	2	3	12
S-盒 8															
13	2	8	4	6	15	11	1	10	9	3	14	5	0	12	7
1	15	13	8	10	3	7	4	12	5	6	11	0	14	9	2
7	11	4	1	9	12	14	2	0	6	10	13	15	3	5	8
2	1	14	7	4	10	8	13	15	12	9	0	3	5	6	11

输入序列以一种非常特殊的方式对应 S-盒中的某一项，通过 S-盒的 6 个位输入确定了其对应的输出序列所在的行和列的值。假定将 S-盒的 6 位输入标记为 b_1、b_2、b_3、b_4、b_5、b_6。其中，b_1 和 b_6 组合构成了一个 2 位的序列，该 2 位的序列对应一个介于 0 到 3 的十进制数字，该数字即表示输出序列在对应的 S-盒中所处的行；输入序列中 b_2 到 b_5 构成了一个 4 位的序列，该 2 位的序列对应一个介于 0 到 15 的十进制数字，该数字即表示输出序列

在对应的 S-盒中所处的列，根据行和列的值可以确定相应的输出序列。

【例 4.1】 假设对应第 6 个 S-盒的输入序列为 110011。其中，第 1 位和最后一位组合构成的序列为 11，对应的十进制数字为 3，说明对应的输出序列位于 S-盒的第 3 行；中间的 4 位组合构成的序列为 1001，对应的十进制数字为 9，说明对应的输出序列位于 S-盒的第 9 列。第 6 个 S-盒的第 3 行、第 9 列处的数是 14(注意：行、列的记数均从 0 开始，而不是从 1 开始)，14 对应的二进制为 1110，对应输入序列 110011 的输出序列为 1110。

S-盒的设计是 DES 分组加密算法的关键步骤，因为在 DES 算法中，所有其他的运算都是线性的，易于分析。而 S-盒是非线性运算，它比 DES 的其他任何操作能提供更好的安全性。运用 S-盒的替代过程的结果为 8 个 4 位的分组序列，它们重新合在一起形成了一个 32 位的分组。对这个分组进行下一步操作：P-盒置换。

(5) P-盒置换(P-Boxes Permutation)。经 S-盒替换运算后的 32 位输出依照 P-盒(Permutation Boxes，简称 P-盒)进行置换。该置换对 32 位的输入序列进行一个置换操作，把每个输入位映射到相应的输出位，任一位不能被映射两次，也不能被略去。表 4-7 给出了 P-盒置换的具体操作。例如，输入序列的第 21 位置换到输出序列的第 4 位，而输入序列的第 4 位被置换到输出序列的第 31 位。

表 4-7　P-盒置换

16	7	20	21	29	12	28	17	1	15	23	26	5	18	31	10
2	8	24	14	32	27	3	9	19	13	30	6	22	11	4	25

将 P-盒置换的结果与该轮输入的 64 位分组的左半部分进行异或运算后，得到本轮加密输出序列的右半部分；本轮加密输入序列的右半部分直接输出，作为本轮加密输出序列的左半部分，相应得到 64 位的输出序列。

(6) 逆初始置换。逆初始置换(Inverse Initial Permutation)是初始置换的逆过程，表 4-8 列出了逆初始置换 IP^{-1} 具体操作。需要说明的是，DES 在 16 轮加密过程中，左半部分和右半部分并没有进行交换位置的操作，而是将 R_{16} 与 L_{16} 并在一起形成一个分组作为逆初始置换的输入。这样做保证了 DES 算法加密和解密过程的一致性。

表 4-8　逆初始置换 IP^{-1}

40	8	18	16	56	24	64	32	39	7	47	15	55	23	63	31
38	6	46	14	54	22	62	30	37	5	45	13	53	21	61	29
36	4	44	12	52	20	60	28	35	3	43	11	51	19	59	27
34	2	42	10	50	18	58	26	33	1	41	9	49	17	57	25

(7) DES 解密。DES 算法的加密过程经过了多次的替换、置换、异或和循环移位操作，整个加密过程似乎非常复杂。实际上，DES 算法经过精心选择各种操作而获得了一个非常好的性质：加密和解密可使用相同的算法，即解密过程是将密文作为输入序列进行相应的 DES 加密，与加密过程唯一不同之处是解密过程使用的轮密钥与加密过程使用的次序相

反。如果加密过程中各轮的子密钥分别是 K_1、K_2、K_3、…、K_{16}，那么解密过程中相应的解密子密钥分别是 K_{16}、K_{15}、K_{14}、…、K_1。因此解密过程产生各轮子密钥的算法与加密过程生成轮密钥的算法相同，与加密过程不同的是，在解密过程产生子密钥时，初始密钥进行循环右移操作，每产生一个子密钥对应的初始密钥移动位数分别为 0、1、2、2、2、2、2、2、1、2、2、2、2、2、2、1。这样就可以根据初始密钥生成加密和解密过程所需的各轮子密钥。

下面给出一个 DES 加密的例子。

【例 4.2】 已知明文 m=computer，密钥 k=program，相应的 ASCII 码表示为

m=01100011　01101111　01101101　01110000
　01110101　01110100　01100101　01110010

k=01110000　01110010　01101111　01100111
　01110010　01100001　01101101

其中，k 只有 56 位，必须加入第 8、16、24、32、40、56、64 位的奇偶校验位来构成 64 位。其实加入的 8 位奇偶校验位对加密过程不会产生影响。

令 $m=m_1m_2\cdots m_{63}m_{64}$，$k=k_1k_2\cdots k_{63}k_{64}$，其中 $m_1=0$，$m_2=1$，…，$m_{63}=1$，$m_{64}=0$；$k_1=0$，$k_2=1$，…，$k_{63}=1$，$k_{64}=0$。

m 经过 IP 置换后得到

L_0=11111111　10111000　01110110　01010111

R_0=00000000　11111111　00000110　10000011

密钥 k 经过置换后得到

C_0=11101100　10011001　00011011　1011

D_0=10110100　01011000　10001110　0110

循环左移一位并经压缩置换后得到 48 位的子密钥 k_1 为

k_1=00111101　10001111　11001101
　00110111　00111111　01001000

R_0 经过扩展变换得到的 48 位序列为

10000000　00010111　11111110
10000000　11010100　00000110

结果再和 k_1 进行异或运算，得到的结果为

10111101　10011000　00110011
10110111　11101011　01001110

将得到的结果分成 8 组：

101111　011001　100000　110011
101101　111110　101101　001110

通过 8 个 S-盒得到 32 位的序列为

01110110　00110100　00100110　10100001

对 S-盒的输出序列进行 P-盒置换，得到

01000100　00100000　10011110　10011111

经过以上操作，得到经过第 1 轮加密的结果序列为

00000000　11111111　00000110　10000011

10111011　10011000　11101000　11001000

同理，以上加密过程进行 16 轮，最终得到加密的密文为

01011000　10101000　01000001　10111000

01101001　11111110　10101110　00110011

需要说明的是，DES 的加密结果可以看做明文 m 和密钥 k 之间的一种复杂函数，所以对于明文或密钥的微小改变，产生的密文序列都将会发生很大的变化。

4.2.2　DES 的分析

自从 DES 被采用作为数据加密标准以来，DES 遭到了猛烈的批评和怀疑。首先是 DES 的密钥长度是 56 位，很多人担心这样的密钥长度不足以抵御穷举式搜索攻击；其次是 DES 的内部结构即 S-盒的设计标准是保密的，这样使用者无法确信 DES 的内部结构不存在任何潜在的弱点。

S-盒是 DES 强大功能的源泉，8 个不同的 S-盒定义了 DES 的替换模式。查看 DES 的 S-盒结构，可以发现 S-盒具有非线性特征，这意味着给定一个"输入-输出对"的集合，很难预计所有 S-盒的输出。S-盒的另一个很重要特征是，改变一个输入位，至少会改变两个输出位。例如，如果 S-盒 1 的输入为 010010，其输出位于行 0(二进制为 00)、列 9(二进制为 1001)，值为 10(二进制为 1010)。如果输入的一个位改变，假设改变为 110010，那么输出位于行 2(二进制为 10)、列 9(二进制为 1001)，其值为 12(二进制为 1100)。比较这两个值，中间的两个位发生了改变。

事实上，后来的实践表明 DES 的 S-盒被精心设计成能够防止诸如差分分析方法类型的攻击。另外，DES 的初始方案——IBM 的 Lucifer 密码体制具有 128 位的密钥长度，DES 的最初方案也有 64 位的密钥长度，但是后来公布的 DES 算法将其减少到 56 位。IBM 声称减少的原因是必须在密钥中包含 8 位奇偶校验位，这意味着 64 位的存储只能包含一个 56 位的密钥。

经过人们的不懈努力，对 S-盒的设计已经有了一些基本的设计要求。例如，S-盒的每行必须包括所有可能输出位的组合；如果 S-盒的两个输入只有一位不同，那么输出位必须至少有两位不同；如果两个输入中间的两位不同，那么输出也必须至少有两位不同等。

许多密码体制都存在着弱密钥，DES 也存在这样的弱密钥和半弱密钥。

若 DES 的密钥 k 产生的子密钥满足：

$$k_1 = k_2 = \cdots = k_{16}$$

则有

$$\mathrm{DES}_k(m) = \mathrm{DES}_k^{-1}(m)$$

这样的密钥 k 称为 DES 算法的弱密钥。

DES 的弱密钥有以下四种：

① k=01　01　01　01　01　01　01　01；

② k=1F　1F　1F　1F　0E　0E　0E　0E；

③ k=E0　E0　E0　E0　F1　F1　F1　F1;

④ k=FE　FE　FE　FE　FE　FE　FE　FE。

如果 DES 的密钥 k 和 k'满足：

$$\mathrm{DES}_k(m)=\mathrm{DES}_{k'}^{-1}(m)$$

则称密钥 k 和 k'是 DES 算法的一对半弱密钥。半弱密钥只交替地生成两种密钥。

DES 的半弱密钥有以下 6 对：

① $\begin{cases} k=\text{01 FE 01 FE 01 FE 01 FE} \\ k'=\text{FE 01 FE 01 FE 01 FE 01} \end{cases}$;

② $\begin{cases} k=\text{1F E0 1F E0 0E F1 0E F1} \\ k'=\text{E0 1F E0 1F F1 0E F1 0E} \end{cases}$;

③ $\begin{cases} k=\text{01 E0 01 E0 E0 F1 01 F1} \\ k'=\text{E0 01 E0 01 F1 01 F1 01} \end{cases}$;

④ $\begin{cases} k=\text{1F FE 1F FE 0E FE 0E FE} \\ k'=\text{FE 1F FE 1F FE 0E FE 0E} \end{cases}$;

⑤ $\begin{cases} k=\text{01 1F 01 1F 01 0E 01 0E} \\ k'=\text{1F 01 1F 01 0E 01 0E 01} \end{cases}$;

⑥ $\begin{cases} k=\text{E0 FE E0 FE F1 FE F1 FE} \\ k'=\text{FE E0 FE E0 FE F1 FE F1} \end{cases}$。

以上 0 表示二值序列 0000，1 表示二值序列 0001，E 表示二值序列 1110，F 表示二值序列 1111。

对于 DES 的攻击，最有意义的方法是差分分析方法(Difference Analysis Method)。差分分析方法是一种选择明文攻击法，最初是由 IBM 的设计小组在 1974 年发现的，所以 IBM 在设计 DES 算法的 S-盒和换位变换时，有意识地避免差分分析攻击，对 S-盒在设计阶段进行了优化，使得 DES 能够抵抗差分分析攻击。

对 DES 攻击的另一种方式是线性分析方法(Linear Analysis Method)。线性分析方法是一种已知明文攻击法，由 Mitsuru Matsui 在 1993 年提出。这种攻击需要大量的已知"明文-密文对"，但比差分分析方法的要少。

当将 DES 用于诸如智能卡等硬件装置时，通过观察硬件的性能特征可以发现一些加密操作的信息，这种攻击方法叫做旁路攻击法(Side-Channel Attack)。例如，当处理密钥的"1"位时，需要消耗更多的能量，通过监控能量的消耗，可以知道密钥的每个位；还有一种攻击是监控完成一个算法所耗时间的微秒数，所耗时间数也可以反映部分密钥的位。

DES 加密的轮数对安全性也有较大的影响。如果 DES 只进行 8 轮加密过程，那么在普通的个人电脑上只需要几分钟就可以破译密码。如果 DES 加密过程进行 16 轮，应用差分分析攻击比穷尽搜索攻击稍微有效一些。然而如果 DES 加密过程进行 18 轮，那么差分分析攻击和穷尽搜索攻击的效率基本一样。如果 DES 加密过程进行 19 轮，那么穷尽搜索攻击的效率还要优于差分分析攻击的效率。

总体来说，对 DES 的破译研究大体上可分为以下三个阶段：

第一阶段是从 DES 的诞生至 20 世纪 80 年代末。这一时期，研究者发现了 DES 的一些可利用的弱点，如 DES 中明文、密文和密钥间存在互补关系；DES 存在弱密钥、半弱密钥等，然而这些弱点都没有对 DES 的安全性构成实质性威胁。

第二阶段以差分密码分析和线性密码分析这两种密码分析方法的出现为标志。差分密码攻击的关键是基于分组密码函数的差分不均匀性，分析明文对的“差量”对后续各轮输出“差量”的影响，由某轮的输入差量和输出对来确定本轮的部分内部密钥。线性密码分析的主要思想是寻求具有最大概率的明文若干比特的和、密钥若干比特的和与密文若干比特的和之间的线性近似表达式，从而破译密钥的相应比特。尽管这两种密码分析方法还不能将 16 轮的 DES 完全破译，但它们对 8 轮、12 轮 DES 的成功破译彻底打破了 DES 体制“牢不可破”的神话，奏响了破译 DES 的前奏曲。

第三阶段是在 20 世纪 90 年代末，随着大规模集成电路工艺的不断发展，采用穷举法搜索 DES 密钥空间来进行破译在硬件设备上已经具备条件。由美国电子前沿基金会(EFF)牵头，密码研究所和高级无线电技术公司参与设计、建造了 DES 破译机，该破译机可用两天多时间破译一份 DES 加密的密文，而整个破译机的研制经费不到 25 万美元。它采用的破译方法是强破译攻击法，这种方法是针对特定的加密算法设计出相应的硬件来对算法的密钥空间进行穷举搜索。在 2000 年的“挑战 DES”比赛中，强破译攻击法仅用了 2 个小时就破译了 DES 算法，因此 20 世纪 90 年代末可以看成是 DES 被破译阶段。

DES 密码体制虽然已经被破译，但是从对密码学领域的贡献来看，DES 密码体制的提出和广泛使用，推动了密码学在理论和实现技术上的发展。DES 密码体制对密码技术的贡献可以归纳为以下几点：

(1) 它公开展示了能完全适应某一历史阶段中信息安全需求的一种密码体制的构造方法。

(2) 它是世界上第一个数据加密标准，它确立了这样一个原则：算法的细节可以公开而密码的使用法仍是保密的。

(3) 它表明用分组密码作为对密码算法标准化这种方法是方便、可行的。

(4) 由 DES 的出现而引起的讨论及附带的标准化工作已经确立了安全使用分组密码的若干准则。

(5) DES 的出现，推动了密码分析理论和技术的快速发展，出现了差分分析、线性分析等许多新的有效的密码分析方法。

随着计算机硬件技术的飞速发展，DES 的安全性越来越受到人们的怀疑。为了提高 DES 加密算法的安全性，人们一直在研究改进 DES 算法安全性能的方法。下面介绍较为基本的几种针对 DES 算法的改进方法。

改进方法一：

设明文消息 x 长度比较大，将其分为 64 位一组的结果表示如下：

$$x = x_1 \parallel x_2 \parallel x_3 \parallel \cdots \parallel x_n$$

相应的密文序列 y 表示为

$$y = y_1 \parallel y_2 \parallel y_3 \parallel \cdots \parallel y_n$$

其中，$y_i = \mathrm{DES}_k(x_i)$，$i=1, 2, \cdots, n$。

在以上加密过程中，当明文序列的结构有一定的固定格式时，相应的密文序列也会表现出一定的规律性，从而导致加密算法不安全。对该问题可以采用分组反馈的方法进行改进。

对明文分组 $x_i(i=2,3,\cdots,n)$进行加密前，先将明文分组消息和前一组加密的密文分组序列 y_{i-1}进行异或运算，然后对运算的结果序列进行加密操作。即

$$y_i=\begin{cases}\mathrm{DES}_k(x_i), & i=1\\ \mathrm{DES}_k(x_i\oplus y_{i-1}), & i=2,3,\cdots,n\end{cases}$$

迭代结构分组加密流程如图 4-7 所示。

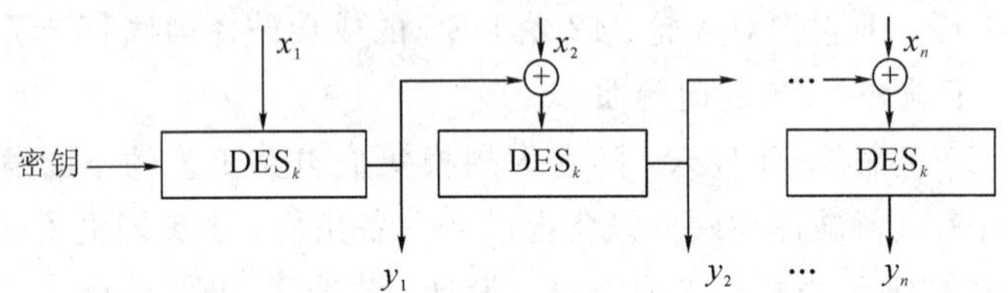

图 4-7　迭代结构分组加密流程

相应的解密过程为

$$x_i=\begin{cases}\mathrm{DES}_k^{-1}(y_i), & i=1\\ \mathrm{DES}_k^{-1}(y_i)\oplus y_{i-1}, & i=2,3,\cdots,n\end{cases}$$

迭代结构分组解密流程如图 4-8 所示。

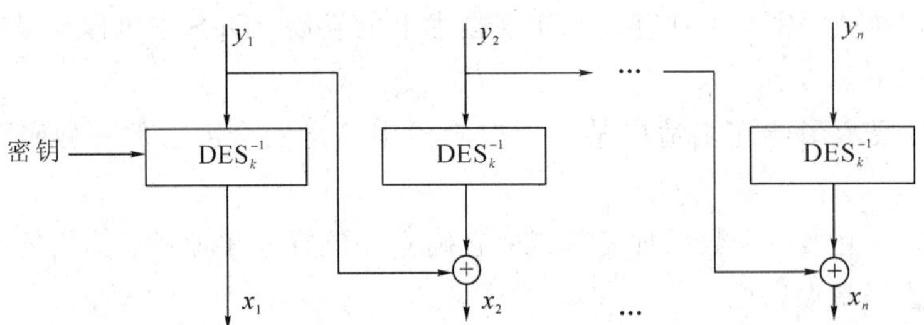

图 4-8　迭代结构分组解密流程

对于改进方法一，由于采用了密文反馈的方式进行加密，当明文序列的结构有一定的固定格式时，相应的密文序列表现出的规律性会被隐藏，从而能有效改进加密算法的安全性。

改进方法二：

由于 DES 算法的密钥长度只有 56 位，因此安全性较差。最简单的改进算法安全性的方法是应用不同的密钥对同一个分组消息进行多次加密，由此产生多重 DES 加密算法。

4.2.3　多重 DES

下面分别对双重 DES 和三重 DES 的加密过程进行描述。

1. 双重 DES

最简单的双重 DES 加密过程是采用两个不同的密钥分两步对明文分组消息进行加密。给定一个明文分组 x 和两个加密密钥 K_1 和 K_2，相应的密文消息 y 由下式得到：

$$y=\mathrm{DES}_{K_2}[\mathrm{DES}_{K_1}(x)]$$

双重 DES 加密流程如图 4－9 所示。

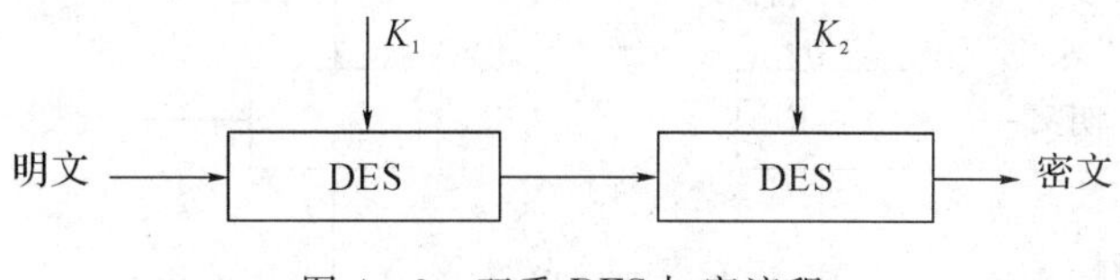

图 4－9　双重 DES 加密流程

相应的解密过程为

$$x=\mathrm{DES}_{K_1}^{-1}[\mathrm{DES}_{K_2}^{-1}(y)]$$

双重 DES 解密流程如图 4－10 所示。

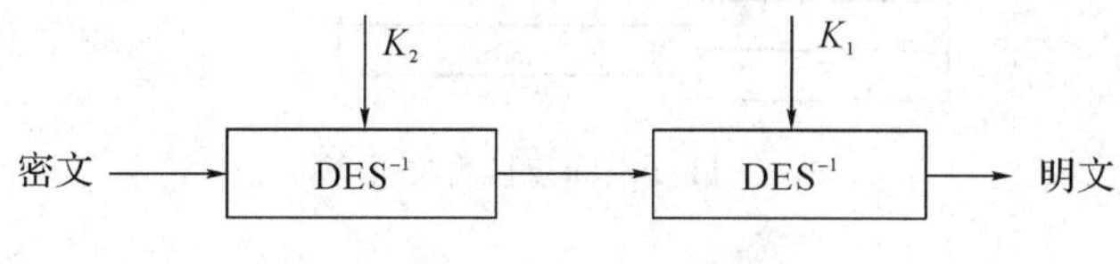

图 4－10　双重 DES 解密流程

相比于传统的 DES 算法，以上改进方案的密钥长度变为 128 位(实际为 112 位)，因此算法的安全性有一定的改进。下面对双重 DES 加密方法进行安全性分析。

假设对 DES 以及所有 56 位的密钥值，给定任意的两个密钥 K_1 和 K_2，如果都可以得到一个密钥 K_3 使得

$$\mathrm{DES}_{K_2}[\mathrm{DES}_{K_1}(x)]=\mathrm{DES}_{K_3}(x)$$

成立。那么双重 DES 的两次加密甚至包括任意多次加密对于算法的安全性来说都没有实质性的意义，这是因为得到的加密结果都等于 DES 算法使用一个 56 位的密钥进行一次加密的结果。

好在这一假设并不成立，如果将 DES 加密算法看做从 64 位的分组消息序列到另一个 64 位消息序列的一个映射，考虑到加密/解密结果的唯一性，这个映射应是一个置换。对于所有可能的 2^{64} 个明文消息分组序列，用一个特定的密钥进行 DES 加密就是把每个分组映射为另一个唯一的 64 位的消息序列。那么对于 2^{64} 个明文消息分组序列，产生一个置换的不同映射的个数为

$$2^{64}!=10^{347\ 380\ 000\ 000\ 000\ 000\ 000}$$

另外，DES 的每一个密钥都可以定义一个映射，因此由 56 位的密钥可以定义的映射个数为

$$2^{56}<<2^{64}!$$

1992 年人们证明了由两个不同的密钥组成的双重 DES 对应的映射不会出现在单重 DES 定义的映射中，这意味着双重 DES 不会等价于单重 DES。这说明双重 DES 加密算法的密钥空间要大于 DES 算法，所以其安全性优于 DES 算法。

如图 4－11 所示，双重 DES 加密算法不能抵抗中间点匹配攻击法(Meet-in-the-Middle Attack)。如果以存储空间为代价来换取时间消耗的话，破解双重 DES 花费的时间只比破解标准 DES 多一点，这个过程需要一个已知“明文-密文”对。如果有足够的存储空间可用，那么用每个可能的密钥将已知明文加密并保存加密结果。然后用每一个可能的密钥将密文解密，并将每个结果与内存中的内容进行比较，如果匹配，那么这两个密钥就都找到了。如此，对于一个加密过程，最多需要计算 2^{56} 个密钥，解密过程也是 2^{56} 个密钥。也就是说，只有 $2\times2^{56}=2^{57}$ 个密钥，远少于 2^{112} 个密钥。中间点匹配攻击法不仅限于用来破解双重 DES，事实证明，它还可以用来破解其他加密法，甚至还可以用来破解密钥管理系统。

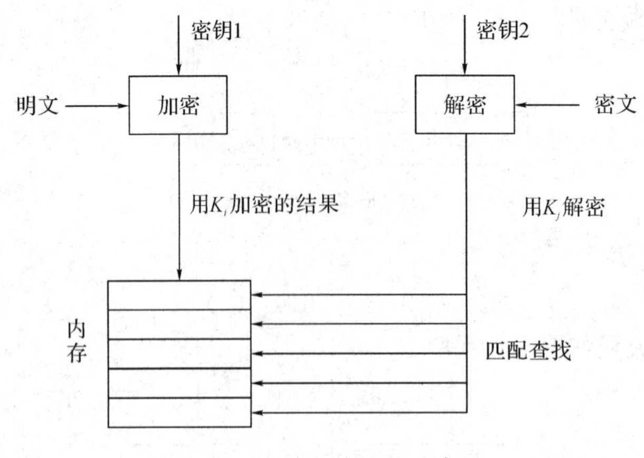

图 4-11　中间点匹配攻击法

2. 三重 DES

在众多的多重 DES 算法中，由 Tuchman 提出的三重 DES 算法是一种被广泛接受的改进方法。在该加密算法中，加密过程用两个不同的密钥 K_1 和 K_2 对一个分组消息进行 3 次 DES 加密。首先使用第一个密钥进行 DES 加密；然后使用第二个密钥对第一次的结果进行 DES 解密；最后再使用第一个密钥对第二次的结果进行 DES 加密。

$$y=\mathrm{DES}_{K_1}[\mathrm{DES}_{K_2}^{-1}[\mathrm{DES}_{K_1}(x)]]$$

三重 DES 加密流程如图 4-12 所示。

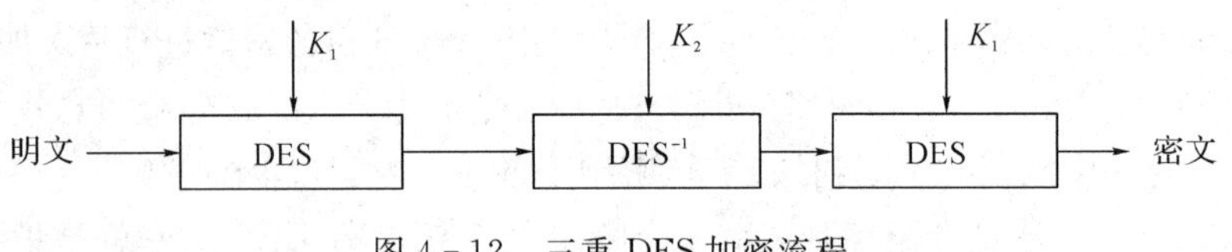

图 4-12　三重 DES 加密流程

解密过程首先使用第一个密钥进行 DES 解密；然后使用第二个密钥对第一次的结果进行 DES 加密；最后再使用第一个密钥对第二次的结果进行 DES 解密。

$$x=\mathrm{DES}_{K_1}^{-1}[\mathrm{DES}_{K_2}[\mathrm{DES}_{K_1}^{-1}(y)]]$$

三重 DES 解密流程如图 4-13 所示。

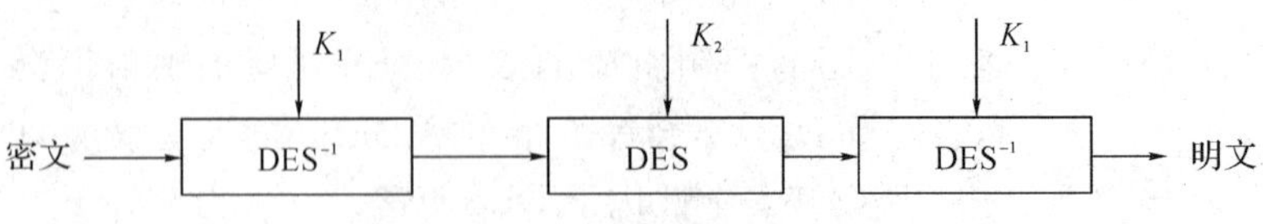

图 4-13　三重 DES 解密流程

以上这种加密模式称为“加密－解密－加密(EDE)”模式。DES 算法的密钥长度是 56 位，所以三重 DES 算法的密钥长度是 112 位。使用两个密钥的三重 DES 是一种较受欢迎的改进算法，目前三重 DES 已经被用于密钥管理标准 ANS X9.17 和 ISO 8732 中。

为了找到一种安全、有效的 DES 替代算法，在 1997 年 4 月 15 日，美国国家标准技术研究所(NIST)发起了征集 DES 的替代算法(AES，Advanced Encryption Standard)算法的活动，希望能够找到一种非保密的、可以公开和免费使用的新的分组密码算法，使其成为 21 世纪秘密和公开部门的数据加密标准。经过长达 4 年的算法征集和研究过程，最终确定了由两位比利时人 Daemen 和 Rijmen 提出的 Rijndael 分组加密算法作为 DES 的替代算法——AES 的加密方案。

4.3 高级数据加密标准——AES

自从 DES 加密算法问世以来，美国国家安全局(NSA)以外的人尝试了 20 年来破解 56 位的 DES，取得了不同程度的成功，强力攻击法看上去是破解 DES 加密算法的唯一可行方法。1997 年 7 月，借助于互联网上的 14 000 多台计算机，花费了 90 天时间破解了 DES 密钥。6 个月后，用这种方法破解 DES 密钥所花费的时间减少了 39 天。1998 年 7 月，一台特殊构造的计算机(名为 Deep Crack)只用了 56 个小时就破解了一个 DES 密钥。显然，DES 不再是一个可靠的加密系统。为此，美国国家标准局提出了一项取代 DES 的投标计划，这就是高级加密标准(AES，Advanced Encryption Standard)。对于 DES 加密算法的改进工作从 1997 年开始公开进行。

1997 年 4 月 15 日，美国国家标准技术研究所(NIST)发起了征集 DES 的替代算法 AES 的活动，希望能够找到一种非保密的、可以公开和免费使用的新的分组密码算法，使其成为 21 世纪秘密和公开部门的数据加密标准。1997 年 9 月 12 日，发布征集算法正式公告和具体细节的要求如下：

(1) 应是对称分组加密，具有可变长度的密钥(128、192 或 256 位)，具有 128 位的分组长度。

(2) 应比三重 DES 快，至少与三重 DES 一样安全。

(3) 应可应用于公共领域并能够在全世界范围内免费使用。

(4) 应至少在 30 年内是安全的。

1998 年 8 月 20 日，NIST 在“第一次 AES 候选大会”上公布了满足条件的来自 10 个不同国家的 15 个 AES 的候选算法。在确定最终算法之前，这些算法先经受了一个很长的公开分析过程。在第二次会议之后，NIST 从这 15 个候选算法中选出了 5 个 AES 的候选算法：IBM 提交的 MARS，RSA 实验室提交的 RC6，Daemen 和 Rijmen 提交的 Rijndael，Anderson、Biham 和 Knudsen 提交的 Serpent，Schneier、Whiting、Wagner、Hall 和 Ferguson 提交的Twofish。这 5 个候选算法都经受了 6 个月的考验，又经过 6 个月的测试后，到 2000 年 10 月 2 日，NIST 正式宣布 Rijndael(读做“rain-doll”)胜出，被选择为高级数据加密标准，该算法是由两位比利时人 Daemen 和 Rijmen 提出的。

Rijndael 能够胜出，除了软件实现时在速度和子密钥生成时间上的优势外，另一部分原因是它能用硬件有效实现。加密速度和硬件实现的特性也是评估加密算法优劣的重要因素。加密算法使用硬件实现主要有两个原因，一个是软件实现太慢，不能满足应用需求；另一个是硬件实现在速度上的优势可以暴露加密算法的一些弱点。目前，将 AES 嵌入硬件有两种方法，一种是使用(ASIC，Application Apecific Integrated Circuit)实现；另一种是使用(FPGA，Field Programmable Gate Array)实现。这两种方法中，FPGA 更为灵活。

4.3.1 AES 数学基础

AES 中的运算是按字节或 4 字节的字定义的，并把 1 字节看成系数在 GF(2)上的次数小于 8 的多项式，即把 1 字节看成是有限域 GF(2^8)中的一个元素；把一个 4 字节的字看成系数在 GF(2^8)上且次数小于 4 的多项式。

在有限域 GF(2^8)上的字节运算中，把 $b_7b_6b_5b_4b_3b_2b_1b_0$ 构成的 1 字节看成是系数在(0，1)中取值的多项式

$$b_7x^7+b_6x^6+b_5x^5+b_4x^4+b_3x^3+b_2x^2+b_1x+b_0$$

例如把十六进制数 23 对应的二进制数 00100011 看成 1 字节，对应的多项式为 x^5+x+1。

1. 多项式加法

在多项式表示中，两个元素的和是一个多项式，其系数是两个元素的对应系数的模 2 加。

【例 4.3】 求 23 与 64 的模 2 加。

解 采用二进制记法：

$$23\rightarrow 00100011 \qquad 64\rightarrow 01100100$$

$$00100011 \oplus 01100100=01000111\rightarrow 47$$

或者采用其多项式记法：

$$00100011\rightarrow x^5+x+1$$

$$01100100\rightarrow x^6+x^5+x^2$$

$$(x^5+x+1)+(x^6+x^5+x^2)=x^6+x^2+x+1\rightarrow 01000111\rightarrow 47$$

因此

$$23 \oplus 64 = 47$$

显然，该多项式加法与简单地以字节为单位的比特异或是一致的。

2. 多项式乘法

有限域 GF(2^8)中两个元素的乘法为模 2 元域 GF(2)上的一个 8 次不可约多项式的多项式乘法。对于 AES 该 8 次不可约多项式为

$$m(x)=x^8+x^4+x^3+x+1$$

【例 4.4】 计算 23·64。

因为

$$x^8\equiv(x^4+x^3+x+1) \bmod m(x)$$

$$x^9\equiv(x^5+x^4+x^2+x) \bmod m(x)$$

$$x^{10}\equiv(x^6+x^5+x^3+x^2) \bmod m(x)$$

$$x^{11}\equiv(x^7+x^6+x^4+x^3) \bmod m(x)$$

所以

$$\begin{aligned}(x^5+x+1)(x^6+x^5+x^2)&=(x^{11}+x^{10}+x^7)+(x^7+x^6+x^3)+(x^6+x^5+x^2)\\&=x^{11}+x^{10}+x^5+x^3+x^2\\&=(x^7+x^6+x^4+x^3)+(x^6+x^5+x^3+x^2)+x^5+x^3+x^2\\&=x^7+x^4+x^3\end{aligned}$$

即

$(x^5+x+1)(x^6+x^5+x^2)=x^7+x^4+x^3$ （多项式表示）

00100011·01100100=10011000 （二进制表示）

23·64=98 （十六进制表示）

3. x 乘法

把 $b_7b_6b_5b_4b_3b_2b_1b_0$ 构成的 1 字节看成系数在(0，1)中取值的多项式

$$B(x)=b_7x^7+b_6x^6+b_5x^5+b_4x^4+b_3x^3+b_2x^2+b_1x+b_0$$

用 x 乘以多项式 $B(x)$ 得

$$xB(x)=b_7x^8+b_6x^7+b_5x^6+b_4x^5+b_3x^4+b_2x^3+b_1x^2+b_0x$$

若 $b_7=0$，则

$$xB(x)=b_6x^7+b_5x^6+b_4x^5+b_3x^4+b_2x^3+b_1x^2+b_0x$$

构成的字节为($b_6b_5b_4b_3b_2b_1b_0$0)。

若 $b_7=1$，则

$$\begin{aligned}xB(x)&=x^8+b_6x^7+b_5x^6+b_4x^5+b_3x^4+b_2x^3+b_1x^2+b_0x\\&=(x^4+x^3+x+1)+b_6x^7+b_5x^6+b_4x^5+b_3x^4+b_2x^3+b_1x^2+b_0x\end{aligned}$$

构成的字节为(00011011)⊕($b_6b_5b_4b_3b_2b_1b_0$0)。

归纳为

$$02\rightarrow00000010\rightarrow x$$

$$\begin{aligned}xB(x)&=b_7x^8+b_6x^7+b_5x^6+b_4x^5+b_3x^4+b_2x^3+b_1x^2+b_0x\\&=b_7(x^4+x^3+x+1)+b_6x^7+b_5x^6+b_4x^5+b_3x^4+b_2x^3+b_1x^2+b_0x\end{aligned}$$

对应字节为　(000$b_7b_7$0b_7b_7)⊕($b_6b_5b_4b_3b_2b_1b_0$0)

$$03\rightarrow00000011\rightarrow x+1$$

$$\begin{aligned}(x+1)B(x)&=b_7x^8+b_6x^7+b_5x^6+b_4x^5+b_3x^4+b_2x^3+b_1x^2+b_0x\\&\quad+b_7x^7+b_6x^6+b_5x^5+b_4x^4+b_3x^3+b_2x^2+b_1x+b_0\\&=b_7(x^4+x^3+x+1)+(b_6x^7+b_5x^6+b_4x^5+b_3x^4+b_2x^3+b_1x^2+b_0x)\\&\quad+(b_7x^7+b_6x^6+b_5x^5+b_4x^4+b_3x^3+b_2x^2+b_1x+b_0)\end{aligned}$$

构成的字节为(000$b_7b_7$0b_7b_7)⊕($b_6b_5b_4b_3b_2b_1b_0$0)⊕($b_7b_6b_5b_4b_3b_2b_1b_0$)。

4. 系数在 $GF(2^8)$ 上的多项式

4 个字节构成的向量可以表示为系数在 $GF(2^8)$上的次数小于 4 的多项式。多项式的加法就是对应系数相加。换句话说，多项式的加法就是 4 字节向量的逐比特异或。

规定多项式的乘法运算必须要取模 $M(x)=x^4+1$，这样使得次数小于 4 的多项式的乘积仍然是一个次数小于 4 的多项式，将多项式的模乘运算记为“·”，设 $a(x)=a_3x^3+a_2x^2+a_1x+a_0$，$b(x)=b_3x^3+b_2x^2+b_1x+b_0$，$c(x)=a(x)\cdot b(x)=c_3x^3+c_2x^2+c_1x+c_0$。因为 $x^j \bmod (x^4+1)=x^{j \bmod 4}$，所以

$$\begin{aligned}c_0&=a_0b_0\oplus a_3b_1\oplus a_2b_2\oplus a_1b_3\\c_1&=a_1b_0\oplus a_0b_1\oplus a_3b_2\oplus a_2b_3\\c_2&=a_2b_0\oplus a_1b_1\oplus a_0b_2\oplus a_3b_3\\c_3&=a_3b_0\oplus a_2b_1\oplus a_1b_2\oplus a_0b_3\end{aligned}$$

可将上述计算表示为

$$\begin{bmatrix}c_0\\c_1\\c_2\\c_3\end{bmatrix}=\begin{bmatrix}a_0&a_3&a_2&a_1\\a_1&a_0&a_3&a_2\\a_2&a_1&a_0&a_3\\a_3&a_2&a_1&a_0\end{bmatrix}\begin{bmatrix}b_0\\b_1\\b_2\\b_3\end{bmatrix}$$

注意：$M(x)$不是$GF(2^8)$上的不可约多项式(甚至也不是$GF(2)$上的不可约多项式)，因此非0多项式的这种乘法不是群运算。不过在Rijndael密码中，对于多项式$b(x)$，这种乘法运算只限于乘一个固定的有逆元的多项式$a(x)=a_3x^3+a_2x^2+a_1x+a_0$。

4.3.2 AES的描述

AES也是一个典型的迭代型分组密码，而且其分组长度和密钥长度都可变，分组长度和密钥长度可以独立地指定为128、192和256位。现在被采用的AES算法加密轮数依赖于所选择的子密钥长度。对于选择128位的密钥长度，加密的轮数为10；对于选择192位的密钥长度，加密的轮数为12；对于选择256位的密钥长度，加密的轮数为14。Rijndael实际上有三个版本：AES-128、AES-192、AES-256。Rijndael不像DES那样在每个循环上使用"替换—置换"操作，而是进行多重循环的"替换、列混合密钥加"操作。也就是说，Rijndael没有使用包含置换操作的典型Feistel轮。

对于128位的消息分组，AES加密算法的执行过程描述如下：

(1) 输入长度为128位的分组明文x，将其按照一定的规则赋值给消息矩阵State，然后将对应的轮密钥矩阵Roundkey与消息矩阵State进行异或运算AddRoundkey(State，Roundkey)。

(2) 在加密算法的前$N-1$轮中，每一轮加密先对消息x应用AES算法的"S-盒"进行一次字节替换操作，称为ByteSubs(State)；对消息矩阵State做行移位操作，称为ShiftRows(State)；然后对消息矩阵State进行列混合操作，称为MixColumns(State)；最后与轮密钥Roundkey进行密钥异或运算AddRoundkey(State，Roundkey)。

(3) 对前$N-1$轮加密的结果消息矩阵State再依次进行ByteSubs(State)、ShiftRows(State)和AddRoundkey(State，Roundkey)操作。

(4) 将输出的结果消息矩阵State定义为密文y。

其中，AddRoundkey(State，Roundkey)、ByteSubs(State)、ShiftRows(State)和MixColumns(State)也被称为AES算法的内部函数。

AES算法的具体加密流程如图4-14所示。下面对AES算法加密流程中用到的相关操作进行详细描述。

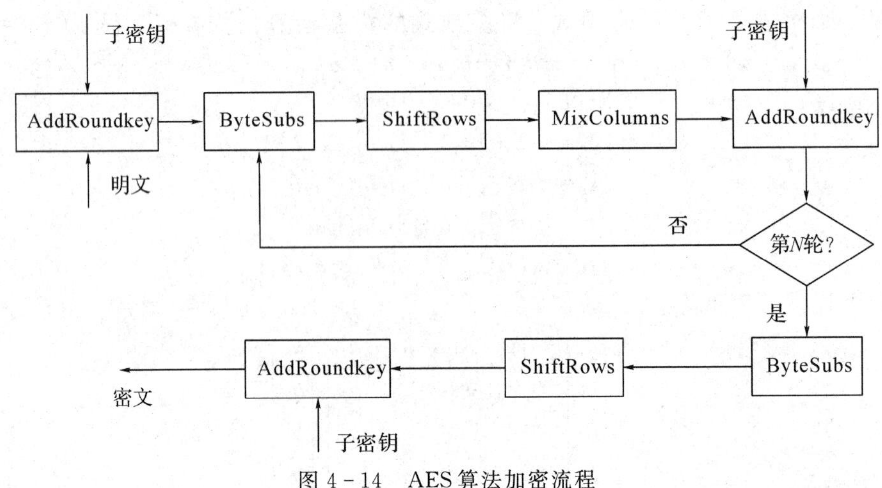

图4-14 AES算法加密流程

AES 中的操作都是以字节为对象的，操作所用到的变量由一定数量的字节构成。输入的明文消息 x 长度是 128 位，将其表示为 16 个字节 x_0，x_1，…，x_{15}，初始化消息矩阵 State 如图 4 - 15 所示。

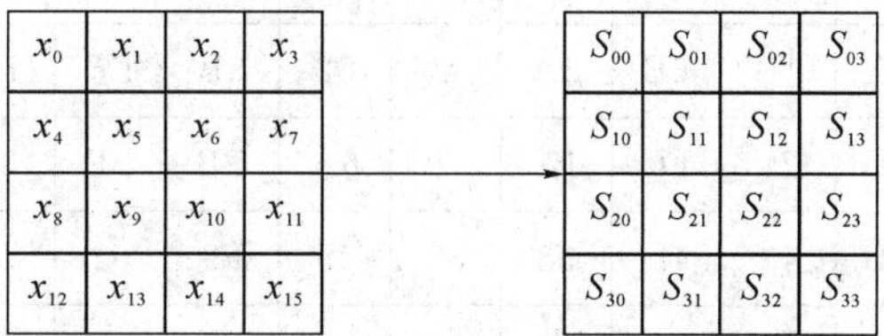

图 4 - 15　初始化消息矩阵 State 示意图

1）字节代换(ByteSubs)

函数 ByteSubs(State)对消息矩阵 State 中的每个元素(每个元素对应每一个字节)进行一个非线性替换，任一个非零元素 $x \in F_{2^8}$(即由不可约的 8 次多项式生成的伽罗瓦域)被下面的变换所代替：

$$\boldsymbol{y} = \boldsymbol{A}\boldsymbol{x}^{-1} + \boldsymbol{b} \tag{4-1}$$

其中

$$\boldsymbol{A} = \begin{bmatrix} 1 & 1 & 1 & 1 & 1 & 0 & 0 & 0 \\ 0 & 1 & 1 & 1 & 1 & 1 & 0 & 0 \\ 0 & 0 & 1 & 1 & 1 & 1 & 1 & 0 \\ 0 & 0 & 0 & 1 & 1 & 1 & 1 & 1 \\ 1 & 0 & 0 & 0 & 1 & 1 & 1 & 1 \\ 1 & 1 & 0 & 0 & 0 & 1 & 1 & 1 \\ 1 & 1 & 1 & 0 & 0 & 0 & 1 & 1 \\ 1 & 1 & 1 & 1 & 0 & 0 & 0 & 1 \end{bmatrix}, \quad \boldsymbol{b} = \begin{bmatrix} 0 \\ 1 \\ 1 \\ 0 \\ 0 \\ 0 \\ 1 \\ 1 \end{bmatrix}$$

式中 $\boldsymbol{b}$ 为固定的向量值 63(用二进制表示)。上述变换的非线性性质来自于逆 $\boldsymbol{x}^{-1}$(即 $\boldsymbol{x}$ 在阶为 8 的伽罗瓦域 F_{2^8} 中的逆元)，如果将该变换直接作用于变量 $\boldsymbol{x}$，那么该变换就是一个线性变换！另外，因为常数矩阵 $\boldsymbol{A}$ 是一个可逆矩阵，所以函数 ByteSubs(State)是可逆的。

上面给出的 AES 算法中 ByteSubs(State)操作相当于 DES 算法中 S -盒的作用。该代换矩阵也可以看做 AES 算法的“S -盒”。实际上，函数 ByteSubs(State)对 State 中每一个字节进行的非线性代换与表 4 - 9 给出的 AES 算法中“S -盒”对 x 进行代换的结果是等价的。

表 4 - 9　AES 算法的“S -盒”

x	x															
	0	1	2	3	4	5	6	7	8	9	A	B	C	D	E	F
0	63	7C	77	7B	F2	6B	6F	C5	30	01	67	2B	FE	D7	AB	76
1	CA	82	C9	7D	FA	59	47	F0	AD	D4	A2	AF	9C	A4	72	C0
2	B7	FD	93	26	36	3F	F7	CC	34	A5	E5	F1	71	D8	31	15
3	04	C7	23	C3	18	96	05	9A	07	12	80	E2	EB	27	B2	75

续表

x	x															
	0	1	2	3	4	5	6	7	8	9	A	B	C	D	E	F
4	09	83	2C	1A	1B	6E	5A	A0	52	3B	D6	B3	29	E3	2F	84
5	53	D1	00	ED	20	FC	B1	5B	6A	CB	BE	39	4A	4C	58	CF
6	D0	EF	AA	FB	43	4D	33	85	45	F9	02	7F	50	3C	9F	A8
7	51	A3	40	8F	92	9D	38	F5	BC	B6	DA	21	10	FF	F3	D2
8	CD	0C	13	EC	5F	97	44	17	C4	A7	7E	3D	64	5D	19	73
9	60	81	4F	DC	22	2A	90	88	46	EE	B8	14	DE	5E	0B	DB
A	E0	32	3A	0A	49	06	24	5C	C2	D3	AC	62	91	95	E4	79
B	E7	C8	37	6D	8D	D5	4E	A9	6C	56	F4	EA	65	7A	AE	08
C	BA	78	25	2E	1C	A6	B4	C6	E8	DD	74	1F	48	BD	8B	8A
D	70	3E	B5	66	48	03	F6	0E	61	35	57	B9	86	C1	1D	9E
E	E1	F8	98	11	69	D9	8E	94	9B	1E	87	E9	CE	55	28	DF
F	8C	A1	89	0D	BF	E6	42	68	41	99	2D	0F	B0	54	BB	16

下面对表 4-9 给出的对应关系的有效性进行简单验证。

设 $x=00001001$，将其转换成两个十六进制的数字形式为 $x=09$，通过表 4-9 给出的对应关系可知，与 x 对应的 $y=01$。

这个对应关系如果按照式(4-1)进行计算，相应的过程为

$$\begin{bmatrix} y_7\\ y_6\\ y_5\\ y_4\\ y_3\\ y_2\\ y_1\\ y_0 \end{bmatrix}=\begin{bmatrix} 1&1&1&1&1&0&0&0\\ 0&1&1&1&1&1&0&0\\ 0&0&1&1&1&1&1&0\\ 0&0&0&1&1&1&1&1\\ 1&0&0&0&1&1&1&1\\ 1&1&0&0&0&1&1&1\\ 1&1&1&0&0&0&1&1\\ 1&1&1&1&0&0&0&1 \end{bmatrix}\boldsymbol{x}^{-1}+\begin{bmatrix} b_7\\ b_6\\ b_5\\ b_4\\ b_3\\ b_2\\ b_1\\ b_0 \end{bmatrix}=\boldsymbol{A}\cdot\begin{bmatrix} 0\\ 1\\ 0\\ 0\\ 1\\ 1\\ 1\\ 1 \end{bmatrix}+\begin{bmatrix} 0\\ 1\\ 1\\ 0\\ 0\\ 0\\ 1\\ 1 \end{bmatrix}=\begin{bmatrix} 0\\ 0\\ 0\\ 0\\ 0\\ 0\\ 0\\ 1 \end{bmatrix}$$

将其转换成两个十六进制的数字形式为 $y=01$(其中 $x^{-1}=4F$)。可以发现以上两种方法的结果是一致的。

2) 行移位(ShiftRows)

函数 ShiftRows(State)在消息矩阵 State 的每行上进行操作，对于长度为 128 位的消息分组，它进行图 4-16 所示的变换。

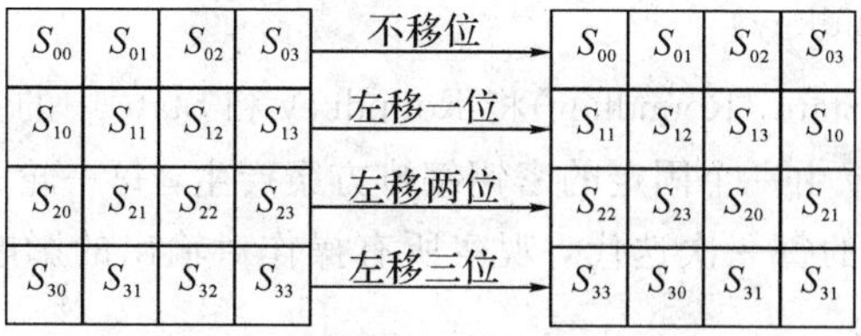

S_{00}	S_{01}	S_{02}	S_{03}	不移位 →	S_{00}	S_{01}	S_{02}	S_{03}
S_{10}	S_{11}	S_{12}	S_{13}	左移一位 →	S_{11}	S_{12}	S_{13}	S_{10}
S_{20}	S_{21}	S_{22}	S_{23}	左移两位 →	S_{22}	S_{23}	S_{20}	S_{21}
S_{30}	S_{31}	S_{32}	S_{33}	左移三位 →	S_{33}	S_{30}	S_{31}	S_{31}

图 4-16　变换示意图

这个函数的运算结果实际上是对 State 进行一个简单的换位操作，它重排了元素的位置而不改变元素本身的值，其中消息矩阵 State 的第一行元素不进行变化，第二行元素循环左移一位，第三行元素循环左移两位，第四行元素循环左移三位，得到相应的结果矩阵。所以函数 ShiftRows(State)也是可逆的。

3）列混合(MixColumns)

函数 MixColumns(State)对 State 的每一列进行操作。以下只描述该函数对一列进行操作的详细过程。

首先取当前的消息矩阵 State 中的一列，定义为

$$\begin{bmatrix} S_0 \\ S_1 \\ S_2 \\ S_3 \end{bmatrix}$$

把这一列表示成一个三次多项式：

$$S(x)=S_3x^3+S_2x^2+S_1x+S_0$$

其中，$S(x)$的系数是字节，所以该多项式定义在 F_{2^8} 上。

列 $S(x)$上的运算定义为：将多项式 $S(x)$乘以一个固定的 3 次多项式 $C(x)$，使其与 x^4+1 互素，然后和多项式 x^4+1 进行取模运算。具体如下：

$$D(x)=S(x)\cdot C(x) \bmod (x^4+1) \tag{4-2}$$

其中

$$C(x)=(03)x^3+(01)x^2+(01)x+(02)$$

$C(x)$的系数也是 F_{2^8} 中的元素。

式(4-2)中的乘法和一个 4 次多项式进行取模运算的目的是为了使运算结果输出一个 3 次多项式，从而保证获得一个从一列(对应一个 3 次多项式)到一列(对应另一个 3 次多项式)的变换，这个变换在本质上是一个使用已知密钥的代换密码。同时，因为 $F_2[x]$(伽罗瓦域 F_2 上的所有多项式集合)上的多项式 $C(x)$与 x^4+1 是互素的，所以 $C(x)$在 $F_2[x]$中关于 x^4+1 的逆 $C^{-1}(x) \bmod (x^4+1)$存在，式(4-2)的乘法运算是可逆的。

式(4-2)的乘法运算也写为矩阵乘法：

$$\begin{pmatrix} D_0 \\ D_1 \\ D_2 \\ D_3 \end{pmatrix}=\begin{pmatrix} 02 & 03 & 01 & 01 \\ 01 & 02 & 03 & 01 \\ 01 & 01 & 02 & 03 \\ 03 & 01 & 01 & 02 \end{pmatrix}\begin{pmatrix} S_0 \\ S_1 \\ S_2 \\ S_3 \end{pmatrix}$$

4）密钥加(AddRoundkey)

函数 AddRoundkey(State，Roundkey)将 Roundkey 和 State 中的元素逐字节、逐位地进行异或运算。其中 Roundkey 由一个固定的密钥编排方案产生，每一轮的 Roundkey 是不同的。

下面举例说明 AES 的每一次迭代，观察所有操作对输出的影响。假设消息表示成十六进制数：

42 6F 62 20 6C 6F 6F 6B 20 61 74 20 74 68 69 73

将其写成 4×4 消息矩阵形式为

$$\begin{pmatrix} 42 & 6C & 20 & 74 \\ 6F & 6F & 61 & 68 \\ 62 & 6F & 74 & 69 \\ 20 & 6B & 20 & 73 \end{pmatrix}$$

该矩阵作为 AES 的“S-盒”的输入。第一个输入为 42，它指定了“S-盒”中行为 4、列为 2 的单元，其内容为 2C。依此类推，在“S-盒”中查找出与每个输入元素对应的元素，从而生成如下的输出矩阵：

$$\begin{pmatrix} 2C & 50 & B7 & 92 \\ A8 & A8 & EF & 45 \\ AA & A8 & 92 & F9 \\ B7 & 7F & B7 & 8F \end{pmatrix}$$

这种替换实现了 AES 的第一次打乱。接下来的一个阶段是旋转各行，得到

$$\begin{pmatrix} 2C & 50 & B7 & 92 \\ A8 & EF & 45 & A8 \\ 92 & F9 & AA & A8 \\ 8F & B7 & 7F & B7 \end{pmatrix}$$

该操作通过混淆行的顺序来实现 AES 的第一次扩散。接下来的一个阶段进行乘法操作，对于第一列进行如下的转换：

$$\begin{pmatrix} 72 \\ D1 \\ AD \\ 66 \end{pmatrix} = \begin{pmatrix} 02 & 03 & 01 & 01 \\ 01 & 02 & 03 & 01 \\ 01 & 01 & 01 & 03 \\ 03 & 01 & 01 & 02 \end{pmatrix} \begin{pmatrix} 2C \\ A8 \\ 92 \\ 8F \end{pmatrix}$$

根据以上运算过程，可以计算出消息矩阵与固定矩阵相乘的结果矩阵为

$$\begin{pmatrix} 72 & 19 & 66 & 4B \\ D1 & D1 & BE & 91 \\ AD & D0 & D0 & 07 \\ 66 & 46 & 23 & 74 \end{pmatrix}$$

然后就要用到子密钥，将上式和子密钥

$$\begin{pmatrix} 01 & A3 & 90 & 12 \\ E1 & 44 & 20 & 11 \\ CC & 73 & 04 & A9 \\ 59 & 06 & 30 & B4 \end{pmatrix}$$

进行异或运算，得到

$$\begin{pmatrix} 73 & BA & F3 & 59 \\ 30 & 95 & 9E & 80 \\ 61 & A0 & D4 & A6 \\ 3F & 40 & 13 & C0 \end{pmatrix}$$

将所得到的第一轮输出与初始输入进行比较，并转换成二进制数，可以发现在全部的128位中有76位发生了改变，而这仅仅是一轮操作，还要进行另外的10轮操作。经过循环迭代加密过程的运算，将得到最终的加密消息。

4.3.3 AES的密钥生成

本小节讨论AES的密钥编排方案。对于需要进行 N 轮加密的AES算法，共需要 $N+1$ 个子密钥，其中一个为种子密钥。以128位的种子密钥key为例，给出产生11个轮密钥的方法。初始密钥key按照字节划分为key[0]、key[1]、…、key[15]，因为密钥编排算法是以字为基础的(每个字包含32位)，所以每一个轮密钥由4个字组成，11个轮密钥共包含44个字，在此表示为 $w[0]$、$w[1]$、…、$w[43]$。轮密钥生成过程中，首先将密钥按矩阵的列进行分组，然后添加40个新列来进行扩充。如果前4个列(即由密钥给定的那些列)为 $w[0]$、$w[1]$、$w[2]$、$w[3]$，那么新列以递归的方式产生。具体算法步骤如下：

(1) 初始化函数RCon[i]($i=1$, …, 10)：

$$\text{RCon}[1]=01000000;$$
$$\text{RCon}[2]=02000000;$$
$$\text{RCon}[3]=04000000;$$
$$\text{RCon}[4]=08000000;$$
$$\text{RCon}[5]=10000000;$$
$$\text{RCon}[6]=20000000;$$
$$\text{RCon}[7]=40000000;$$
$$\text{RCon}[8]=80000000;$$
$$\text{RCon}[9]=1\text{B}000000;$$
$$\text{RCon}[10]=36000000;$$

(2) 当 $0\leqslant i\leqslant 3$ 时，

$$w[i]=(\text{key}[4i],\ \text{key}[4i+1],\ \text{key}[4i+2],\ \text{key}[4i+3])^{\mathrm{T}}$$

(3) 当 $4\leqslant i\leqslant 43$ 且 $i\neq 0 \bmod 4$ 时，

$$w[i]=w[i-4]\oplus w[i-1]$$

(4) 当 $4\leqslant i\leqslant 43$ 且 $i=0 \bmod 4$ 时，

$$w[i]=w[i-4]\oplus(\text{SubWord}(\text{RotWord}(w[i-1]))\oplus\text{RCon}[i/4])$$

其中，$(\text{SubWord}(\text{RotWord}(w[i-1]))\oplus\text{RCon}[i/4])$ 是 $w[i-1]$ 的一种转换形式，按以下方式实现：

首先，对 $w[i-1]$ 中的元素循环移位，每次一个字节，这里操作 $\text{RotWord}(B_0, B_1, B_2, B_3)$ 表示对四个字节 (B_0, B_1, B_2, B_3) 进行循环移位操作：

$$\text{RotWord}(B_0, B_1, B_2, B_3)=(B_1, B_2, B_3, B_0)$$

其次，将这 4 个字节作为“S-盒”的输入，而输出是 4 个新的字节，这里操作 SubWord (B_0, B_1, B_2, B_3) 对四个字节 (B_0, B_1, B_2, B_3) 进行置换变换：

$$\text{SubWord}(B_0, B_1, B_2, B_3) = (B'_0, B'_1, B'_2, B'_3)$$

其中，$B'_i = \text{SubBytes}(B_i)$，$i=0, 1, 2, 3$。

最后，将置换变换的结果与 $\text{RCon}[i/4]$ 进行异或运算。

如此可知，第 i 轮的轮密钥组成了列 $w[4i]$、$w[4i+1]$、$w[4i+2]$、$w[4i+3]$，该过程如图 4-17 所示。

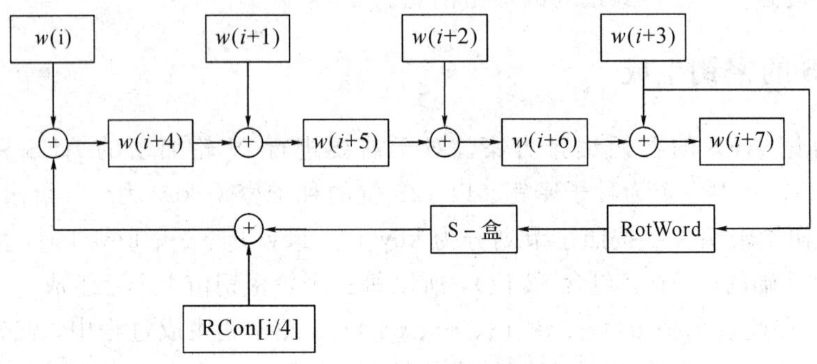

图 4-17 AES 的子密钥生成过程

举例来说，如果初始的 128 位种子密钥(以十六进制表示)为

3CA10B21 57F01916 902E1380 ACC107BD

那么 4 个初始值分别为 $w[0]$=3ca10b21，$w[1]$=57f01916，$w[2]$=902e1380，$w[3]$=acc107bd。下一个子密钥段为 $w[4]$，由于其中 4 是 4 的倍数，因此

$$\text{SubWord}(\text{RotWord}(w[i-1])) \oplus \text{RCon}[i/4] = \text{SubWord}(\text{RotWord}(w[3])) \oplus \text{RCon}[1]$$

的计算过程如下：

首先将 $w[3]$ 的元素移位：ACC107BD 变成 C107BDAC；

其次将 C107BDAC 作为 S-盒的输入，而输出是 78 85 7A 91；

利用 RCon[1]=01000000，与 78 85 7A 91 做异或运算的结果为 79 85 7a 91。于是

$$\begin{aligned} w[4] &= w[0] \oplus (\text{SubWord}(\text{RotWord}(w[3])) \oplus \text{RCon}[1]) \\ &= \text{3CA10B21} \oplus \text{79857A91} \\ &= \text{452471B0} \end{aligned}$$

同理可得其余的三个子密钥计算结果分别为

$$w[5] = w[1] \oplus w[4] = \text{57F0915} \oplus \text{452472B0} = \text{12D468A5}$$

$$w[6] = w[2] \oplus w[5] = \text{902E1380} \oplus \text{12D468A5} = \text{82FA7B25}$$

$$w[7] = w[3] \oplus w[6] = \text{ACC107BD} \oplus \text{82FA7B25} = \text{2E3B7C98}$$

于是第一轮的密钥为 452471B012D468A582FA7B252E3B7C98。

以上是 AES 算法的整个加密过程。与 DES 算法相同的是，AES 算法的解密也是加密的逆过程，由于 AES 算法的内部函数都是可逆的，因此解密过程仅仅是将密文作为初始输入，按照轮子密钥相反的方向对输入的密文再进行加密的过程，该过程加密的最终结果就可以恢复出相应的明文。

4.3.4 AES 的分析

在 AES 算法中，每一轮加密常数的不同可以消除可能产生的轮密钥的对称性，同时，轮密钥生成算法的非线性特性消除了产生相同轮密钥的可能性。加/解密过程中使用不同的变换可以避免出现类似 DES 算法中出现的弱密钥和半弱密钥的可能。

经过验证，目前采用的 AES 加/解密算法能够有效抵御已知的针对 DES 的所有攻击方法，如部分差分攻击、相关密钥攻击等。到目前为止，公开报道中对于 AES 算法所能采取的最有效的攻击方法只能是穷尽密钥搜索攻击，所以 AES 算法是安全的。尽管如此，还是出现了一些攻击方法能够破解轮数较少的 AES，这些攻击法是差分分析法和现行分析法的变体。其中，不可能差分(Impossible Differential)攻击法已经成功破解了 6 轮的 AES - 128；平方(Square)攻击法已成功破解了 7 轮的 AES - 128 和 AES - 192；冲突(Collision)攻击法也已成功破解了 7 轮的 AES - 128 和 AES - 192。所有这些攻击方法对于全部 10 轮的 AES - 128 进行破解都失败了，但这表明 AES 可能存在有待发现的弱点。

4.4 IDEA 算法

国际数据加密标准(IDEA，International Data Encryption Algorithm)是由瑞士联邦技术学院的中国学者来学嘉博士和著名密码学家 James Massey 于 1990 年提出的一种对称分组密码，经修改后于 1992 年最后完成。IDEA 是近年来提出的各种分组密码中一个很成功的方案，目前它的主要用途是作为内置于(PGP，Pretty Good Privacy)中的一种加密算法。IDEA 的优点是解密和加密过程相同，只是密钥各异，加/解密速度都非常快，能够方便地用软件和硬件实现。

IDEA 是一个分组长度为 64 位的分组密码，它的密钥长度是 128 位，加密过程共进行 8 轮。应注意的是，IDEA 的加密结构没有采用传统的 Feistel 密码结构，它使用了三种不同的操作：逐位异或运算$\oplus$、模 2^{16} 整数加运算$+$、模 $2^{16}+1$ 整数乘运算$\odot$。这三种运算是不兼容的，即三种运算中任意两种都不满足分配率，例如 $a+(b\odot c)\neq(a+b)\odot(a+c)$；三种运算中任意两种都不满足结合律，例如 $a+(b\oplus c)\neq(a+b)\oplus c$。三种运算结合起来使用可对算法的输入提供复杂的变换，使得对 IDEA 的密码分析比对仅使用异或运算的 DES 更为困难。

对于模 2^{16}(即 65 536)整数加运算$+$，其输入和输出作为 16 位无符号整数。

例如，当 $a=(0110111001101001)_2=28\ 265$，$b=(0111000001101101)_2=28\ 781$ 时，

$$\begin{aligned}a+b &= a+b \bmod 2^{16} = 28\ 265+28\ 781 \bmod 2^{16} = 57\ 046 \\ &= (1101111011010110)_2\end{aligned}$$

对于模 $2^{16}+1$ 整数乘运算$\odot$，其输入、输出中除 16 位全为 0 作为 2^{16} 处理外，其余的输出序列均作为长度为 16 比特的无符号整数处理。

例如，当 $a=(0000000000000000)_2=2^{16}=65\ 536$，$b=(1000000000000000)_2=2^{15}=65\ 535$ 时，

$$a\odot b=2^{16}\times 2^{15} \bmod (2^{16}+1)=2^{15}+1=(1000000000000001)_2$$

当 $a=(0111001101010100)_2=29\ 524$，$b=(0110111101100011)_2=28\ 515$ 时，

$$a \odot b = 29\,524 \times 28\,515 \bmod (2^{16}+1) = 54\,091 = (1101001101001111)_2$$

IDEA 算法的强度主要是由有效的混淆和扩散特性保证的，算法中的扩散是由被称为乘加结构(MA 盒)的基本单元实现的。如图 4-18 所示，该结构的输入是两个 16 位的子段和两个 16 位的子密钥，输出也是两个 16 位的子段。这一结构在算法中重复使用了 8 次，获得了非常有效的扩散效果。这也使得 IDEA 可以抵抗差分分析法和线性分析法的攻击。

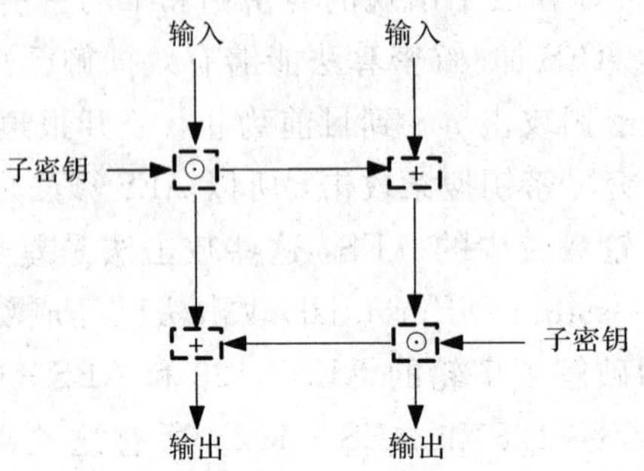

图 4-18　MA 盒基本结构

IDEA 算法的加密流程如图 4-19 所示。

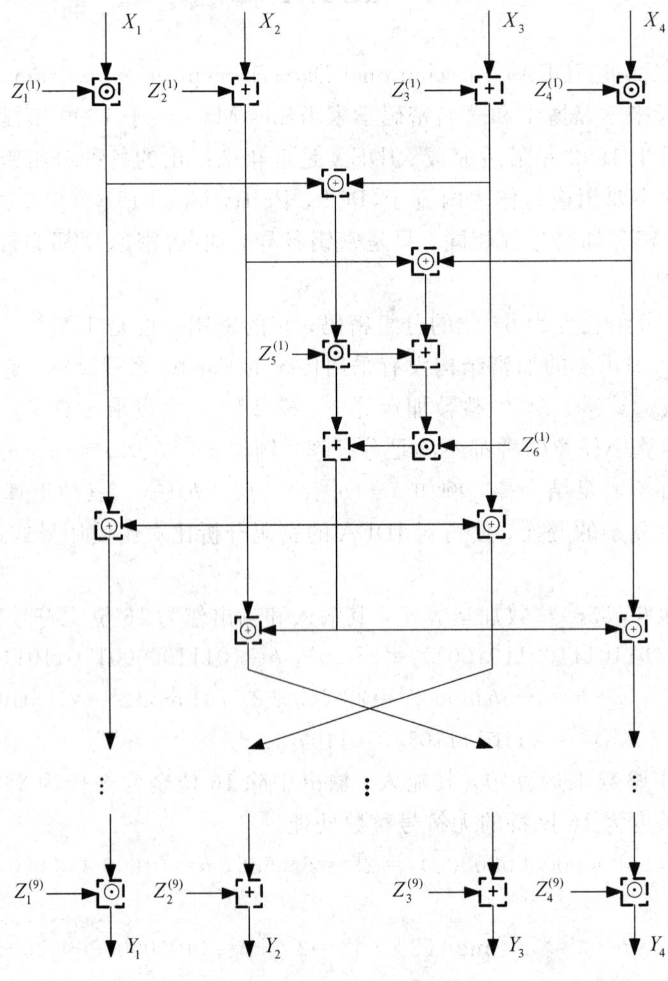

图 4-19　IDEA 加密流程

根据 IDEA 算法的加密流程可知，64 位的明文消息被分成 4 个 16 位的子分组：X_1、X_2、X_3和 X_4。加密算法以 X_1、X_2、X_3、X_4作为初始输入，总共进行 8 轮加密。在每一轮加密过程中，这 4 个子分组之间相互进行逐位异或运算⊕、模 2^{16} 整数加运算＋、模 $2^{16}+1$ 整数乘运算⊙，并且与 16 个 16 位的子密钥进行逐位异或运算⊕、模 2^{16} 整数加运算＋、模 $2^{16}+1$ 整数乘运算⊙。每一轮加密过程的最后，第 2 和第 3 个子分组交换，完成一轮加密过程。

每一轮加密过程中，对应于该轮的 6 个子密钥，各个操作执行的顺序是：

(1) X_1和第 1 个子密钥相乘；

(2) X_2和第 2 个子密钥相加；

(3) X_3和第 3 个字密钥相加；

(4) X_4和第 4 个子密钥相乘；

(5) 将第(1)步和第(3)步的结果相异或；

(6) 将第(2)步和第(4)步的结果相异或；

(7) 将第(5)步的结果和第 5 个子密钥相乘；

(8) 将第(6)步和第(7)步的结果相加；

(9) 将第(8)步的结果与第 6 个子密钥相乘；

(10) 将第(7)步和第(9)步的结果相加；

(11) 将第(1)步和第(9)步的结果相异或；

(12) 将第(3)步和第(9)步的结果相异或；

(13) 将第(2)步和第(10)步的结果相异或；

(14) 将第(4)步和第(10)步的结果相异或。

每一轮加密的结果，输出的是第(11)、(12)、(13)和(14)步操作结果所形成的 4 个长度为 16 位的子分组。将得到的 4 个分组的中间两个分组值进行交换(最后一轮加密除外)后，即作为下一轮加密的输入。

经过 8 轮加密操作后，依据最后一轮对应的 4 个子密钥得到最终的输出变换：

(1) X_1和第 1 个子密钥相乘；

(2) X_2和第 2 个子密钥相加；

(3) X_3和第 3 个子密钥相加；

(4) X_4和第 4 个子密钥相乘。

最后这 4 个子分组连接在一起产生密文(Y_1，Y_2，Y_3，Y_4)。

IDEA 加密算法中每一轮需要 6 个子密钥，最后输出过程需要 4 个子密钥，所以进行加密所需的子密钥共 52 个。

对于子密钥的产生，给定加密算法的一个 128 位的初始密钥 $k=k_1k_2\cdots k_{128}$，将其分成 8 个子密钥，每一个子密钥的长度都是 16 位；将初始密钥分组产生的这 8 个子密钥作为第一轮加密所需的 6 个子密钥 $Z_1^{(1)}$、$Z_2^{(1)}$、…、$Z_6^{(1)}$ 和第二轮加密的前两个子密钥 $Z_1^{(2)}$、$Z_2^{(2)}$，有

$$Z_1^{(1)}=k_1k_2\cdots k_{16},\quad Z_2^{(1)}=k_{17}k_{18}\cdots k_{32},\quad Z_3^{(1)}=k_{33}k_{34}\cdots k_{48}$$
$$Z_4^{(1)}=k_{49}k_{50}\cdots k_{64},\quad Z_5^{(1)}=k_{65}k_{66}\cdots k_{80},\quad Z_6^{(1)}=k_{81}k_{82}\cdots k_{96}$$
$$Z_1^{(2)}=k_{97}k_{98}\cdots k_{112},\quad Z_2^{(2)}=k_{113}k_{114}\cdots k_{128}$$

然后将128位的初始密钥k左移25位，得到

$$k_{26}k_{27}\cdots k_{128}k_1k_2\cdots k_{25}$$

将它分成8个长度分别为16位的子密钥，其中前4个作为第二轮加密的子密钥$Z_3^{(2)}$、$Z_4^{(2)}$、$Z_5^{(2)}$、$Z_6^{(2)}$，后4个作为第三轮加密的前4个子密钥$Z_1^{(3)}$、$Z_2^{(3)}$、$Z_3^{(3)}$、$Z_4^{(3)}$；再将128位的初始密钥k循环左移25位，同样地经过分组产生接下来的8个子密钥；依此类推，直到完全产生加密过程所需的52个子密钥后，密钥生成算法结束。

IDEA算法的解密过程与加密过程基本一样，只是需要将密文消息作为加密过程的输入，同时，每一轮的子密钥需要求逆运算而且和加密过程的子密钥有一些微小的差别，解密过程的子密钥要么是加密子密钥的$\bmod 2^{16}$加法逆，要么是$\bmod(2^{16}+1)$乘法逆。表4-10给出了IDEA算法中加密子密钥和相应的解密子密钥，其中Z^{-1}表示$Z \bmod (2^{16}+1)$的乘法逆，即

$$Z \odot Z^{-1} \equiv 1 \bmod (2^{16}+1)$$

其中，$-Z$表示$Z \bmod 2^{16}$的加法逆，即

$$Z+(-Z) \equiv 0 \bmod 2^{16}$$

表4-10 IDEA算法加密子密钥和相应的解密子密钥

轮数	加密子密钥	解密子密钥
1	$Z_1^{(1)}Z_2^{(1)}Z_3^{(1)}Z_4^{(1)}Z_5^{(1)}Z_6^{(1)}$	$Z_1^{(9)-1}-Z_2^{(9)}-Z_3^{(9)}Z_4^{(9)-1}Z_5^{(8)}Z_6^{(8)}$
2	$Z_1^{(2)}Z_2^{(2)}Z_3^{(2)}Z_4^{(2)}Z_5^{(2)}Z_6^{(2)}$	$Z_1^{(8)-1}-Z_3^{(8)}-Z_2^{(8)}Z_4^{(8)-1}Z_5^{(7)}Z_6^{(7)}$
3	$Z_1^{(3)}Z_2^{(3)}Z_3^{(3)}Z_4^{(3)}Z_5^{(3)}Z_6^{(3)}$	$Z_1^{(7)-1}-Z_3^{(7)}-Z_2^{(7)}Z_4^{(7)-1}Z_5^{(6)}Z_6^{(6)}$
4	$Z_1^{(4)}Z_2^{(4)}Z_3^{(4)}Z_4^{(4)}Z_5^{(4)}Z_6^{(4)}$	$Z_1^{(6)-1}-Z_3^{(6)}-Z_2^{(6)}Z_4^{(6)-1}Z_5^{(5)}Z_6^{(5)}$
5	$Z_1^{(5)}Z_2^{(5)}Z_3^{(5)}Z_4^{(5)}Z_5^{(5)}Z_6^{(5)}$	$Z_1^{(5)-1}-Z_3^{(5)}-Z_2^{(5)}Z_4^{(5)-1}Z_5^{(4)}Z_6^{(4)}$
6	$Z_1^{(6)}Z_2^{(6)}Z_3^{(6)}Z_4^{(6)}Z_5^{(6)}Z_6^{(6)}$	$Z_1^{(4)-1}-Z_3^{(4)}-Z_2^{(4)}Z_4^{(4)-1}Z_5^{(3)}Z_6^{(3)}$
7	$Z_1^{(7)}Z_2^{(7)}Z_3^{(7)}Z_4^{(7)}Z_5^{(7)}Z_6^{(7)}$	$Z_1^{(3)-1}-Z_3^{(3)}-Z_2^{(3)}Z_4^{(3)-1}Z_5^{(2)}Z_6^{(2)}$
8	$Z_1^{(8)}Z_2^{(8)}Z_3^{(8)}Z_4^{(8)}Z_5^{(8)}Z_6^{(8)}$	$Z_1^{(2)-1}-Z_3^{(2)}-Z_2^{(2)}Z_4^{(2)-1}Z_5^{(1)}Z_6^{(1)}$
输出变换	$Z_1^{(9)}Z_2^{(9)}Z_3^{(9)}Z_4^{(9)}$	$Z_1^{(1)-1}-Z_2^{(1)}-Z_3^{(1)}Z_4^{(1)-1}$

在IDEA中，对于模$2^{16}+1$的乘法运算，0子分组用$2^{16}=-1$来表示，所以0的乘法逆是0。例如，当$Z=(1101010111000001)_2=54\ 721$时，根据$(54\ 721)^{-1} \bmod (2^{16}+1)=46\ 929$，可以得到$Z^{-1}=46\ 929=(1011011101010001)_2$；根据$54\ 721+10\ 815=65\ 536=2^{16}$，可以得到$-Z=(0010101000111111)_2=10\ 815$。

IDEA的密钥长度是128位。假如采用穷举搜索的方法对其进行攻击，那么要获得密钥需要进行2^{128}次加密运算，设计一个每秒能测试10亿个密钥的计算机，并采用10亿台同样的计算机来进行并行处理，也将花费10^{13}年才能完成计算。所以虽然目前有许多人都在分析和研究IDEA算法，但是还没有IDEA被攻破的报道。当然IDEA算法是一个相对较新的分组加密算法，该算法本身还有许多问题有待进一步深入研究。

4.5 RC5算法

RC5是由Ron Rivest提出的一种对称加密算法。它是含参数变量的分组密码算法，其分组长度、密钥大小和加密轮数均为参数变量。RC5算法具有以下特点：

(1) 算法原理简单。RC5的加密结构简单。

(2) 适合硬件和软件实现。RC5只使用微处理器上常见的基本运算操作。

(3) 算法实现速度快。RC5计算过程简单而且运算面向字，基本操作每次对数据的整个字进行。

(4) 对不同字长的处理器适应性好。字中的比特数是RC5的一个参数，不同的字长对应不同的算法。

(5) 加密轮数可变。加密轮数是RC5算法的参数，加密轮数的选取可以实现加密速度和加密安全性的平衡。

(6) 密钥大小可变。密钥大小也是RC5算法的参数，密钥大小的选取可以实现加密速度和加密安全性之间的平衡。

(7) 移位位数依赖于加密数据。RC5的移位位数依赖于加密数据，该过程能够有效改进RC5算法对抗密码分析攻击的能力。

RC5算法的加密过程包含三种基本运算：异或运算、加法运算和循环操作。RC5算法的分组长度可选32位、64位和128位，密钥大小可选0到2040比特，加密轮数可选0到255。以上三个参数的具体定义如表4-11所示。

表4-11 参数定义

参数	定　义	取值范围
w	表示RC5算法的字的大小，分组长度为2个字	16，32，64
r	加密轮数	0，1，…，255
b	密钥大小对应的字节个数	0，1，…，255

一个特定版本的RC5算法记为RC5-$w/r/b$，例如RC5-32/12/16表示该算法具有64比特的分组长度，加密轮数为12，密钥大小为16字节(即128比特)。下面说明RC5算法的加密过程。

RC5算法对密钥进行扩展操作产生$t=2r+2$个子密钥，每个子密钥的长度为w，生成的子密钥被存放在长度为t的数组S中。子密钥扩展算法以参数r和w作为输入，初始化数组S为一个特定的伪随机序列。b字节的密钥key[0…$b-1$]被转换成一个有c个字的数组$L[0\cdots c-1]$。我们先把数组L中的各个元素全设为0，然后把key串直接复制到L所表示的存储器位置上。如果b不是w的整数倍，那么L的右端有一部分仍然是0，在此基础上做一个混合操作，把L的内容和S的初始化内容混合，产生数组S的最终取值。

以上过程中数组S的初始化操作使用了如下定义的两个字长的常数：

$$P_w=\mathrm{Odd}[(\mathrm{e}-2)\cdot 2^w]$$

$$Q_w=\mathrm{Odd}[(\phi-1)\cdot 2^w]$$

其中，e=2.7182818…是自然对数的底；$\phi=\frac{1+\sqrt{5}}{2}$；Odd($x$)表示离 x 最近的奇数(当 x 是偶数时，Odd(x)=x+1)。例如 Odd(e)=3，Odd(ϕ)=1。根据以上方法可以得到对应不同字长的常数 P_w 和 Q_w，如表 4-12 所示。

表 4-12　常数表

w	16	32	64
P_w	B7E1	B7E15163	B7E151628AED2A6B
Q_w	9E37	9E3779B9	9E3779B97F4A7C15

使用两个常数 P_w 和 Q_w 对数组 S 进行如下初始化：

$$S[i]=\begin{cases}P_w, & i=0\\ S[i-1]+Q_w, & i=1, 2, \cdots, t-1\end{cases}$$

其中，加法运算是模 2^w 加法。经过以上过程初始化的数组 S 与密钥 L 进行混合，产生最终的子密钥数组 S。在进行混合运算时，对较大的数组要进行三轮操作，对较小的数组则可以进行更多次的操作。混合运算操作如下：

初始化：$i=j=X=Y=0$。

循环以下操作，其中循环次数为 $3\times\max(t, c)$：

$S[i]=(S[i]+X+Y)<<<3$；

$X=S[i]$；

$i=(i+1)\bmod(t)$；

$L[j]=(L[j]+X+Y)<<<(X+Y)$；

$Y=L[j]$；

$j=(j+1)\bmod(c)$。

RC5 的加密过程使用三个基本操作：

(1) 加法运算。字的相加是模 2^w 的加法运算；其逆运算是模 2^w 的减法运算。

(2) 异或运算。

(3) 循环左移操作。字 x 被循环左移 y 比特记为 $x<<<y$；其逆操作是循环右移操作，记为 $x>>>y$。

设明文分组被分为两个 w 比特的序列 A 和 B，加密轮数为 r，变量 L_i 和 R_i 表示第 i 轮加密之后数据的左半部分和右半部分。

加密算法描述如下：

初始化：$L_0=A+S[0]$；$R_0=B+S[1]$。

循环进行以下操作 r 轮：

$L_i=((L_{i-1}\oplus R_{i-1})<<<R_{i-1})+S[2\times i]$；

$R_i=((R_{i-1}\oplus L_i)<<<L_i)+S[2\times i+1]$。

经过以上循环加密过程得到加密的密文分组 L_r 和 R_r。

解密过程容易从加密过程中推导出，其中初始化已知为 L_r 和 R_r。解密过程描述如下：

循环进行以下操作 r 轮：

$R_{i-1}=((R_i-S[2\times i+1]>>>L_i)\oplus L_i)$；

$L_{i-1}=((L_i-S[2\times i]>>>R_{i-1})\oplus R_{i-1})$。

恢复明文：$B=R_0-S[1]$；$A=L_0-S[0]$。

经过以上过程解密出明文序列 A 和 B。

RC5 算法最显著的特点是算法的简单性和使用过程中依赖于数据的循环移位操作。其中循环移位操作是算法中仅有的非线性运算。已有的研究结果表明，RC5 算法对于线性和差分密码分析攻击是安全的。

4.6　分组密码的工作模式

分组密码是将消息作为分组数据来进行加密和解密的。通常大多数消息的长度会大于分组密码的消息分组长度，这样在进行加密和解密过程中长的消息会被分成一系列连续排列的消息分组进行处理。本节讨论基于分组密码的几种工作模式，这些工作模式不仅能够增强分组密码算法的不确定性，还具有将明文消息添加到任意长度(该性质能够实现密文长度与明文长度的不对等)、对错误传播进行控制等作用。

分组密码的明文分组长度是固定的，而实际应用中待加密消息的数据量是不定的，数据格式可能是多种多样的。为了能在各种应用场合使用 DEA，1980 年 12 月，美国在 FIPS 74 和 81 中定义了 DES 算法的四种工作模式，这些工作模式也适用于任何的分组密码算法。四种常用的工作模式为：

(1) 电码本(ECB，Electronic-Codebook)模式。

(2) 密码反馈(CFB，Cipher-Feedback)模式。

(3) 密码分组链接(CBC，Cipher-Block-Chaining)模式。

(4) 输出反馈(OFB，Output-Feedback)模式。

除了上面的四种工作模式外，还有一种比较新的工作模式为计数器(CTR，Counter)模式。现在，人们对 AES 算法工作模式的研发工作正在进行中，这些 AES 的工作模式可能会包括以前 DES 的工作模式，还可能增加新的工作模式。

为了方便描述以上的工作模式，定义以下几种符号：

- $E(x)$：分组密码算法的加密过程。
- $D(y)$：分组密码算法的解密过程。
- n：分组密码算法的分组长度。
- $P_1, P_2, \cdots, P_m$：输入到工作模式中的明文消息的 m 个连续分组。
- $C_1, C_2, \cdots, C_m$：从工作模式中输出的密文消息的 m 个连续分组。
- $\text{LSB}_u(A)$：消息分组 A 中最低 u 位比特的取值。例如

$$\text{LSB}_3(11001101)=101$$

- $\text{MSB}_v(A)$：消息分组 A 中最高 v 位比特的取值。例如

$$\text{MSB}_2(01001100)=01$$

- $A\parallel B$：消息分组 A 和 B 的链接。

1) ECB 模式

ECB 模式是分组密码的一个直接应用，其中加密(或解密)一系列连续排列的消息分组 $P_1, P_2, \cdots, P_m$ 的过程是将它们依次分别加密(或解密)。因为这种工作模式类似于电报密

码本中指定码字的过程，所以被形象地称为电码本模式。ECB 模式定义如下：

ECB 加密：$C_i \leftarrow E(P_i)$，$i=1, 2, \cdots, m$。

ECB 解密：$P_i \leftarrow D(C_i)$，$i=1, 2, \cdots, m$。

ECB 模式加密流程如图 4-20 所示。

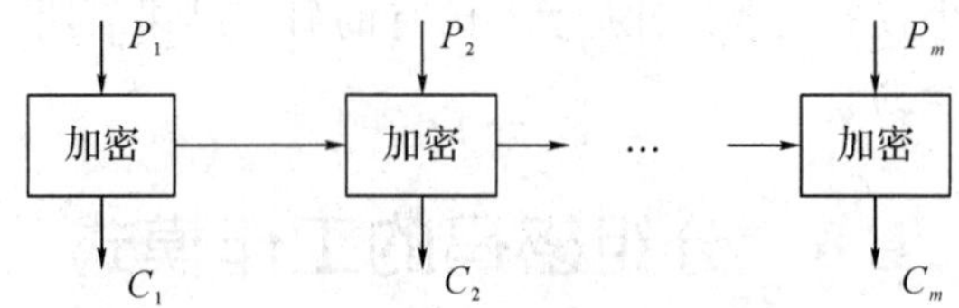

图 4-20　ECB 模式加密流程

ECB 模式中每一个明文分组都采用同一个密钥 key 来进行加密，产生出相应的密文分组。这样的加密方式使得当改变一个明文消息分组值时，仅仅会引起相应的密文分组取值发生变化，而其他密文分组不受影响，该性质在通信信道不十分安全的情况下会比较有利。但 ECB 模式的一个明显的缺点是加密相同的明文分组会产生相同的密文分组，安全性较差，建议在大多数情况下不要使用 ECB 模式。ECB 模式用于短数据(如加密密钥)是非常理想的，因此如果需要安全地传递 DES 密钥，ECB 是最合适的模式。

2) CBC 模式

CBC 模式是用于一般数据加密的一个普通的分组密码算法，可以解决 ECB 的安全缺陷，使得重复的明文分组产生不同的密文分组。CBC 模式中也只使用一个密钥 key，其输出是一个 n 比特的密文分组序列，这些密文分组链接在一起使得每一个密文分组不仅依赖于其所对应的明文分组，而且依赖于所有以前的明文分组。CBC 模式定义如下：

CBC 加密：输入为 IV，P_1，P_2，…，P_m；输出为 IV，C_1，C_2，…，C_m。

$C_0 \leftarrow \text{IV}$

$C_i \leftarrow E(P_i \oplus C_{i-1})$，$i=1, 2, \cdots, m$

CBC 解密：输入为 IV，C_1，C_2，…，C_m；输出为 IV，P_1，P_2，…，P_m。

$C_0 \leftarrow \text{IV}$

$P_i \leftarrow D(C_i) \oplus C_{i-1}$，$i=1, 2, \cdots, m$

CBC 模式加密流程如图 4-21 所示。

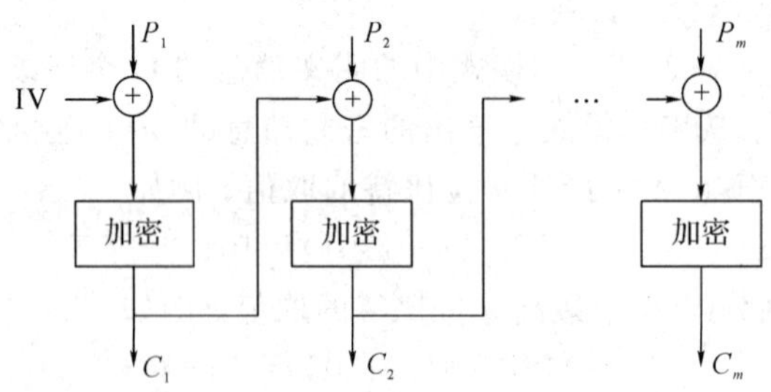

图 4-21　CBC 模式加密流程

以上加密过程中，第一个密文分组 C_1 的计算需要一个特殊的输入分组 C_0，习惯上称之为初始矢量 IV。IV 对于收发双方都应是已知的，为使其安全性高，IV 应像密钥一样保护起来，可使用 ECB 模式来发送 IV。IV 是一个长度为 n 的随机比特序列，每一次进行会话加密时都要使用一个新的随机序列 IV，因为 IV 可以看做密文分组，所以其取值可以公开，但一定是不可预知的。在加密过程中，由于 IV 的随机性，第一个密文分组 C_1 被随机化，同样，后续的输出密文分组都将被前面的密文分组随机化，因此 CBC 模式输出的是随机化的密文分组。发送给接收者的密文消息应该包括 IV，那么对于 m 个分组的明文消息，CBC 模式将输出 $m+1$ 个密文分组。

鉴于 CBC 模式的链接机制，它适合于对长度较长的明文消息进行加密。

3）CFB 模式

CFB 模式的特点是在加密过程中反馈后续的密文分组，这些密文分组从工作模式的输出端返回作为分组密码算法的输入。设消息的分组长度为 s，其中 $1\leqslant s\leqslant n$。CFB 模式要求以 IV 作为初始的 n 比特随机输入分组，因为 IV 是在密文的位置中出现，所以 IV 的取值可以公开。CFB 模式定义如下：

CFB 加密：输入为 IV，P_1，P_2，…，P_m；输出为 IV，C_1，C_2，…，C_m。

$$I_1 \leftarrow \mathrm{IV};$$
$$I_i \leftarrow \mathrm{LSB}_{n-s}(I_{i-1}) \parallel C_{i-1},\ i=2,3,\cdots,m;$$
$$O_i \leftarrow E(I_i),\ i=1,2,\cdots,m;$$
$$C_i \leftarrow P_i \oplus \mathrm{MSB}_s(O_i),\ i=1,2,\cdots,m。$$

CFB 解密：输入为 IV，C_1，C_2，…，C_m；输出为 IV，P_1，P_2，…，P_m。

$$I_1 \leftarrow \mathrm{IV};$$
$$I_i \leftarrow \mathrm{LSB}_{n-s}(I_{i-1}) \parallel C_{i-1},\ i=2,3,\cdots,m;$$
$$O_i \leftarrow E(I_i),\ i=1,2,\cdots,m;$$
$$P_i \leftarrow C_i \oplus \mathrm{MSB}_s(O_i),\ i=1,2,\cdots,m。$$

CFB 模式加密流程如图 4-22 所示。

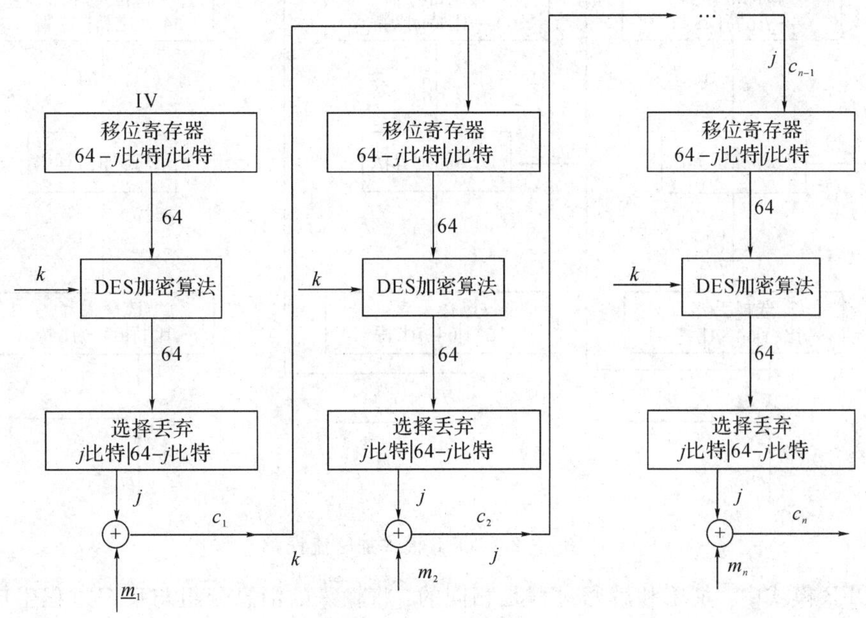

图 4-22　CFB 模式加密流程

在以上的 CFB 模式中，由于分组密码算法的加密函数用在加密和解密的两端，因此分组密码算法的加密函数 $E(x)$可以是任意的单向变换。在 CFB 中改变一个明文分组 P_i 的取值，则其对应的密文 C_i 与其后所有的密文分组都会受到影响。

4）OFB 模式

OFB 模式在结构上类似于密码反馈模式。OFB 模式的特点是将分组密码算法的连续输出分组反馈回去。OFB 模式要求 IV 作为初始的 n 比特随机输入分组。因为在这种工作模式中 IV 出现在密文的位置中，所以它的取值不需要保密。OFB 模式定义如下：

OFB 加密：输入为 IV，P_1，P_2，…，P_m；输出为 IV，C_1，C_2，…，C_m。

$I_1 \leftarrow \text{IV}$；

$I_i \leftarrow O_{i-1}$　　，$i=2, 3, \cdots, m$；

$O_i \leftarrow E(I_i)$　　，$i=1, 2, \cdots, m$；

$C_i \leftarrow P_i \oplus O_i$　　，$i=1, 2, \cdots, m$。

OFB 解密：输入为 IV，C_1，C_2，…，C_m；输出为 IV，P_1，P_2，…，P_m。

$I_1 \leftarrow \text{IV}$；

$I_i \leftarrow O_{i-1}$　　，$i=2, 3, \cdots, m$；

$O_i \leftarrow E(I_i)$　　，$i=1, 2, \cdots, m$；

$P_i \leftarrow C_i \oplus O_i$　　，$i=1, 2, \cdots, m$。

OFB 模式加密流程如图 4-23 所示。

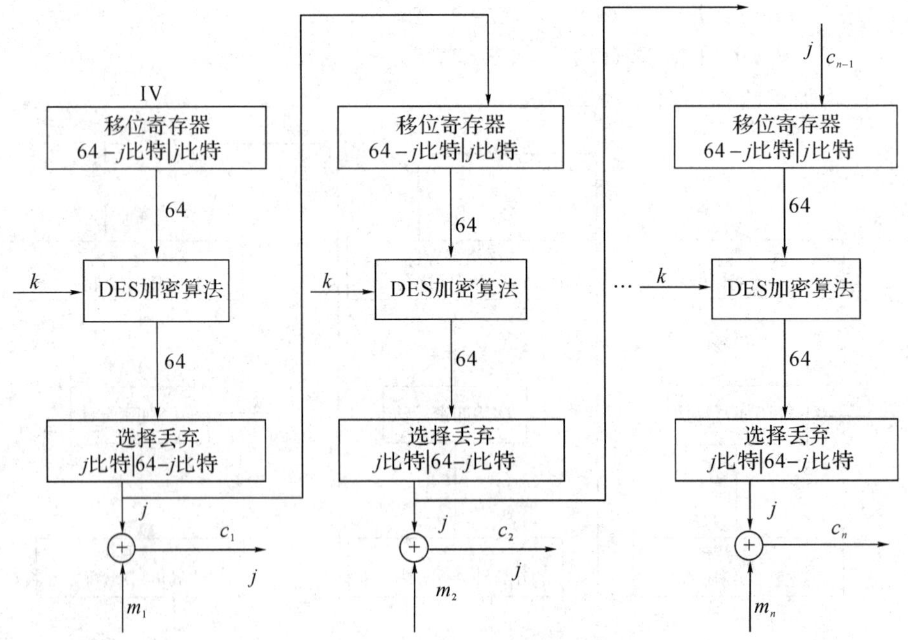

图 4-23　OFB 模式加密流程

在 OFB 模式中，加密和解密过程是相同的：将输入的消息分组与反馈过程生成的密钥流进行异或运算。反馈过程实际上构成了一个有限状态机，其状态完全由分组加密算法的加密密钥和 IV 决定。如果密码分组发生了传输错误，那么只有相应位置上的明文分组会发生错误。

5）CTR 模式

CTR 模式的特点是将计数器 Ctr 从初始值 IV 开始计数所得到的值发送给分组密码算法。随着计数器 Ctr 的增加，分组密码算法输出连续的分组来构成一个比特串，该比特串被用来与明文分组进行异或运算。记 IV＝Ctr_1（其他的计数器值 Ctr_i 可以由 IV 计算而得出）。CTR 模式定义如下：

CTR 加密：输入为 Ctr_1，P_1，P_2，…，P_m；输出为 Ctr_1，C_1，C_2，…，C_m。

$$C_i \leftarrow P_i \oplus E(\mathrm{Ctr}_i)\quad, i=1, 2, \cdots, m。$$

CTR 解密：输入为 Ctr_1，C_1，C_2，…，C_m；输出为 Ctr_1，P_1，P_2，…，P_m。

$$P_i \leftarrow C_i \oplus E(\mathrm{Ctr}_i)\quad, i=1, 2, \cdots, m。$$

CTR 模式加密流程如图 4－24 所示。

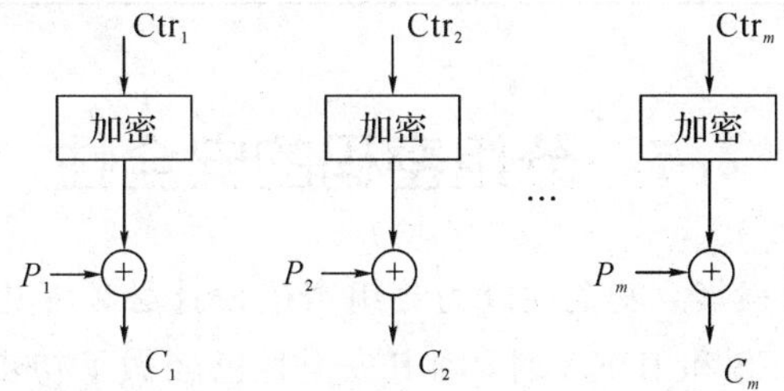

图 4－24　CTR 模式加密流程

因为没有反馈，所以 CTR 模式的加密和解密能够同时进行，这是 CTR 模式比 CFB 模式和 OFB 模式优越的地方。

表 4－13 给出了上述五种分组密码工作模式的优缺点对比。

表 4－13　分组密码工作模式一览表

工作模式	特　点
ECB 模式	优点：可并行运算，速度快；一个密钥可以加密多个消息；加密速度与分组密码的加密速度相同；易于标准化。 缺点：不能进行预处理；分组加密的结果不能隐蔽明文消息模式，即相同的明文组蕴含着相同的密文组；不能抵抗组的重放、嵌入、删除等攻击；加密长度只能是分组的倍数；一个密文错误会影响当前加密的整个明文分组
CBC 模式	优点：引入了随机的初始向量，对于相同的明文消息分组，加密结果具有一定的随机性，使得分组加密结果能隐藏明文消息模式；一个密钥可以加密多个消息；加密速度与分组密码的加密速度相同。 缺点：不能进行预处理；不能进行并行处理；会出现错误传播，一个密文错误不仅会影响当前加密的整个明文分组，而且会影响下一个明文分组的相应位
CFB 模式	优点：可以进行预处理；分组加密的结果能隐藏明文消息模式；一个密钥可以加密多个消息；加密速度与分组密码的加密速度相同；可以加密传送小于分组长度的数据。 缺点：不能进行并行处理；一个明文分组解密错误将影响多个消息分组的解密

续表

工作模式	特　　点
OFB 模式	优点：可以进行预处理；分组加密的结果能隐藏明文消息模式；一个密钥可以加密多个消息；加密速度与分组密码的加密速度相同；错误传播小，密文中的 1 比特错误只导致明文中的 1 比特错误；可以预处理；消息长度是任意的；可在线处理（随时处理明文）等。 缺点：不能进行并行处理；系统要求通信双方必须同步，否则不能正确解密；一个密文错误会影响当前加密的整个明文分组
CTR 模式	优点：设计比较简单，加/解密过程相同；可以进行预处理；可并行运算，速度快；安全性好。 缺点：始终要保存一个状态值且加/解密双方必须保持同步，否则不能正确解密

4.7　分组密码的安全性

随着密码分析技术的发展，安全性成为分组密码设计必须考虑的重要因素。前面在介绍分组密码体制 DES、AES 和 IDEA 时，对其安全性已经做了初步的分析。本节将对常见的针对分组密码的分析技术做简单介绍。

目前，对于分组密码的分析技术主要有以下几种：

（1）穷尽搜索攻击。

（2）差分密码分析攻击。

（3）线性密码分析攻击。

（4）相关的密钥密码分析攻击。

在以上四种攻击方法中，线性密码分析攻击和差分密码分析攻击是两个被人们所熟悉的分组密码分析方法。

线性密码分析攻击是对迭代密码的一种已知明文攻击，最早由 Mitsuru Matsui 在 1993 年提出，这种攻击方法使用线性近似值来描述分组密码。鉴于分组密码的非线性结构是加密安全的主要源泉，线性分析方法试图发现这些结构中的一些弱点，可通过查找非线性的线性近似来实现。线性密码分析攻击方法的基本思想是：假设在一个明文位子集合与加密过程的最后一轮加密即将进行代换加密的输入序列位子集合之间，能够找到一个概率上的线性关系。如果攻击者拥有大量的用同一组未知密钥加密的明文和相应的密文对，攻击者对每一个明文和相应的密文采用所有可能的候选密钥来对加密过程的最后一轮解密相应的密文。对每一个候选的密钥，攻击者计算包含在线性关系式中的相关状态位的异或值，然后确定上述的线性关系是否成立。如果线性关系成立，就在对应特定候选密钥的计数器上加 1。重复进行以上过程，最后得到的计数器频率距离明文和相应的密文对个数的一半最远的候选密钥，最有可能含有密钥位的正确值。

以上过程意味着如果攻击者将明文的一些位和密文的一些位分别进行异或运算，然后将这两个结果进行异或运算，能够得到一个位的值，该位的值是将密钥的一些位进行异或运算的结果。这就是概率为 p 的线性近似值。如果 $p \neq 1/2$，那么就可以使用该偏差，用已知的明文和相应的密文来猜测密钥的具体位置。以上过程得到的数据越多，猜测的结果就越可靠；概率越大，用同样的数据量相应的成功率就越高。

差分密码分析攻击是对迭代密码的一种选择明文攻击，由 Eli Biham 和 Adi Shamir 于 1990 年提出，它可以攻击很多分组密码。这种攻击方法通过对那些明文有特殊差值关系的密文对进行比较、分析来攻击相应的分组密码算法。差分密码分析攻击方法的基本思想是：通过分析明文对的差值对密文对的差值的影响来恢复某些密钥位。选择具有固定差分关系的一对明文位序列，这两个明文序列可以随机选取，只要它们符合特定差分的条件，攻击者甚至可以不必知道两个明文序列的具体值。然后通过对相应密文序列中的差分关系的分析，按照不同的概率分配给不同的密钥；选择新的满足条件的明文序列，重复以上过程。随着分析的密文序列越来越多，相应的密钥对应的概率分布也越来越清晰，最有可能的密钥序列将逐步显现出来。差分分析方法需要带有某种特性的明文和相应的密文之间的比较，攻击者寻找明文对应的某种差分的密文对，这些差分中的一部分会有较高的重现概率。差分分析方法用这种特征来计算可能的密钥概率，最后可以确定出最可能的密钥。差分分析方法需要大量的已知“明文-密文”对，使得该方法不是一个很实用的攻击方法，但它对评估分组加密算法的整体安全性很有用。

一种攻击的复杂度可以分为两个部分：数据复杂度和处理复杂度。数据复杂度是实施该攻击所需输入的数据量；处理复杂度是处理这些数据所需的计算量。差分密码分析的数据复杂度是成对加密所需的选择明文对个数的 2 倍，因此差分密码分析的复杂度取决于数据复杂度。

习 题 4

4-1 证明：DES 算法的解密过程是加密的逆过程。

4-2 证明：在 DES 算法中，每一个子密钥的第一个 24 位来自初始密钥的同一个 28 位子集，而每一个子密钥的第二个 24 位来自初始密钥的一个不相交的 28 位子集。

4-3 现代密码通常是由几个古典密码技术结合起来构造的。试在 DES 和 AES 算法中找出采用了以下两种古典密码技术的部分：

(1) 代换密码；　　(2) 置换密码

4-4 设 DES(x, k)表示使用 DES 算法在密钥 k 下对明文消息 x 进行加密。现在假定 y=DES(x, k)，y'=DES($c(x)$, $c(k)$)，其中 $c(\cdot)$表示对自变量按照比特位取反。

试证明：$y'=c(y)$(即若将明文消息和加密密钥都按照比特位取反，则加密的密文消息同样是按照比特位取反)。

4-5 设用十六进制数表示的 128 位的 AES 算法密钥是

2B7E151628AED2A6ABF7158809CF4F3C

要求根据以上种子密钥构造出一个完整的密钥编排方案。

4-6 通过式(4-1)计算对应 x=01010011 的输出序列 y。

4-7 设已知 DES 算法中明文消息 x 和密钥 k 分别如下：

$$x=0011\ 1000\ 1101\ 0101\ 1011\ 1000\ 0100\ 0010$$
$$1101\ 0101\ 0011\ 1001\ 1001\ 0101\ 1110\ 0111$$
$$k=1010\ 1011\ 0011\ 0100\ 1000\ 0110\ 1001\ 0100$$
$$1101\ 1001\ 0111\ 0011\ 1010\ 0010\ 1101\ 0011$$

试计算加密过程中的 L_1 和 R_1。

4-8 试证明 DES 算法中 S-盒 4 满足以下性质：

(1) S-盒 4 的第二行可以应用第一行采用以下映射得到

$$(x_1, x_2, x_3, x_4) \rightarrow (x_2, x_1, x_4, x_3) \oplus (0, 1, 1, 0)$$

其中，$x_i \in \{0, 1\}$，$i=1, 2, 3, 4$。

(2) 证明：S-盒 4 中的任意一行也都能通过一个与(1)中给出的映射，类似地操作变换成另一行。

4-9 设已知 IDEA 算法中明文消息 x 和密钥 k 分别如下：

$$x=0101\ 1100\ 1000\ 1101\ 1010\ 1001\ 1101\ 1110$$
$$1010\ 1101\ 0011\ 0101\ 0001\ 0011\ 1001\ 0011$$
$$k=0010\ 1001\ 1010\ 0011\ 1101\ 1000\ 1110\ 0111$$
$$1010\ 0101\ 0101\ 0011\ 1010\ 0010\ 0101\ 1001$$
$$0010\ 0100\ 0101\ 1001\ 1100\ 1010\ 1110\ 0111$$
$$1010\ 0010\ 0010\ 1010\ 1101\ 0101\ 0011\ 0101$$

试计算加密过程中第一轮的输出和第二轮的输入。

4-10 在 AES 分组密码中，涉及有限域 GF(2^8)上的乘法运算。即取不可化约多项式 $m(x)=x^8+x^4+x^3+x+1$，$a(x)$和 $b(x)$为 GF(2^8)上的多项式，$a(x)\cdot b(x)$定义为

$a(x)\cdot b(x)=a(x)b(x) \bmod m(x)$，若 $a(x)=x^6+x^4+x^2+x+1$，$b(x)=x^4+1$，求 $a(x)\cdot b(x)$。

4-11 在 GF(28)上{01}的逆是什么？

4-12 为了保证分组密码算法的安全强度，对分组密码算法的要求有哪些？

4-13 什么是雪崩效应？

4-14 什么是 Feistel 密码结构？实现 Feistel 密码结构所依赖的主要参数有哪些？

4-15 什么是分组密码的操作模式？有哪些主要的分组密码操作模式？其工作原理是什么？各有何特点？

第 5 章　序列密码

序列密码也叫做流密码(Stream Cipher)，它是一种基本的对称密码体制。序列密码一直是军事和外交场合使用的主要密码技术之一。鉴于对序列密码进行详细介绍需要较多的理论知识，本章重点对序列密码中基于反馈移位寄存器(FSR，Feedback Shift Register)的密钥流(Key Stream)生成器的设计进行简单介绍。

5.1　序列密码的基本原理

5.1.1　序列密码的设计思想

计算机技术带来的基本改变是信息的表示。在其内部，计算机是以二进制位(0 和 1)来表示信息的，所有的信息都必须转换成计算机的位以进行存储和操作。字符是通过美国信息交换标准码(ASCII，American Standard Code for Information Interchange)转成 0、1 数串的，这促使人们可以将加密算法的设计放在计算机的特征而不是语言的结构。也就是说，将加密算法设计的焦点放在二进制(位)而不是字母上。Shannon 证明了一次一密密码体制是不可破译的，这意味着，若能够以一种方式产生一个随机序列，该序列由密钥确定，则利用这样的序列可进行加密。基于 0－1 序列的异或运算，人们提出了序列密码，其密钥是一个 0－1 随机序列。

序列密码每次只对明文中的单个位(有时对字节)进行运算(加密变换)，因此序列密码的密钥生成方法显得尤为重要，通常密钥流由种子密钥通过密钥流生成器产生。随着数字电子技术的发展，密钥流可以方便地利用以移位寄存器为基础的电路来产生，这促使线性和非线性移位寄存器理论迅速发展，加上有效的数学工具，从而使得序列密码理论迅速发展。序列密码的主要原理是通过随机数发生器产生性能优良的伪随机序列(密钥流)，使用该序列加密信息流(逐比特加密)得到密文序列。由于每一个明文都对应一个随机的加密密钥，因此序列密码在理论上属于无条件安全的密码体制。序列密码的基本加密过程如图5－1所示。

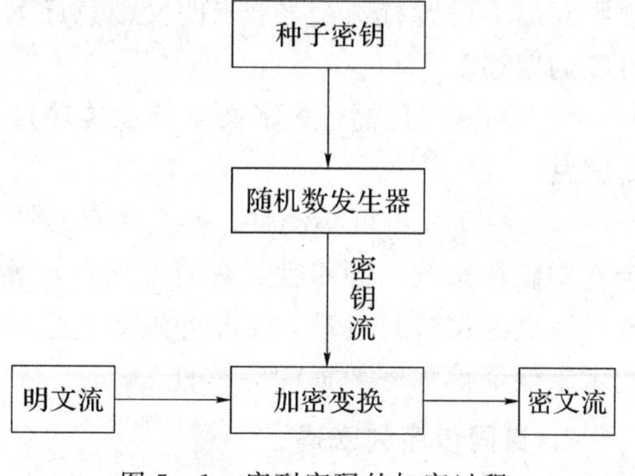

图 5－1　序列密码的加密过程

按照加/解密过程中密钥流工作方式的不同，序列密码一般分为同步序列密码(Synchronous Stream Cipher)和自同步序列密码(Self-Synchronous Stream Cipher)两种。

1. 同步序列密码

在同步序列密码中，密钥流 c_i 的产生完全独立于消息流 m_i(明文流或密文流)，如图5-2所示。在这种工作方式下，如果传输过程中丢失一个密文字符，发送方和接收方就必须使他们的密钥生成器重新同步，这样才能正确地加/解密后续的序列，否则加/解密将失败。

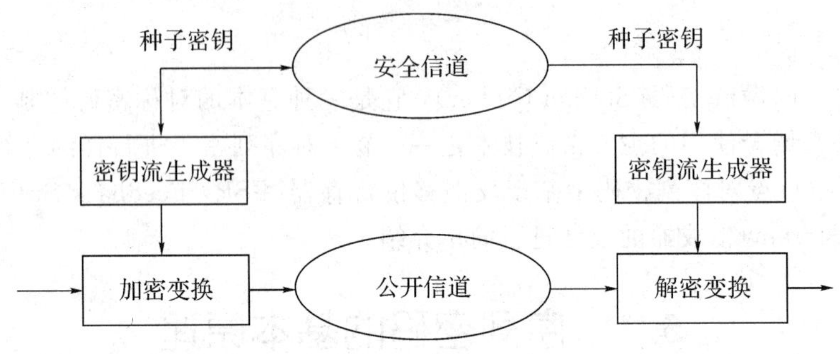

图 5-2　同步序列密码

图 5-2 的操作过程可以用相应的函数描述如下：

$$\begin{cases} \sigma_{i+1}=F(\sigma_i,\ k) \\ k_i=G(\sigma_i,\ k) \\ c_i=E(k_i,\ m_i) \\ m_i=D(k_i,\ c_i) \end{cases} \tag{5-1}$$

其中，k 是种子密钥；σ_i 是密钥流生成器的内部状态；F 是状态转移函数；G 是密钥流 k_i 的产生函数；E 是同步序列密码的加密变换；D 是同步序列密码的解密变换。

由于同步序列密码各操作位之间相互独立，因此应用这种方式进行加/解密时无错误传播，当操作过程中产生一位错误时只会影响一位，不影响后续位。这是同步序列密码的一个重要特点。

同步序列密码具有以下性质：

(1) 同步性。在同步序列密码中，消息的发送方和接受方必须同步才能做到正确解密，即通信双方使用相同的密钥，并用其对同一位置进行操作。一旦密文字符在传输过程中被插入或删除而破坏了这种同步性，那么解密过程将失败。这时只有借助于其他附加的技术来重建同步，解密过程才能够继续进行。重建同步的技术包括：重新初始化；在密文序列的规则间隔中设置特殊记号；当明文消息序列包含足够的冗余度时，也可以尝试密钥流所有可能的偏移。

(2) 无错误传播性。密文字符在传输过程中被修改(未被删除)并不影响其他密文字符的解密。

(3) 主动攻击可检测性。一个主动攻击者对密文字符进行的插入、删除或重放操作都会立即破坏系统的同步性，从而可能被解密器检测出来。同时，主动攻击者可能会有选择地对密文字符进行改动，并准确地知道这些改动对明文的影响，所以必须采用其他的附加技术来保证被加密数据的完整性。

2. 自同步序列密码

与同步序列密码相比，自同步序列密码是一种有记忆变换的密码，如图 5-3 所示。每一个密钥字符是由前面 n 个密文字符参与运算而推导出来的，其中 n 为定值。即假如在传输过程中丢失或更改了一个字符，则这一错误就要向前传播 n 个字符。因此，自同步序列密码有错误传播现象。不过，在收到 n 个正确的密文字符以后，密码自身会实现重新同步。

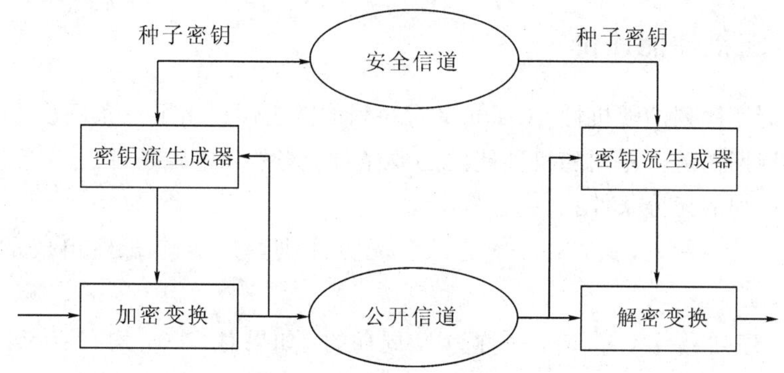

图 5 - 3　自同步序列密码

图 5 - 3 的操作过程可以用相应的函数描述如下：

$$\begin{cases} \sigma_{i+1}=F(\sigma_i,\ c_i,\ c_{i-1},\ \cdots,\ c_{i-n+1},\ k) \\ k_i=G(\sigma_i,\ k) \\ c_i=E(k_i,\ m_i) \\ m_i=D(k_i,\ c_i) \end{cases} \tag{5-2}$$

其中，k 是种子密钥；σ_i 是密钥流生成器的内部状态；c_i 是密文；m_i 是明文；F 是状态转移函数；G 是密钥流 k_i 的产生函数；E 是同步序列密码的加密变换；D 是同步序列密码的解密变换。

自同步序列密码具有以下性质：

(1) 自同步性。由于解密过程仅仅依赖于固定个数的以前的密文字符，因此，当密文字符被插入或删除时，密码的自同步性就会体现出来。这种密码在同步性遭到破坏时，可以自动重构正确的解密过程，而且仅有固定数量的明文字符不可恢复。

(2) 错误传播的有限性。假设一个自同步序列密码的状态依赖于 n 个以前的密文字符。在密文序列传输的过程中，当一个比特的密文字符被改动(或被插入、删除)时，那么至多会有 n 个比特随后的密文字符解密出错，然后又恢复正确的解密过程。

(3) 主动攻击可检测性。主动攻击者对密文字符的任何改动都会引发一些密文字符的解密出错，因此增加了被解密器检测出的可能性。同时，这种密码在检测主动攻击者发起的对密文字符的插入、删除、重放等攻击时更加困难，所以必须采取附加的技术来保证被加密数据的完整性。

(4) 明文统计扩散性。每个明文字符都会影响其后的整个密文，即明文的统计学特征被扩散到了密文中，因此，自同步序列密码对利用明文的冗余度而发起的攻击有较强的抗攻击能力。

在自同步序列密码系统中，密文流参与了密钥流的生成，这使得对密钥流的分析非常复杂，从而导致对自同步序列密码进行系统的理论分析非常困难。因此，目前应用较多的流密码是自同步序列密码。

序列密码系统在使用时的一个关键是要有对应的随机序列，而现实中通过随机数发生器产生的序列只能是一个伪随机序列，要从数学上证明密钥流生成器是否产生了随机序列是不现实的，因此需要对生成序列的随机性进行评价。下面将介绍判断生成的伪随机序列具有随机性的评价指标。

5.1.2 序列随机性能评价

为了度量周期序列的随机性，Golomb 对序列的随机性提出了三条假设。这些假设是最早出现的衡量周期伪随机序列随机性能的必要条件。当然，这些条件还不能够作为将周期序列看做随机序列的充分条件。

定义 5.1 令 $s=s_0, s_1, s_2, \cdots$ 是一个无穷序列，其中前 n 项组成的子序列记为 $s^n=s_0, s_1, \cdots, s_{n-1}$。

定义 5.2 序列 $s=s_0, s_1, s_2, \cdots$ 称为 N 周期的，如果对 $i\geqslant 0$，均有 $s_i=s_{i+N}$。如果存在正整数 N，使得 s 是 N 周期的，那么序列 s 称为周期序列。周期序列的周期定义为使其为 N 周期序列的最小正整数 N。如果 s 是周期为 N 的周期序列，那么子序列 s^N 为 s 的一个周期。

定义 5.3 令 s 是一个序列，s 的一个游程是指 s 的包含连续个 0 或连续个 1 的子序列，且其前后均为与其不同的符号。其中，0 游程称为沟；1 游程称为块。

定义 5.4 令 $s=s_0, s_1, s_2, \cdots$ 是一个周期为 N 的周期序列。s 的自相关系数 $C(t)$ 为一个自变量取整数的函数，定义如下：

$$C(t)=\frac{1}{N}\sum_{i=0}^{N-1}(2s_i-1)\cdot(2s_{i+t}-1),\ 0\leqslant t\leqslant N-1 \tag{5-3}$$

自相关系数是用来衡量序列 s 和 s 的 t 个位置的移位之间相似性的量，自相关系数越小，说明序列 s 的随机性能越好。

定义 5.5 Golomb 随机性假设包括以下三个条件：

(1) 在序列的一个周期内，0 和 1 的个数至多相差 1。

(2) 在序列的一个周期内，长为 1 的游程个数占总游程数的 1/2，长为 2 的游程个数占总游程数的 $1/2^2$，依此类推，长为 i 的游程个数占总游程数的 $1/2^i$，且在等长的游程中，0 游程和 1 游程各占一半。

(3) 自相关系数是二值的，即对某个整数 K，有

$$N\cdot C(t)=\sum_{i=0}^{N-1}(2s_i-1)\cdot(2s_{i+t}-1)=\begin{cases}N,\ t=0\\K,\ 1\leqslant t\leqslant N-1\end{cases} \tag{5-4}$$

满足上述三个条件的序列称为伪随机序列。其中条件(1)说明序列 s 中 0 和 1 出现的概率基本相等；条件(2)说明在已知位置 n 前若干位置上值的前提下，在第 n 个位置上出现 0 和 1 的概率是相等的；条件(3)说明如果将 s_i 与 s_{i+t} 进行比较，那么无法得到关于序列 s 的实质性信息(如周期等)。

接下来介绍对于长度是 n 的二进制序列 $s=s_0, s_1, \cdots, s_{n-1}$ 进行随机性检验常用的 5 个统计测试，它们是判断二进制序列 s 是否具有随机性的一些统计量。

(1) 频率测试。该测试的目的是确定 s 中 0 和 1 的个数是否相等。令 n_0、n_1 分别表示 s 中 0 和 1 的个数。频率测试使用的统计量为

$$X_1=\frac{(n_0-n_1)^2}{n^2} \tag{5-5}$$

当 $n\geqslant 10$ 时，该统计量近似服从自由度为 1 的 χ^2 分布。

(2) 序列测试。该测试的目的是确定 s 的子序列 00、01、10、11 的个数是否相等。令 n_0、n_1 分别表示 s 中 0 和 1 的个数，n_{00}、n_{01}、n_{10}、n_{11} 分别表示 s 中子序列 00、01、10、11 的个数。序列测试使用的统计量为

$$X_2=\frac{4}{n-1}(n_{00}^2+n_{01}^2+n_{10}^2+n_{11}^2)-\frac{2}{n}(n_0^2+n_1^2)+1 \tag{5-6}$$

当 $n\geqslant 21$ 时，该统计量近似服从自由度为 2 的 χ^2 分布。

(3) 扑克测试。令 m 是一个满足 $\left\lfloor\frac{n}{m}\right\rfloor\geqslant 5\times 2^m$ 的正整数，且令 $k=\left\lfloor\frac{n}{m}\right\rfloor$。将序列 s 分成 k 个互不相交的部分，每个部分的长度为 m，令 n_i 为第 i 种长度为 m 的序列出现的次数，$1\leqslant i\leqslant 2^m$。该测试的目的是确定每个长度是 m 的序列在 s 中出现的次数是否相等。扑克测试使用的统计量为

$$X_3=\frac{2^m}{k}\left(\sum_{i=1}^{2^m}n_i^2\right)-k \tag{5-7}$$

该统计量近似服从自由度为 2^m-1 的 χ^2 分布。

(4) 游程测试。根据对序列随机性的要求，在长度为 n 的随机序列中，所期待的长度为 i 的 0 游程(或 1 游程)的个数为 $e_i=(n-i+3)/2^{i+2}$。令 k 为满足 $e_i\geqslant 5$ 的 i 的最大整数，B_i、G_i 分别为 s 中长度为 i 的 0 游程和 1 游程的个数，$1\leqslant i\leqslant k$。游程测试使用的统计量为

$$X_4=\sum_{i=1}^{k}\frac{(B_i-e_i)^2}{e_i}+\sum_{i=1}^{k}\frac{(G_i-e_i)^2}{e_i} \tag{5-8}$$

该统计量近似服从自由度为 $2k-2$ 的 χ^2 分布。

(5) 自相关测试。该测试的目的是检验序列 s 与其发生移位后所形成的序列之间的相关性。令 d 为一个固定的整数，$1\leqslant d\leqslant\lfloor n/2\rfloor$。序列 s 与 s 发生 d 个移位后所形成序列中的不同比特数为 $A(d)=\sum_{i=0}^{n-d-1}s_i\oplus s_{i+d}$，其中$\oplus$表示异或操作。自相关测试的统计量为

$$X_5=\frac{2\times\left(A(d)-\frac{n-d}{2}\right)}{\sqrt{n-d}} \tag{5-9}$$

当 $n-d\geqslant 10$ 时，该统计量近似服从 $N(0,1)$分布。

【例 5.1】 对于长度为 $n=160$ 比特的随机序列 s：

11100 01100 01000 10100 11101 11100 10010 01001 11100 01100 01000 10100 11101 11100 10010 01001 11100 01100 01000 10100 11101 11100 10010 01001 11100 01100 01000 10100 11101 11100 10010 01001

分别对其进行以下随机性测试：

(1) 频率测试。因为 $n_0=84$，$n_1=76$，所以

$$X_1=\frac{(n_0-n_1)^2}{n}=0.4$$

(2) 序列测试。因为 $n_{00}=44$，$n_{01}=40$，$n_{10}=40$，$n_{11}=35$，所以

$$X_2=\frac{4}{n-1}(n_{00}^2+n_{01}^2+n_{10}^2+n_{11}^2)-\frac{2}{n}(n_0^2+n_1^2)+1=0.6252$$

(3) 扑克测试。因为 $m=3$，$k=53$，长度为 3 的片断 000、001、010、011、100、101、110、111 出现的次数分别为 5、10、6、4、12、3、6、7，所以

$$X_3=\frac{2^m}{k}\left(\sum_{i=1}^{2^m}n_i^2\right)-k=9.6415$$

(4) 游程测试。因为 $e_1=20.25$，$e_2=10.0625$，$e_3=5$，$k=3$，长度为 1、2、3 的 1 游程个数分别为 25、4、5，长度为 1、2、3 的 0 游程个数分别为 8、20、12，所以

$$X_4=\sum_{i=1}^{k}\frac{(B_i-e_i)^2}{e_i}+\sum_{i=1}^{k}\frac{(G_i-e_i)^2}{e_i}=31.7913$$

(5) 自相关测试。取 $d=8$，则 $A(d)=100$，所以

$$X_5=\frac{2\times\left(A(d)-\frac{n-d}{2}\right)}{\sqrt{n-d}}=3.8933$$

对于显著性水平 $\alpha=0.05$，相应的统计量 X_1、X_2、X_3、X_4、X_5 的阈值分别为 3.8415、5.9915、14.0671、9.4877、1.96。通过以上计算结果可知，序列 s 通过了频率测试、序列测试和扑克测试，但是没有通过游程测试和自相关测试。

5.2 反馈移位寄存器

通过对序列随机性能评价指标的介绍可知，序列密码的安全性要求越高，相应密钥流的随机性要求就越高，因此，在设计密钥流生成方法时，不仅要考虑安全性要求，还要考虑以下两个因素：

(1) 生成密钥流的密钥 k 应该易于分配和管理。

(2) 密钥流生成方法应该易于快速实现。

基于以上分析，下面介绍常用来生成密钥流的密钥流生成器的基本部件——反馈移位寄存器(FSR，Feedback Shift Register)。

一个反馈移位寄存器由两部分组成：移位寄存器和反馈函数。移位寄存器是一个位序列，它的长度用位表示，若移位寄存器的长度是 n 位，则称之为 n 位移位寄存器。每次运算的结果实际只改变序列中的一个值，其中移位寄存器中除最右端的位以外，其余所有位向右移一位，新的最左端位的值根据寄存器中其他位的值计算得到。移位寄存器的输出值常常是序列中的最低有效位。移位寄存器的周期是指输出序列从开始到重复时的长度。

5.2.1 线性反馈移位寄存器

反馈移位寄存器，特别是线性反馈移位寄存器(LFSR，Linear Feedback Shift Register)，是许多密钥流生成器的基本器件。目前出现的许多密钥流生成器都使用线性反馈移位寄存器。LFSR 的优点如下：

(1) 非常适合于硬件实现。

(2) 可以产生大周期的序列。

(3) 产生的序列具有良好的统计特性。

(4) 在结构上具有一定的特点，便于利用代数方法对其进行分析。

定义 5.6　一个长度为 L 的线性反馈移位寄存器(LFSR)由 0、1、…、$L-1$ 共 L 个级(或延迟单元)和一个时钟构成。每个级都有 1 比特的输入和 1 比特的输出，并且可以存储 1 比特字符；时钟用于控制数据的移动。每个时间单位内执行以下操作：

(1) 输出 0 级所存储的字符，作为输出序列的一部分。

(2) 对每个 i，$1\leqslant i\leqslant L-1$，将第 i 级的存储内容移入第 $i-1$ 级。

(3) 第 $L-1$ 级中存储的新元素称为反馈比特 s_j。它由 0、1、…、$L-1$ 级中的一个固定的子集合的内容进行模 2 相加而得到。

LFSR 的结构如图 5-4 所示。图中，每个 c_i 为 0 或 1；闭合的半圆表示"与"运算；反馈比特 s_j 由那些 i 级的内容进行模 2 求和运算而得到，其中 $0\leqslant i\leqslant L-1$ 且 $c_{L-i}=1$。

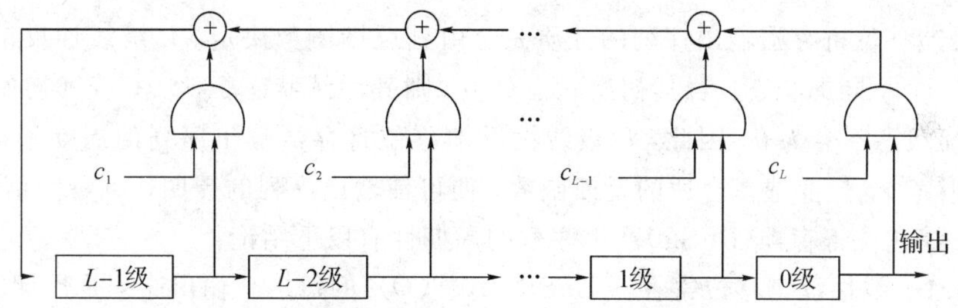

图 5-4　长度为 L 的线性反馈移位寄存器结构

定义 5.7　图 5-4 所示的线性反馈移位寄存器可以记为 $\langle L, C(D)\rangle$，其中 $C(D)=1+c_1D+c_2D^2+\cdots+c_LD^L\in Z_2[D]$为联结多项式。若 $C(D)$ 的次数为 L(即 $c_L=1$)，则称相应的线性移位寄存器 LFSR 为非奇异的。对于每一个 i，$0\leqslant i\leqslant L-1$，若第 i 级的初始存储值为 $s_i\in\{0, 1\}$，则称$[s_{L-1}, s_{L-2}, \cdots, s_1, s_0]$为线性移位寄存器 LFSR 的初始状态。

如果已知线性反馈移位寄存器的结构如图 5-4 所示，相应的初始状态为$[s_{L-1}, s_{L-2}, \cdots, s_1, s_0]$，那么输出序列 $s=s_0, s_1, s_2, \cdots$可以通过以下递推公式唯一确定：

$$s_j=(c_1s_{j-1}+c_2s_{j-2}+\cdots+c_Ls_{j-L})\bmod 2,\ j\geqslant L \tag{5-10}$$

【例 5.2】　线性移位寄存器 LFSR$\langle 4, 1+D+D^4\rangle$的结构如图 5-5 所示。

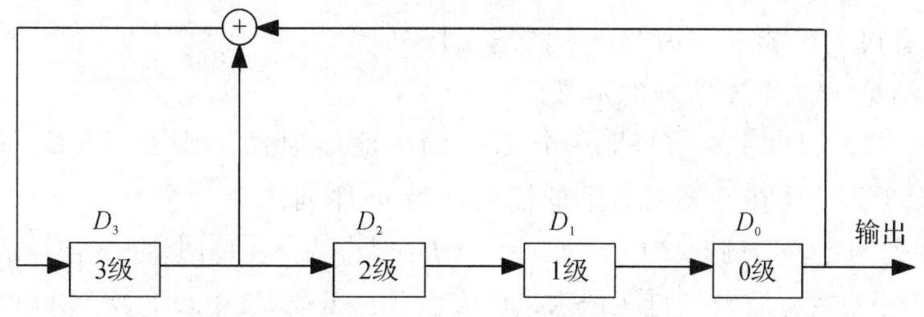

图 5-5　LFSR$\langle 4, 1+D+D^4\rangle$结构图

当 LFSR 的初始状态为[0, 0, 0, 0]时，相应的输出序列为 0 序列。当 LFSR 的初始状态为[0, 1, 1, 0]时，对应每一个时刻 t 的 D_3、D_2、D_1、D_0 各级中所存储的二进制数参见表 5-1。

表 5-1 LFSR⟨4, $1+D+D^4$⟩对应的存储器状态

t	0	1	2	3	4	5	6	7	8	9	10	11	12	13	14	15
D_3	0	0	1	0	0	0	1	1	1	1	0	1	0	1	1	0
D_2	1	0	0	1	0	0	0	1	1	1	1	0	1	0	1	1
D_1	1	1	0	0	1	0	0	0	1	1	1	1	0	1	0	1
D_0	0	1	1	0	0	1	0	0	0	1	1	1	1	0	1	0

该线性反馈移位寄存器的输出序列为 $s=0, 1, 1, 0, 0, 1, 0, 0, 0, 1, 1, 1, 1, 0, 1, \cdots$，该输出序列的周期为 15。

5.2.2 LFSR 输出序列的周期与随机性

线性反馈移位寄存器输出序列的性质完全由其反馈函数决定。L 级线性反馈移位寄存器最多有 2^L 个不同的状态。若其初始状态为 0，则其后续状态恒为 0；若其初始状态不为 0，则其后续状态不会为 0。因此，L 级线性反馈移位寄存器输出序列的周期不大于 2^L-1（不考虑 0 状态），只要选择合适的反馈函数，便可使输出序列的周期达到最大值 2^L-1。关于由线性反馈移位寄存器(LFSR)产生序列的周期性有以下结论。

定理 5.1 线性反馈移位寄存器 LFSR⟨L, $C(D)$⟩的每一个输出序列是周期的，当且仅当联结多项式 $C(D)$的次数为 L。

在线性反馈移位寄存器 LFSR⟨L, $C(D)$⟩是奇异的(即 $C(D)$的次数小于 L)情况下，并不是所有的 LFSR⟨L, $C(D)$⟩输出序列都有周期。但是在忽略掉输出序列中开始的固定有限项后，得到的新序列是周期的，但此时的序列周期不会达到 2^L-1。

定理 5.2 对于线性反馈移位寄存器 LFSR⟨L, $C(D)$⟩，设 $C(D)\in Z_2[D]$是一个 L 次的联结多项式，则有以下结论：

(1) 若 $C(D)$在 $Z_2[D]$上是不可约的，则非奇异 LFSR⟨L, $C(D)$⟩的 2^L-1 个非零状态中的每一个都可以产生一个周期为 N 的输出序列。其中，N 为满足 $C(D)$在 $Z_2[D]$中能够整除 $1+D^N$ 的最小正整数。

(2) 若 $C(D)$为本原多项式，则非奇异 LFSR⟨L, $C(D)$⟩的 2^L-1 个非零状态中的每一个均能产生具有最大可能周期为 2^L-1 的输出序列。

根据以上结论，给出 m 序列的定义。

定义 5.8 若 $C(D)\in Z_2[D]$是一个 L 次的本原多项式，则⟨L, $C(D)$⟩称为最大长度 LFSR。最大长度 LFSR 在非零状态下的输出称为 m 序列。

根据 m 序列的定义，例 5.2 中 $C(D)=1+D+D^4$ 为 $Z_2[D]$中的一个本原多项式，所以 LFSR⟨4, $1+D+D^4$⟩为最大长度 LFSR，相应的 LFSR⟨4, $1+D+D^4$⟩输出序列是一个 m 序列，其最大可能周期为 $N=2^4-1=15$。

关于 m 序列有以下性质：

(1) 设 k 为整数，$1\leqslant k\leqslant L$，且$\bar{s}$为 s 的长度为 2^L+k-2 的任意子序列，那么$\bar{s}$的每一个长度为 k 的非零子序列恰好出现 2^{L-k}次，而且，$\bar{s}$的长度为 k 的零子序列恰好出现 $2^{L-k}-1$

次。也就是说，具有固定长度且长度至多为 L 的模型分布几乎是均匀的。

(2) m 序列满足 Golomb 随机性假设。

下面对性质(2)进行分析。由于线性反馈移位寄存器在初始状态相同时，输出序列也是相同的，因此 LFSR 在产生 m 序列的过程中必须遍历 2^L-1 个非 0 状态的每一个，然后才会出现重复。该 2^L-1 个状态在 s_1 位有 2^{L-1} 个是 1，其余的 $2^{L-1}-1$ 个是 0。所以满足 Golomb 随机性假设的第一个条件。

由于线性反馈移位寄存器中不可能出现全 0 状态，因此输出序列不会出现 0 的 L 游程，而且必然有一个 1 的 L 游程，但不可能有长度大于 L 的 1 游程。如果出现一个 1 的 $L+1$ 游程，必然会有两个全是 1 的状态相邻，根据 LFSR 的设计原理，这是不可能的。可以知道值为 1、长度为 L 的游程必然出现在以下的情况中：

$$0,\ \underbrace{1,\ 1,\ \cdots,\ 1,\ 1}_{L\text{位}},\ 0$$

当以上的 $L+2$ 位通过移位寄存器时，会依次产生以下状态：

$$0,\ \underbrace{1,\ 1,\ \cdots,\ 1,\ 1}_{L-1\text{位}},\ \underbrace{1,\ 1,\ \cdots,\ 1,\ 1}_{L\text{位}},\ \underbrace{1,\ 1,\ \cdots,\ 1,\ 1}_{L-1\text{位}},\ 0$$

因为 0，1，1，…，1，1 和 1，1，…，1，1，0 这两个状态只能各出现一次，所以不会有其他的 1 的 $L-1$ 游程。同理，输出序列中会出现 0 的 $L-1$ 游程：

$$1,\ \underbrace{0,\ 0,\ \cdots,\ 0,\ 0}_{L-1\text{位}},\ 1$$

它产生 1，0，0，…，0，0 和 0，0，…，0，0，1 两个状态。

当 $L=2$ 时，以上分析过程已经验证了所有的情况。

当 $L>2$ 时，设 r 为不大于 $L-2$ 的任意一个正整数，则任何 1 的 r 游程就意味着输出序列中存在序列：

$$0,\ \underbrace{1,\ 1,\ \cdots,\ 1,\ 1}_{r\text{位}},\ 0$$

为了计算 1 的 r 游程的数目，只要计算序列左边 $r+2$ 个比特位的状态数目就可以了。因为任一个 1 的 r 游程总会在通过移位寄存器时处在当前的位置，其余的 $L-r-2$ 比特位可以是由 0 和 1 构成的任何状态，所以 1 的 r 游程数目是 2^{L-r-2}。于是在每一个周期中出现 1 的游程数目为

$$1+\sum_{r=1}^{L-2}2^{L-r-2}=2^{L-2}$$

同样，0 游程的数目也是 2^{L-2}。因此 m 序列满足 Golomb 随机性假设的第二个条件。

定理 5.3 换行定理。周期为 2^L-1 的 m 序列，其异相关自相关函数等于$(-1)/(2^L-1)$。

根据换行定理，m 序列满足 Golomb 随机性假设的第三个条件。

以上结论表明，应用线性反馈移位寄存器产生的 m 序列具有良好的随机性能。

5.3 基于 LFSR 的生成器

线性反馈移位寄存器被广泛应用于序列密码的密钥流生成器中。线性反馈移位寄存器产生的序列具有较好的统计特性，非常适合用硬件来实现。此外，线性反馈移位寄存器已

经被人们使用代数技术分析过，因此可靠性较高。

基于 LFSR 的序列密码基本结构如图 5-6 所示。

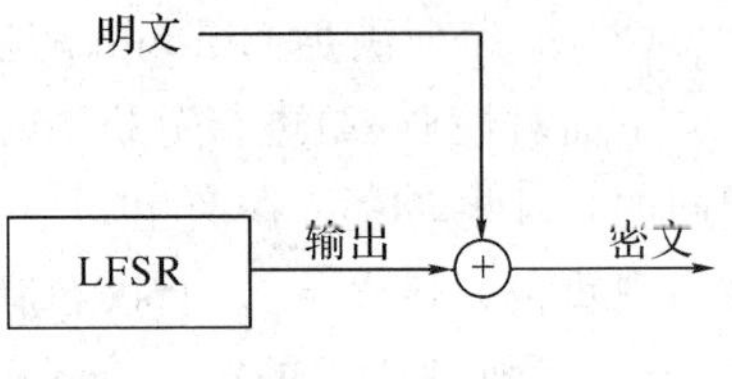

图 5-6　基于 LFSR 的序列密码基本结构

如果线性反馈移位寄存器产生的是 m 序列，那么算法的密钥取决于 LFSR 的初始状态和参数 c_1、c_2、…、c_L 的取值情况。鉴于线性反馈移位寄存器对应的特征多项式是本原多项式，而 L 次的本原多项式共有 $\lambda(L)$ 个（$\lambda(L)=\phi(2^L-1)/L$，ϕ 为欧拉函数），则 LFSR 的非零初始状态共有 2^L-1 个，所以应用线性反馈移位寄存器产生 m 序列的算法密钥共有 $\lambda(L)\times(2^L-1)$ 个。

对于以上所有可能的密钥，基于 LFSR 的密钥流生成器应该具备以下性质：

(1) 大周期。

(2) 大线性复杂度。

(3) 较好的统计特性。

以上性质为密钥流生成器在密码学上被认为是计算安全的必要条件。要达到这些必要条件，在设计线性反馈移位寄存器时应该考虑以下因素：

(1) 为了保证密钥流生成器产生的输出序列具有大周期，设计相应的线性反馈移位寄存器时应该始终选择最大长度的 LFSR。也就是说，设计的 LFSR 应该具有形式 $\langle L, C(D)\rangle$，其中 $C(D)\in Z_2[D]$ 是一个 L 次的本原多项式。

(2) 由于基于线性反馈移位寄存器的密钥流生成器中的 LFSR 可能存在已知的或者秘密的联结多项式。对于 LFSR 已知的联结多项式，秘密密钥通常由 LFSR 的初始内容构成。对于秘密的联结多项式，密钥流生成器的秘密密钥通常由初始内容和联结多项式两者共同构成。所以对于长度为 L 而且具有秘密联结多项式的线性反馈移位寄存器 LFSR，应该从域 $Z_2[D]$ 上所有次数为 L 的本原多项式所组成的集合中随机、均匀地选择联结多项式。

(3) 在实际设计线性反馈移位寄存器时，通常使用秘密联结多项式的形式。因为这种设计能够更好地抵御使用预计算来分析特殊联结多项式的攻击，而且采用秘密联结多项式设计 LFSR 产生的输出序列也更能经得起统计分析。虽然采用秘密联结多项式的形式设计 LFSR 需要额外的电路来完成硬件实现，但是由于这种形式的 LFSR 具有更好的安全性，因此以上缺点可以通过选择更短的线性反馈移位寄存器来进行弥补。

(4) 在设计线性反馈移位寄存器时，为了便于实现，可以选择稀疏的 LFSR。也就是说，采用的联结多项式中只有很少一部分系数是非零的，这样就只需要在 LFSR 的各种状态之间构造很少的联结多项式来计算反馈比特。当然，某些使用稀疏联结多项式设计的 LFSR 可能会受到一些特殊的攻击。

以上讨论了设计基于线性反馈移位寄存器的密钥流发生器时，设计 LFSR 应该考虑的因素。接下来给出基于线性反馈移位寄存器的密钥流生成器的设计方法。

首先，用一个或多个线性反馈移位寄存器，通常要求 LFSR 具有不同的长度和不同的联结多项式。对于采用两个 LFSR 的密钥流生成器，当两个 LFSR 的长度互素，而且它们的联结多项式是本原多项式时，密钥流生成器得到的输出序列将具有最大的长度。密钥流生成器的密钥是 LFSR 的初始状态，每一次取 LFSR 中的一位，然后将 LFSR 移位一次（也称为一个时钟）。密钥流生成器的输出位是 LFSR 中一些位的函数，该函数一般要求是非线性的，称为组合函数；相应的整个密钥流生成器也称为一个组合生成器。(若密钥流生成器的输出位是单个 LFSR 的函数，则相应密钥流生成器称为过滤生成器。)

下面通过介绍一种基本的组合生成器——Geffe 生成器，来进一步说明基于线性反馈移位寄存器的密钥流生成器的工作原理。

1) Geffe 生成器

Geffe 生成器使用了三个线性反馈移位寄存器，它们以非线性的方式组合而成，其中两个 LFSR 作为复合器的输入，第三个 LFSR 用来控制复合器的输出。Geffe 生成器的基本结构如图 5-7 所示。

设 s_1、s_2、s_3 分别是 Geffe 生成器中三个 LFSR 的输出位，则相应的 Geffe 生成器输出表示为

$$k=(s_1 \wedge s_2)\oplus((\neg s_1)\wedge s_3)=(s_1 \wedge s_2)\oplus s_1 \wedge s_3 \oplus s_3$$

上式意味着，当 LFSR-1 输出 1 时，LFSR-1 与 LFSR-2 相连；当 LFSR-1 输出 0 时，LFSR-1 与 LFSR-3 相连。如果已知三个 LFSR 的长度分别为 n_1、n_2、n_3，那么相应的 Geffe 生成器线性复杂性为

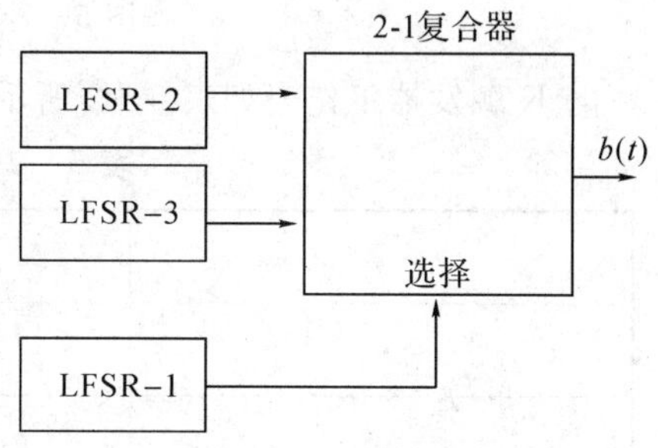

图 5-7　Geffe 生成器的基本结构

$$(n_1+1)\times n_3+n_1\times n_2$$

该 Geffe 生成器的周期是已知的三个 LFSR 周期的最小公倍数。当三个 LFSR 本原联结多项式的次数互素时，相应的 Geffe 生成器的周期就是三个 LFSR 周期的乘积，即 $\prod_{i=1}^{3}(2^{n_i}-1)$。

Geffe 生成器在密码学意义上是不安全的，这是因为第一个和第三个 LFSR 的状态信息会在 Geffe 生成器的输出序列中表现出来。

2) Jennings 生成器

Jennings 生成器使用了两个线性反馈移位寄存器，通过一个复合器将两个 LFSR 组合起来，其基本结构如图 5-8 所示。

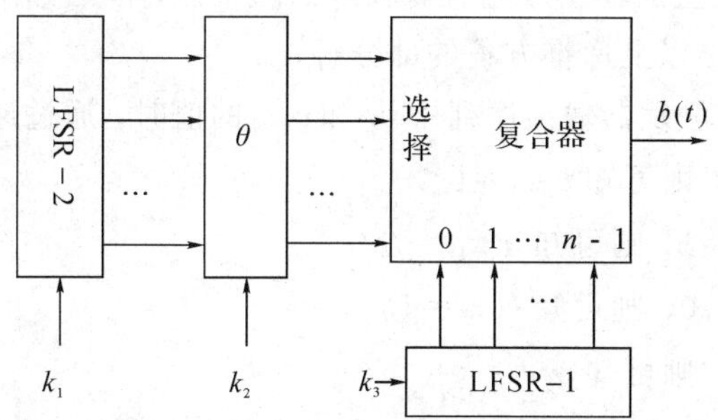

图 5-8　Jennings 生成器的基本结构

在 Jennings 生成器中，LFSR-1 控制的复合器为每一个输出位选择 LFSR-2 的一位，用一个函数将 LFSR-2 的输出映射到复合器的输入。密钥流生成器的密钥是两个线性反馈移位寄存器和映射函数的初始状态。

3）J－K触发器

J－K触发器使用两个线性反馈移位寄存器，其中LFSR－1是一个m级的线性反馈移位寄存器，LFSR－2是一个n级的线性反馈移位寄存器。J－K触发器的基本结构如图5－9所示。

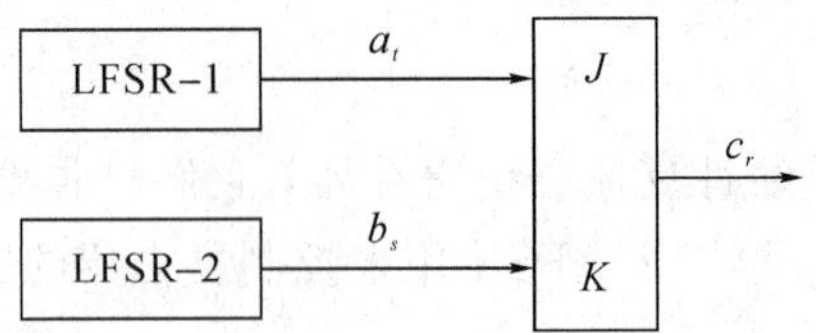

图5－9　J－K触发器的基本结构

J－K触发器工作表如表5－2所示。

表5－2　J－K触发器工作表

J	K	c_n
0	0	c_{n-1}
0	1	0
1	0	1
1	1	$\neg c_{n-1}$

设J－K触发器中，线性反馈移位寄存器LFSR－1的输出序列为a_1，a_2，…，周期为m；线性反馈移位寄存器LFSR－2的输出序列为b_1，b_2，…，周期为n，（其中m与n互素）；J－K触发器的输出序列为c_1，c_2，…。由于J－K触发器输出序列中的位一般都与其前一位有关，通常令$c_0=0$，因此J－K触发器的输出序列可以通过以下递推公式计算：

$$\begin{aligned}c_n&=((a_n+1)(b_n+1)\times c_{n-1}+(a_n+1)b_n\cdot 0+a_n(b_n+1)+a_nb_n(c_{n-1}+1))\bmod 2\\&=((a_n+b_n+1)\times c_{n-1}+a_n)\bmod 2\end{aligned}$$

虽然J－K触发器产生的输出序列具有较好的随机性，但当知道输出序列的部分值时，通过一定的方法可以给出以上递推方程的部分解。

例如，当知道J－K触发器输出序列中c_n和c_{n+1}的值时，通过递推关系有

（1）若$c_n=c_{n+1}=0$，则可知$a_{n+1}=0$。

（2）若$c_n=0$，$c_{n+1}=1$，则可知$a_{n+1}=1$。

（3）若$c_n=1$，$c_{n+1}=0$，则可知$b_{n+1}=1$。

（4）若$c_n=c_{n+1}=1$，则可知$b_{n+1}=0$。

可见通过c_n和c_{n+1}的值可以计算出a_{n+1}和b_{n+1}的值，所以J－K触发器密钥流生成机制也存在安全问题。

4）普勒斯（Pless）体制

普勒斯生成器由8个线性反馈移位寄存器组成4个J－K触发器，外加一个循环计数器连接而成。普勒斯生成器的基本结构如图5－10所示。

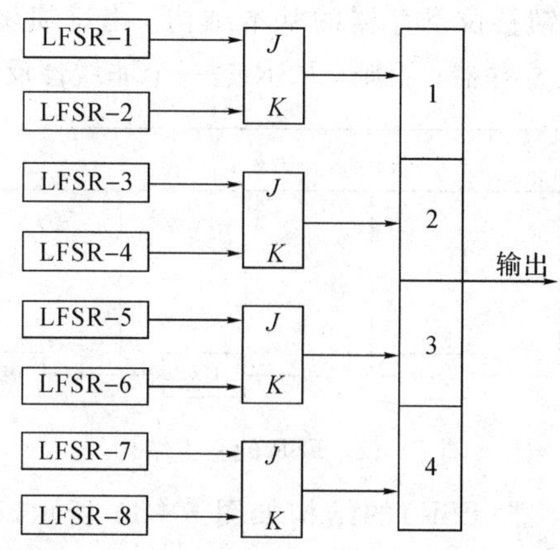

图 5-10　普勒斯生成器的基本结构

在普勒斯生成器中，循环计数器的作用是决定在每一个时间脉冲作用下的输出单元。这个密钥流生成器的密钥是 8 个线性反馈移位寄存器和它们相应的初始状态、J-K 触发器的初始状态以及输出单元的顺序。

普勒斯提出的 8 个线性反馈移位寄存器的级数不仅使得各个线性反馈移位寄存器对之间达到级数互素，而且达到各个 J-K 触发器的输出周期元素，从而使得最终输出序列的周期为以上各周期的乘积。

5.4　非线性反馈移位寄存器

本节介绍一些有关非线性反馈移位寄存器的基本结论。

定义 5.9　如果一个函数有 n 个二元输入和一个二元输出，那么称该函数为包含 n 个变元的布尔函数。

在包含 n 个变元的函数中共有 2^{2^n} 个不同的布尔函数，所以相应的 n 级移位寄存器中共有 2^{2^n} 个不同的反馈函数，而 n 级线性反馈移位寄存器对应的线性反馈函数只有 2^n 种，可见在反馈移位寄存器中，非线性反馈函数相比于线性反馈函数，其数量特别巨大。应强调的是，并非所有这些非线性反馈函数都能产生具有良好特性的输出序列。关于一般的非线性反馈移位寄存器的研究目前依然处于初级阶段，应用较多的依然是在线性反馈移位寄存器的基础上进行非线性化的设计。

定义 5.10　长度为 L 的反馈移位寄存器(FSR)由标号为 0、1、…、$L-1$ 的 L 级(或延迟单元)构成，其中每一级均可存储 1 比特并且有 1 比特的输入和输出，而且还有一个时钟来控制数据的运动。FSR 在每一个时间单位内执行以下操作：

(1) 将第 0 级中的存储内容输出构成输出序列的一部分。

(2) 对每一个 i，$1\leqslant i\leqslant L-1$，将第 i 级的存储内容移入第 $i-1$ 级。

(3) 第 $L-1$ 级中存储的新元素为反馈比特 $s_j=f(s_{j-1}, s_{j-2}, \cdots, s_{j-L})$，其中反馈函数 f 是一个布尔函数，而且对于 $1\leqslant i\leqslant L$，s_{j-i} 为第 $L-$i 级中先前存储的比特。

如果对每一个 i，$1\leqslant i\leqslant L-1$，第 i 级中所存储的初始内容为 $s_i\in\{0, 1\}$，那么相应的 $[s_{L-1}, s_{L-2}, \cdots, s_1, s_0]$ 称为该反馈移位寄存器(FSR)的初始状态。

图 5-11 给出了一个反馈移位寄存器的基本结构。当反馈函数 f 是一个线性函数时，FSR 就是一个线性反馈移位寄存器；否则，FSR 是一个非线性反馈移位寄存器。

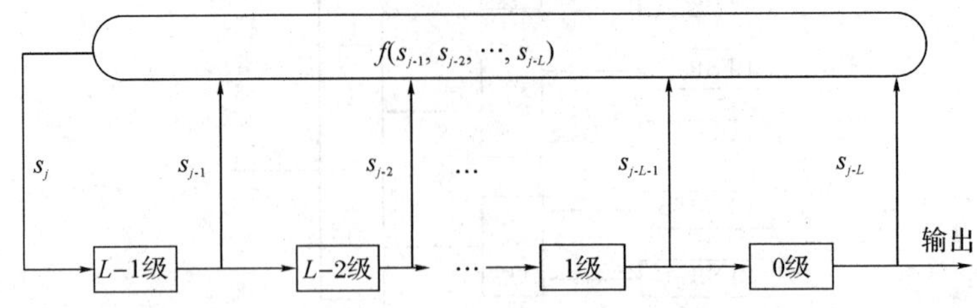

图 5-11　FSR 的基本结构

如果已知反馈移位寄存器(FSR)的结构如图 5-11 所示，相应的初始状态为$[s_{L-1}, s_{L-2}, \cdots, s_1, s_0]$，那么 FSR 的输出序列 $s=s_0, s_1, s_2, \cdots$可以通过以下递推公式唯一确定：

$$s_j=f(s_{j-1}, s_{j-2}, \cdots, s_{j-L}), j\geqslant L \tag{5-11}$$

定义 5.11　如果反馈移位寄存器的每一个输出序列都是周期序列，那么该反馈移位寄存器 FSR 称为非奇异的。

当反馈移位寄存器的反馈函数为 $f(s_{j-1}, s_{j-2}, \cdots, s_{j-L})$时，FSR 是非奇异的当且仅当反馈函数 f 具有以下形式：

$$f(s_{j-1}, s_{j-2}, \cdots, s_{j-L})=s_{j-L}\oplus g(s_{j-1}, s_{j-2}, \cdots, s_{j-L+1})$$

其中，g 是一个布尔函数。

一个长度为 L 的非奇异反馈移位寄存器输出序列的周期最大值为 2^L。

定义 5.12　如果一个长度为 L 的非奇异反馈移位寄存器输出序列的周期均为 2^L，那么该反馈移位寄存器称为 de Bruijn FSR；相应的输出序列称为 de Bruijn 序列。

【例 5.3】　设非线性反馈函数为 $f(x_1, x_2, x_3)=1\oplus x_2\oplus x_3\oplus x_1x_2$，则相应的反馈移位寄存器记为 FSR。

表 5-3 给出了对应的初始状态为[0, 0, 0]，在每个 t 时间单位后，该反馈移位寄存器(FSR)的 3 级中所存储的内容。

表 5-3　FSR 存储器变化情况

t	2 级	1 级	0 级
0	0	0	0
1	1	0	0
2	1	1	0
3	1	1	1
4	0	1	1
5	1	0	1
6	0	1	0
7	0	0	1

根据定义 5.12 可知，反馈函数 $f(x_1, x_2, x_3)=1\oplus x_2\oplus x_3\oplus x_1x_2$ 对应的 FSR 输出序列是一个 de Bruijn 序列，其周期为 8，循环为 0, 0, 0, 1, 1, 1, 0, 1。

5.5 序列密码的攻击法

事实证明，在满足一定条件下，序列密码是不可破译的。Shannon 已经证明，如果密钥流是完全随机的，且与明文一样长，那么它是破译不了的。当然，要生成真正随机的位流是很困难的；要求密钥流和明文一样长，意味着不能重复，这也是困难的。由于大多数序列密码只是近似满足这些条件，因此它们并不是不可破译的。

本节介绍针对序列密码的三种攻击法：插入攻击法、位串匹配攻击法、单词匹配攻击法。

5.5.1 插入攻击法

插入攻击法很简单，但要求能在明文流中插入一个位，并能截获密文流。假设原始明文、密钥流和密文分别为

$$
\begin{array}{cccccc}
m_1 & m_2 & m_3 & m_4 & m_5 & \cdots \\
k_1 & k_2 & k_3 & k_4 & k_5 & \cdots \\
c_1 & c_2 & c_3 & c_4 & c_5 & \cdots
\end{array}
$$

如果攻击者 Oscar 能在明文流中插入一个已知位 m，例如在第一位后面插入 m，然后用同样的密钥加密后发送，结果将为

$$
\begin{array}{ccccccc}
m_1 & m & m_2 & m_3 & m_4 & m_5 & \cdots \\
k_1 & k_2 & k_3 & k_4 & k_5 & k_6 & \cdots \\
c_1 & c_2 & c_3 & c_4 & c_5 & c_6 & \cdots
\end{array}
$$

由于 Oscar 知道插入的已知位和两个密钥流，因此通过构建一个等组，可以求解出密钥和实际的明文。第一个求解出的是密钥位 k_2，这是由于 $k_2=c_2\oplus m$。知道了 k_2，Oscar 就可以利用 $m_2=k_2\oplus c_2$ 得到原来的第二位 m_2。知道了 m_2，Oscar 就可以利用 $k_3=c_3\oplus m_2$ 得出 k_3。以此类推，就可以得到以下方程组：

$$
\begin{aligned}
m_3 &= k_3\oplus c_3 \\
k_4 &= c_4\oplus m_3 \\
m_4 &= k_4\oplus c_4 \\
k_5 &= c_5\oplus m_4 \\
&\cdots\cdots
\end{aligned}
$$

【例 5.4】 假设 Oscar 截获了从 Alice 发送给 Bob 的部分密文流 101101：

明文 011101
密钥 110000
密文 101101

当然 Oscar 只知道密文，这里显示出原始明文和密钥是为了验证 Oscar 最终也能得出这些值。如果 Oscar 能将 1 插入到明文消息的第二个位置，然后让 Alice 重新发送该消息，那么 Oscar 将截获到如下的密文位流：

明文 0111101
密钥 1100001
密文 1011100

有了这两个密文流，并知道第二位为1，Oscar就可以按如下方式求出原始的密钥和明文：

$$k_2=0\oplus 1=1$$

$$k_3=1\oplus 1=0$$

$$m_2=1\oplus 0=1$$

$$m_3=1\oplus 0=1$$

插入攻击法的关键是得有办法在明文的某个位置插入一个位，并使发送方重新发送一次。在实际中，不太可能有这种情况，但这说明了序列密码的一个弱点。

5.5.2 位串匹配攻击法

位串匹配攻击法是可能词攻击方法中的一种。对于基于LFSR的序列密码密钥流生成器，由于线性反馈移位寄存器是从初始状态通过线性递推关系来产生密钥流的，因此该密钥流生成方法容易受到已知明文攻击。

假设攻击者Oscar已经有了明文消息序列$\{x_1, x_2, \cdots, x_n\}$和与其对应的密文消息序列$\{y_1, y_2, \cdots, y_n\}$，其中$y_i=(x_i+s_i)\bmod 2$，$1\leqslant i\leqslant n$，$\{s_1, s_2, \cdots, s_n\}$为由LFSR产生的密钥流，那么Oscar就能够计算密钥流$s_i=(x_i+y_i)\bmod 2$，$1\leqslant i\leqslant n$。如果Oscar再知道LFSR的级数m，那么Oscar只需要计算$\{c_0, c_1, \cdots, c_{m-1}\}$的值就能够重构整个密钥流。

现在已知对于任意$i\geqslant 1$，有

$$s_{m+i}=(c_0 s_{i+0}+c_1 s_{i+1}+\cdots+c_{m-1} s_{i+m-1})\bmod 2$$

以上方程是一个包含有m个未知数$\{c_0, c_1, \cdots, c_{m-1}\}$的线性方程。若$n\geqslant 2m$，则根据明文和密文消息之间的对应关系，可以得到包含以上m个未知数$\{c_0, c_1, \cdots, c_{m-1}\}$的$m$个线性方程，利用这些方程就可以解出这$m$个未知数。

m个线性方程可以用矩阵形式表示如下：

$$[s_{m+1}\, s_{m+2} \cdots s_{2m}]=[c_0\, c_1 \cdots c_{m-1}]\begin{bmatrix} s_1 & s_2 & \cdots & s_m \\ s_2 & s_3 & \cdots & s_{m+1} \\ \vdots & \vdots & \ddots & \vdots \\ s_m & s_{m+1} & \cdots & s_{2m-1} \end{bmatrix} \tag{5-12}$$

如果以上方程组的系数矩阵在模2运算的逆矩阵存在，那么可得到方程组的解：

$$[c_0\, c_1 \cdots c_{m-1}]=[s_{m+1}\, s_{m+2} \cdots s_{2m}]\begin{bmatrix} s_1 & s_2 & \cdots & s_m \\ s_2 & s_3 & \cdots & s_{m+1} \\ \vdots & \vdots & \ddots & \vdots \\ s_m & s_{m+1} & \cdots & s_{2m-1} \end{bmatrix} \tag{5-13}$$

当然，如果m是LFSR的级数，那么式(5-12)的系数矩阵在模2运算下就一定是可逆的。

【例5.5】 假设Oscar得到的密文消息为

101101011110010

相应的明文消息为

011001111111000

那么Oscar能够计算出用来加密的密钥流为

110100100001010

假设 Oscar 已知使用的 LFSR 是 5 级结构，那么 Oscar 利用上面得到的 10 组不同的密钥流来构造以下方程组：

$$[01000]=[c_0c_1c_2c_3c_4]\begin{bmatrix}1&1&0&1&0\\1&0&1&0&0\\0&1&0&0&1\\1&0&0&1&0\\0&0&1&0&0\end{bmatrix}$$

首先计算

$$\begin{bmatrix}1&1&0&1&0\\1&0&1&0&0\\0&1&0&0&1\\1&0&0&1&0\\0&0&1&0&0\end{bmatrix}^{-1}=\begin{bmatrix}0&1&0&0&1\\1&0&0&1&0\\0&0&0&0&1\\0&1&0&1&1\\1&0&1&1&0\end{bmatrix}$$

解方程组得到

$$[c_0c_1c_2c_3c_4]=[01000]\begin{bmatrix}0&1&0&0&1\\1&0&0&1&0\\0&0&0&0&1\\0&1&0&1&1\\1&0&1&1&0\end{bmatrix}=[10010]$$

从而得到 LFSR 产生密钥流的递推公式为

$$s_{i+5}=(s_i+s_{i+3})\bmod 2$$

通过例 5.5 可以发现，这种密码体制的安全性较差。

5.5.3　单词匹配攻击法

如果知道密文的某个可能的单词，再加上一些操作，攻击者 Oscar 可以采用单词匹配攻击法破解序列密码。单词匹配攻击法与位串匹配攻击法不同之处在于其不知道相应的密文，因此 Oscar 必须在密文流中寻找与可能的单词匹配的位置。

为了说明单词匹配攻击法的攻击过程，假设 Alice 和 Bob 使用的是一个简单的 LFSR，其中只有第一位和第二个未知位用作反馈。对于一个 6 位的 LFSR，把其中 1 位和 4 位的逻辑运算结果作为输入，如图 5-12 所示。

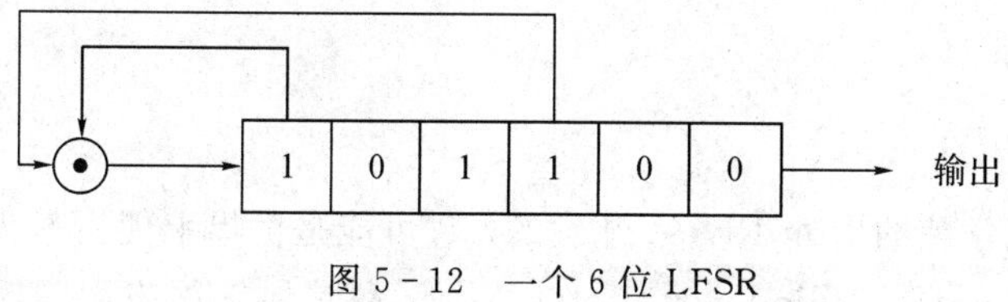

图 5-12　一个 6 位 LFSR

假设 Oscar 截获了以下的密文流：

111000011111100110001110010001101011100000100011

假如猜测第一个单词为“The”，如果猜测没错的话，将“The”的 ASCII 码与密文流做异或运算，就可以得到密钥的前一部分的位。

T	h	e	
01010100	01101000	01100101	
11100001	11100001	10001110	010001101011100000100011
10110101	10010001	11101011	

这只能得出密钥位的字母为“e”。要找出密钥的其他字母，需要找出用于异或运算以生成 LFSR 输入位的两个寄存器位。通过将密钥流中的“位对”做异或运算以生成一个新的位流即可。

初始密钥 **10**1101011001000111101011

1 （把第一对 1 和 0 做异或运算）

初始密钥 1**01**101011001000111101011

11 （把第二对 0 和 1 做异或运算）

以此类推，最后得到：

初始密钥 10**1101011001000111110**1011

11011**1101011001000111110**

查看原始密钥和原始密钥两两做异或运算后的结果，可以发现一个长的相等位模式 **110101100100011110**，这两个位模式之间的差距就确定了 LFSR 中进行异或运算的第二个位。由其差距为 4 可知，使用的 LFSR 是以 1 位和 4 位作为反馈来生成密钥流的。有了这些信息，通过将当前密钥与密钥 4 位以后的位做异或运算，Oscar 就可以重构整个密钥流。结果为

密文流 111000011111100110001110010001101011100000100011

密钥流 101101011001000111101011001000111101011001000111

明文流 010101000110100001100101011001010110111001100100

T h e e n d

如果不能产生可读的结果，那么说明单词“The”的位置是不正确的，Oscar 必须将该单词移位并重复上面的过程。

5.6 RC4 算法和 A5 算法

5.6.1 RC4 算法

RC4 是麻省理工学院的 Ron Rivest 开发的，它可能是世界上使用最为广泛的序列加密算法，已被应用于 Microsoft Windows、Lotus Notes 和其他软件应用程序中。RC4 使用于安全套接字层(SSL，Secure Sockets Layer)来保护互联网的信息流，也被应用于无线系统来保护无线连接的安全。RC4 的一个优点是在软件中很容易实现。

RC4的大小根据参数 n 的值而变化。RC4可以实现一个秘密的内部状态，对 n 位数，有 2^n 种可能。通常取 $n=8$，于是RC4可以生成 $2^8=256$ 个元素的数组 S。RC4的每个输出都是数组 S 中一个随机元素，可以通过两个处理过程来实现：密钥调度算法（KSA，Key-Scheduling Algorithm）、伪随机生成算法（PRGA，Pseudo Random-Generation Algorithm）。KSA用来设置 S 的初始排列，PRGA用于选取随机元素并修改 S 的原始排列顺序。

KSA首先对 S 进行初始化，取 $S(i)=i(i=0, \cdots, 225)$，然后通过选取一系列随机数字，将其加载到密钥数组 $K(0)\sim K(255)$ 上，根据密钥数组 K 实现对 S 的初始随机化。

例如，根据初始化 $S(i)=i(i=0, \cdots, 255)$ 得到初始序列 S，那么根据选取的密钥数组 $K(0)$、$K(1)$、…、$K(255)$ 对 S 进行初始随机化的过程可以描述为：首先初始化 $i=0$，$j=0$，计算 $j=(j+S(i)+K(i)) \bmod 256$，将 $S(i)$ 与 $S(j)$ 互换位置；同时更新 $i=1$，计算 $j=(j+S(i)+K(i)) \bmod 256$，将 $S(i)$ 与 $S(j)$ 互换位置；重复以上过程，直到 $i=255$，就可以得到一组随机的整数序列 S。

当完成了对序列 S 的初始随机化后，就可以开始进行伪随机生成算法，PRGA为密钥流选取字节，即从序列 S 中选取元素，同时修改序列 S 的值以便下一次选取。密钥流的选取过程描述如下：

首先初始化 $i=0$，$j=0$；然后计算 $i=(i+1) \bmod 256$，$j=(j+S(i)) \bmod 256$，将 $S(i)$ 与 $S(j)$ 互换位置，同时计算 $t=(S(i)+S(j)) \bmod 256$。在此基础上，选取密钥值为 $k=S(t)$。重复以上过程，就可以得到一组密钥流序列。应用得到的密钥流序列即可以实现相应的序列密码。

以下以 $n=3$ 为例，对RC4算法的整个过程进行介绍。

当 $n=3$ 时，数组 S 只有 $2^3=8$ 个元素，此时对 S 进行初始化，得到

$$S=\{0, 1, 2, 3, 4, 5, 6, 7\}$$

Alice和Bob选取一个密钥，该密钥是由整数0～7构成的一个随机序列，假设本例中选取的密钥为{3, 6, 5, 2}，则可以得到相应的密钥数组 K 为

$$K=\{3, 6, 5, 2, 3, 6, 5, 2\}$$

在此基础上，对序列 S 进行随机化处理，过程如下：

初始化 $i=0$，$j=0$，计算 $j=(0+S(0)+K(0)) \bmod 8=3$，将数组 S 中的 $S(0)$ 与 $S(3)$ 互换位置，得到

$$S=\{3, 1, 2, 0, 4, 5, 6, 7\}$$

更新 $i=1$，计算 $j=(3+S(1)+K(1)) \bmod 8=2$，将数组 S 中的 $S(1)$ 与 $S(2)$ 互换位置，得到

$$S=\{3, 2, 1, 0, 4, 5, 6, 7\}$$

更新 $i=2$，计算 $j=(2+S(2)+K(2)) \bmod 8=0$，将数组 S 中的 $S(2)$ 与 $S(0)$ 互换位置，得到

$$S=\{1, 2, 3, 0, 4, 5, 6, 7\}$$

更新 $i=3$，计算 $j=(0+S(3)+K(3)) \bmod 8=2$，将数组 S 中的 $S(3)$ 与 $S(2)$ 互换位置，得到

$$S=\{1, 2, 0, 3, 4, 5, 6, 7\}$$

更新 $i=4$，计算 $j=(2+S(4)+K(4)) \bmod 8=1$，将数组 S 中的 $S(4)$ 与 $S(1)$ 互换位置，得到

$$S=\{1, 4, 0, 3, 2, 5, 6, 7\}$$

更新 $i=5$，计算 $j=(1+S(5)+K(5)) \bmod 8=4$，将数组 S 中的 $S(5)$ 与 $S(4)$ 互换位置，得到

$$S=\{1, 4, 0, 3, 5, 2, 6, 7\}$$

更新 $i=6$，计算 $j=(4+S(6)+K(6)) \bmod 8=7$，将数组 S 中的 $S(6)$ 与 $S(7)$ 互换位置，得到

$$S=\{1, 4, 0, 3, 5, 2, 7, 6\}$$

更新 $i=7$，计算 $j=(7+S(7)+K(7)) \bmod 8=7$，将数组 S 中的 $S(7)$ 与 $S(7)$ 互换位置，得到

$$S=\{1, 4, 0, 3, 5, 2, 7, 6\}$$

经过以上运算，最终得到经过随机化处理后序列 $S=\{1, 4, 0, 3, 5, 2, 7, 6\}$。

根据得到的序列 S，就可以产生相应的随机数序列。具体过程如下：

首先初始化 $i=0$，$j=0$，计算 $i=(i+1) \bmod 8=1$，$j=(j+S(i)) \bmod 8=4$，将数组 S 中的 $S(1)$ 与 $S(4)$ 互换位置，得到

$$S=\{1, 5, 0, 3, 4, 2, 7, 6\}$$

然后计算 $t=(S(i)+S(j)) \bmod 8=5$，$k=S(t)=2$，于是产生的第一个随机数字为 2，其二进制表示为 10。重复以上过程，就可以得到相应的密钥流序列。

常见的 RC4 算法对应 $n=8$，这种情况下，系统的初始密钥是长为 256 的整数序列，该序列对应 0～255 的一个排列，因此 RC4 算法的密钥空间大小为 256!，相当于 2^{1600}。因此 RC4 算法相当于使用了长度为 1600 比特的密钥来进行加密，使得采用穷尽搜索的攻击方式变得不可能。但是，攻击者可以利用 RC4 算法中的一些弱点进行密码分析，例如，RC4 算法的计算生成过程会导致一些密钥永远不可能被产生，如 $j=i+1$ 和 $S(j)=1$。现在已经证明，这类密钥的数量约为 2^{2n}。当 $n=8$ 时，RC4 算法密钥空间的实际大小约为 $256!/2^{16}$。

5.6.2 A5 算法

A5 序列加密法作为移动通信网 GSM 使用的加密算法之一，具有原理简单、硬件实现方便等优点，已经被广泛应用于 GSM 通信系统中保护语音通信。

目前，在通信领域被广泛使用的 A5 流密码技术采用无规律的多 LFSR 系统。一个 A5 系统一般由三个不同大小的 LFSR 组成，这三个 LFSR 分别被记为 A、B 和 C。其中，A 是一个 19 位的 LFSR，B 是一个 22 位的 LFSR，C 是一个 23 位的 LFSR，产生的密钥流序列是以上三个 LFSR 输出序列进行异或运算的结果。由于以上三个 LFSR 是无规律调度的，因此，每一个 LFSR 在不同的调度规划中所移的位数是不同的。每一个寄存器的时钟信号由 x、y 和 z 的取值决定，其中 x 是第一个寄存器的第 9 个比特位，y 是第二个寄存器的第 11 个比特位，z 是第三个寄存器的第 11 个比特位。移位函数实现了三个输入参数 x、y 和 z 的多数功能。A5 流密码的基本结构如图 5-13 所示。

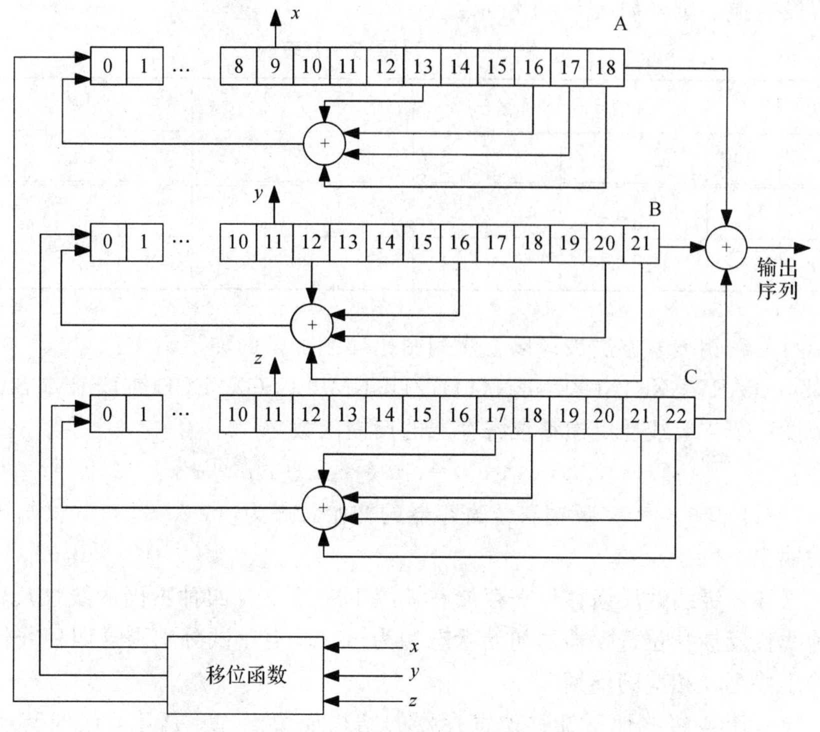

图 5-13　A5 流密码的基本结构

A5 密钥流生成器的初始密钥为三个 LFSR 的初始值，因此 A5 对应的初始密钥长度为 19＋22＋23＝64 位，理论上的密钥空间大小为 2^{64}。但是，经研究发现，A5 算法的安全性与密钥长度之间并没有必然联系，并不是说密钥长度越大算法就越安全。这是因为已知明文攻击只需要知道其中两个寄存器的初始值，就可以计算出第三个寄存器的初始值，该过程只需要 2^{40} 次计算就可以得出寄存器 A 和 B。除此之外，A5 算法有可能产生冲突，即对应不同的寄存器初始值，A5 算法可能会产生相同的密钥流序列。研究表明，在寄存器所有可能的初始值中，实际上只有 70％的初始值能够产生唯一的密钥流。因此，对现有的计算能力而言，A5 算法的安全性较差。

习　题　5

5-1　试分析以下生成器产生的序列能够达到的最大周期是多少？参数 a 的值应该是多少？

$$x_{n+1}=(ax_n)\bmod 2^4$$

5-2　以下给出一种序列密码体制。设 π 是定义在 Z_{26} 上的一个置换，密钥 $k\in Z_{26}$。对任意的 $i\geqslant 1$，密钥流元素 $z_i\in Z_{26}$ 按以下规则产生：

$$z_i=(k+i-1)\bmod 26$$

加密和解密过程使用置换 π 和对应的逆置换 π^{-1} 分别进行以下运算：

$$e_k(x)=(\pi(x)+z)\bmod 26$$

$$d_k(y)=\pi^{-1}(y-z)\bmod 26$$

现在假设置换 π 定义如表 5-4 所示。

表 5-4　习题 5-2 表

x	0	1	2	3	4	5	6	7	8	9	10	11	12
$\pi(x)$	23	13	24	0	7	15	14	6	25	16	22	1	19
x	13	14	15	16	17	18	19	20	21	22	23	24	25
$\pi(x)$	18	5	11	17	2	21	12	20	4	10	9	3	8

试使用穷尽密钥搜索方法破译以上序列密码体制加密的如下密文：
WRTCNRLDSAFARWKXFTXCZRNHNYPDTZUUKMPLUSOXNEUDOKLXRMCBKGRCCURR

5-3　设一个 4 级线性反馈移位寄存器的反馈函数为

$$f(a_1, a_2, a_3, a_4)=c_4a_1 \oplus c_3a_2 \oplus c_2a_3 \oplus c_1a_4$$

其中，$c_1=c_4=1$，$c_2=c_3=0$，反馈移位寄存器的初始状态为[1，0，0，0]。试给出该反馈移位寄存器的输出。

5-4　已知 3 级线性反馈移位寄存器在 $c_3=1$ 时可以有四种不同的线性反馈函数，设对应这四种线性反馈移位寄存器的初始状态均为[1，0，1]。试分别求这四种线性反馈移位寄存器的输出序列及相应的周期。

5-5　设一个 4 级线性反馈移位寄存器的结构如图 5-14 所示，已知其初始状态为[1，0，0，0]。试求该线性反馈移位寄存器的输出序列和相应的周期。

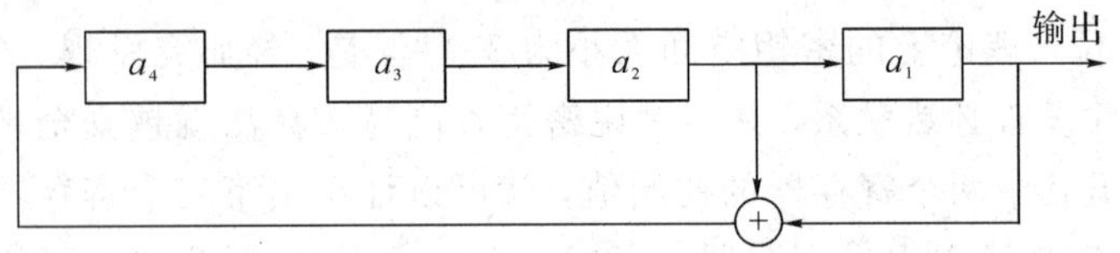

图 5-14　习题 5-5 图

设 $n=4$，反馈函数 $f(a_1, a_2, a_3, a_4)=a_1 \oplus a_4 \oplus 1 \oplus a_2a_3$，反馈移位寄存器的初始状态为 [1，0，1，1]。试求反馈移位寄存器的输出序列及相应的周期。

5-6　若 n 级线性反馈移位寄存器的输出序列为 m 序列，试问其周期是多少？

5-7　已知某线性反馈移位寄存器反馈函数对应的特征多项式是 $p(x)=x^4+x+1$。

(1) 求该线性反馈移位寄存器的线性递推式。

(2) 设初始状态是$[a_1, a_2, a_3, a_4]=[1, 0, 0, 1]$，求此线性反馈移位寄存器产生的序列及其周期。

第 6 章　Hash 函数

在实际的通信保密工作中，除了要求实现数据的保密性之外，对传输数据安全性的另一个基本要求是保证数据的完整性(Integrality)。在密码学中，Hash 函数的主要功能是提供有效的数据完整性检验。本章简要介绍迭代 Hash 函数的基本结构，重点对常见的 Hash 函数——MD5 和 SHA-1 的算法原理和安全性进行介绍和分析。

6.1　Hash 函数与随机预言模型

6.1.1　Hash 函数的概念

数据的完整性是指数据从发送方产生后，经过传输或存储以后，未被以未授权的方式修改的性质。密码学中的 Hash 函数在现代密码学中扮演着重要的角色，该函数虽然与计算机应用领域中的 Hash 函数有关，但两者之间存在着重要的差别。

Hash 函数(也称散列函数)是一个将任意长度的消息序列映射为较短的、固定长度的一个值的函数。密码学上的 Hash 函数能够保障数据的完整性，它通常被用来构造数据的“指纹”(即函数值)，当被检验的数据发生改变时，对应的“指纹”信息也将发生变化。这样，即使数据被存储在不安全的地方，也可以通过数据的“指纹”信息来检测数据的完整性。

设 H 是一个 Hash 函数，x 是消息，不妨假设 x 是任意长度的二元序列，相应的“指纹”定义为 $y=H(x)$，Hash 函数值通常也称为消息摘要(Message Digest)。一般要求消息摘要是相当短的二元序列，常用的消息摘要是 160 位。

如果消息 x 被修改为 x'，那么可以通过计算消息摘要 $y'=H(x')$ 并且验证 $y'=y$ 是否成立来确认数据 x 是否被修改的事实。如果 $y'\neq y$，那么说明消息 x 被修改，从而达到检验消息完整性的目的。对于 Hash 函数的安全要求，通常采用原像问题、第二原像问题、碰撞问题来进行判断。如果一个 Hash 函数对这三个问题都是难解的，则认为该 Hash 函数是安全的。

用 X 表示所有消息的集合(有限集或无限集)，Y 表示所有消息摘要构成的有限集合。

定义 6.1　原像问题(Preimage Problem)。设 $H:X\rightarrow Y$ 是一个 Hash 函数，$y\in Y$。是否能够找到 $x\in X$，使得 $H(x)=y$。

如果对于给定的消息摘要 y，原像问题能够解决，那么(x,y)是有效的。不能有效解决原像问题的 Hash 函数称为单向的或原像稳固的。

定义 6.2　第二原像问题(Second Preimage Problem)。设 $H:X\rightarrow Y$ 是一个 Hash 函数，$x\in X$。是否能够找到 $x'\in X$，使得 $x'\neq x$，并且 $H(x')=H(x)$。

如果第二原像问题能够解决，那么$(x',H(x))$是有效的二元组。不能有效解决第二原像问题的 Hash 函数称为第二原像稳固的。

定义 6.3 碰撞问题(Collision Problem)。设 $H:X\to Y$ 是一个 Hash 函数。是否能够找到 x, $x'\in X$, 使得 $x'\neq x$, 并且 $H(x')=H(x)$。

对于碰撞问题的有效解决并不能直接产生有效的二元组，但是，如果(x,y)是有效的二元组，并且 x'、x 是碰撞问题的解，那么(x', y)也是一个有效的二元组。不能有效解决碰撞问题的 Hash 函数称为碰撞稳固的。

实际应用中的 Hash 函数可分为简单的 Hash 函数和带密钥的 Hash 函数。一个带密钥的 Hash 函数通常用来作为消息认证码(Message Authentication Codes)。假定 Alice 和 Bob 有一个共享的密钥 k，通过该密钥可以产生一个 Hash 函数 H_k。对于消息 x，Alice 和 Bob 都能够计算出相应的消息摘要 $y=H_k(x)$。Alice 通过公共通信信道将二元组(x,y)发送给 Bob。当 Bob 接收到(x,y)后，可以通过检验 $y=H_k(x)$是否成立来确定消息 x 的完整性。如果 $y=H_k(x)$成立，说明消息 x 和消息摘要 y 都没有被篡改。

下面给出带密钥的 Hash 函数族的定义。

定义 6.4 一个带密钥的 Hash 函数族包括以下构成要素：

(1) X：所有消息的集合(有限集或无限集)。

(2) Y：所有消息摘要构成的有限集合。

(3) K：密钥空间，是所有密钥的有限集合。

(4) 对任意的 $k\in K$，都存在一个 Hash 函数 $H_k\in H$，$H_k:X\to Y$。

若 $H_k(x)=y$，则二元组$(x, y)\in X\times Y$ 称为在密钥 k 下是有效的。

Hash 函数的目的是为文件、报文或者其他的分组数据提供完整性检验，要实现这个目的，所设计的 Hash 函数 H 必须具备以下性质：

(1) H 能够用于任何大小的数据分组。

(2) H 产生定长的输出。

(3) 对任意给定的 x，$H(x)$要易于计算，便于软件和硬件实现。

(4) 对任意给定的消息摘要 y，寻找 x 使得 $y=H(x)$在计算上是不可行的。

(5) 对任意给定的消息 x，寻找 x'，$x'\neq x$，使得 $H(x)=H(x')$在计算上是不可行的。

(6) 寻找任意的(x,x')，使得 $H(x)=H(x')$在计算上是不可行的。

以上 6 个性质中，前 3 个性质是 Hash 函数能够用于消息认证的基本要求；第 4 个性质是指 Hash 函数具有单向性；第 5 个性质用于消息摘要被加密时防止攻击者的伪造(即能够抵抗弱碰撞)；第 6 个性质用于防止生日攻击(即能够抵抗强碰撞)。

上述(4)、(5)和(6)意味着 Hash 函数具有三个一般特性：抗原像特性、抗第二原像特性和抗碰撞特性。

对 Hash 函数攻击的目标是生成这样的修改后消息：其 Hash 函数值与原始消息的 Hash 函数值相等。例如，如果攻击者 Oscar 找到了一对消息 M_1 和 M_2，使得 $H(M_1)=H(M_2)$，而消息 M_1 是 Alice 发送的，那么 Oscar 就可以用 M_2 来替换 M_1，从而达到攻击的目的。

Oscar 面临问题是如何找到具有相同 Hash 函数值，并使 Alice 接受其中一条而反对另外一条的两条消息。具体操作可以通过穷举搜索的方式进行。Oscar 可以构造一组可以接受的消息和一组不可接受的消息，之后计算每个消息的 Hash 函数值，寻找具有相同 Hash

函数值的消息对。这种类型攻击法的可行性基于生日问题的解决。生日攻击的思想来源于概率论中一个著名的问题——生日问题。该问题是问一个班级中至少要有多少个学生才能够使得有两个学生生日相同的概率大于 1/2，答案是 23。即只要班级中学生的人数大于 23 人，则班上有两个人生日相同的概率就将大于 1/2。

基于生日问题的生日攻击意味着要保证消息摘要对碰撞问题是安全的，则安全消息摘要的长度就有一个下界。如果消息摘要为 m 位长度，那么总的消息数为 2^m，因此需要检查大约 $2^{m/2}$ 个消息，可使两条消息具有相同 Hash 函数值的概率大于 50%。例如，长度为 40 比特的消息摘要是非常不安全的，这是因为仅仅在 2^{20}（大约为一百万）个随机 Hash 函数值中就有 50%的概率发现一个碰撞。对于安全的消息摘要，现在通常建议可接受的最小长度为 128 比特(此时生日攻击需要超过 2^{64} 个 Hash 函数值)。而实际使用的消息摘要一般为 160 比特甚至更长。

举例来说，如果 Alice 使用了一个生成 16 位 Hash 函数值的 Hash 函数，那么 Oscar 所需要做的工作是构造 Alice 可以接受的 $2^8=256$ 条消息和构造 Alice 不能接受的另外 256 条消息，存在 50∶50 的机会，使得这些消息中有两条消息生成相同的 Hash 函数值。这可以通过生成 8 个字不同的类似消息来达到目的。例如，Oscar 可以生成下述形式的可接受消息：

$$\text{I}\begin{Bmatrix}\text{promise}\\\text{agree}\end{Bmatrix}\text{to}\begin{Bmatrix}\text{lend}\\\text{loan}\end{Bmatrix}\begin{Bmatrix}\text{25}\\\text{twenty - five}\end{Bmatrix}\text{dollars to my}\begin{Bmatrix}\text{good}\\\text{best}\end{Bmatrix}\text{friend Oscar which he will}$$

$$\begin{Bmatrix}\text{repay}\\\text{return}\end{Bmatrix}\text{to me in}\begin{Bmatrix}\text{10}\\\text{ten}\end{Bmatrix}\text{days or}\begin{Bmatrix}\text{less}\\\text{sooner}\end{Bmatrix}\begin{Bmatrix}\text{Yours,}\\\text{Sincerely,}\end{Bmatrix}\text{Alice}$$

Oscary 也可以生成下述形式的不可接受的消息：

$$\text{I}\begin{Bmatrix}\text{promise}\\\text{agree}\end{Bmatrix}\text{to}\begin{Bmatrix}\text{give}\\\text{offer}\end{Bmatrix}\begin{Bmatrix}\text{25}\\\text{twenty - five}\end{Bmatrix}\text{dollars to my}\begin{Bmatrix}\text{good}\\\text{best}\end{Bmatrix}\text{friend Oscar as a}\begin{Bmatrix}\text{gift}\\\text{present}\end{Bmatrix}\text{which}$$

$$\text{he}\begin{Bmatrix}\text{should not}\\\text{will not}\end{Bmatrix}\text{repay because I know he beed this}\begin{Bmatrix}\text{help}\\\text{aid}\end{Bmatrix}\begin{Bmatrix}\text{Yours,}\\\text{Sincerely,}\end{Bmatrix}\text{Alice}$$

在对所有 521 条消息取 Hash 函数值后，Oscar 也许会发现，"I promise to lend 25 dollars to my best friend Oscar which he will reture to me in 10 days or less Yours，Alice"与"I agree to offer twenty - five dollars to my good friend Oscar as a gift which he should not repay because I know he needs this aid Sincerely，Alice"有相同的 Hash 函数值。这意味着 Oscar 可用后者来替换前者。

6.1.2　随机预言模型

本小节介绍一种 Hash 函数的理想化模型，该模型对于每一个消息，都试图得到一个理想的 Hash 函数值。由 Bellare 和 Rogaway 提出的随机预言模型(Random Oracle Model)是一种"理想化"的 Hash 函数模型。在这个模型中，随机从 $F^{X,Y}$ 中选出一个 Hash 函数 H：$X\to Y$，仅仅允许预言器访问函数 H，这表示对于任一个消息 x，随机预言模型都不会给出一个公式或者算法来计算消息摘要 $H(x)$的值。因此，计算 $H(x)$值的唯一方法是询问预言器，这种 Hash 函数模型相当于根据给出的消息 x，在一本关于随机数的书中查询 $H(x)$的值，对于每一个 x，都有一个完全随机的 $H(x)$与之对应。

定义 6.5 令 $F^{X,Y}$是所有从 X 到 Y 的函数集合。假定 $|X|=N$，$|Y|=M$，则 $|F^{X,Y}|=M^N$。任何 Hash 函数族 $F\subseteq F^{X,Y}$被称为一个(N,M)- Hash 族。

对于随机预言模型，以下结论是成立的。

定理 6.1 随机选择 $H\in F^{X,Y}$并取子集合 $X_0\subseteq X$。假设当且仅当 $x\in X_0$ 时，$H(x)$的值由查询预言器确定，那么对于所有的 $x\in X\backslash X_0$ 和 $y\in Y$，$P(H(x)=y)=\frac{1}{M}$。

在以上结论中，概率 $P(H(x)=y)$实际上是对任意的 $x\in X$，计算相应的函数 $H(x)$的值，从而得到指定值的条件概率。通过该结论可知，M 的值越大，相应的产生碰撞的概率就越小。

6.2 迭代 Hash 函数

本节讨论一种可以将有限定义域上的 Hash 函数延拓到具有无限定义域上的 Hash 函数的方法——迭代 Hash 函数。1979 年，Merkle 基于数据压缩函数 compress 建议了一个 Hash 函数的通用模式。压缩函数 compress 接受两个输入：m 位长度的压缩值和 t 位的数据值 y，并生成一个 m 位的输出。Merkle 建议的内容是，数据值由消息分组组成，对所有数据分组进行迭代处理。

在本节中，假设 Hash 函数的输入和输出都是位串，把位串的长度记为$|x|$；把位串 x 和 y 的串联记为 $x\parallel y$。下面给出一种构造无限定义域上 Hash 函数 H 的方式，该方式通过将一个已知的压缩函数 compress:$\{0,1\}^{m+t}\rightarrow\{0,1\}^m$($m\geqslant1$，$t\geqslant1$)扩展为可以具有无限长度输入的 Hash 函数 H 来达到目的。通过这种方法构造的 Hash 函数称为迭代 Hash 函数。其系统结构如图 6-1 所示。

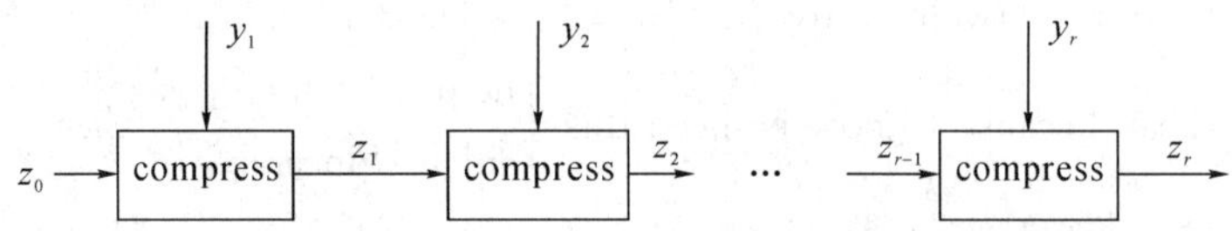

图 6-1 迭代 Hash 函数系统结构

基于压缩函数 compress 构造迭代 Hash 函数包括以下三步：

(1) 预处理。输入一个消息 x，其中$|x|\geqslant m+t+1$，基于 x 构造相应的位串 y($|y|=0 \bmod t$)的过程如下：

$$y=y_1\parallel y_2\parallel\cdots\parallel y_r$$

其中，$|y_i|=t$，$1\leqslant i\leqslant r$，r 为消息分组的个数。

(2) 迭代压缩。设 z_0 是一个公开的初始位串，$|z_0|=m$。具体的迭代过程如下：

$$z_1\leftarrow\text{compress}(z_0\parallel y_1)$$
$$z_2\leftarrow\text{compress}(z_1\parallel y_2)$$
$$\vdots$$
$$z_r\leftarrow\text{compress}(z_{r-1}\parallel y_r)$$

最终得到长度是 m 的位串 z_r。

(3) 后处理。设 g:$\{0,1\}^m\rightarrow\{0,1\}^t$ 是一个公开函数，定义 $H(x)=g(z_r)$。则有

$$H: \bigcup_{i=m+t+1}^{\infty} \{0,1\}^i \rightarrow \{0,1\}^t$$

在上述预处理过程中常采用以下方式实现：

$$y = x \parallel \text{pad}(x)$$

其中，pad(x)是填充函数。一个典型的填充函数是在消息 x 后填入 $|x|$ 的值，并填充一些额外的比特，使得所得到的比特串 y 是 t 的整数倍。在预处理阶段，必须保证映射 $x \mapsto y$ 是单射(若映射 $x \mapsto y$ 不是一一对应的，就可能找到 $x \neq x'$ 使得 $y = y'$，则有 $H(x) = H(x')$，从而设计的 H 将不是碰撞稳固的)，同时保证 $|x \parallel \text{pad}(x)|$ 是 t 的整数倍。

基于压缩函数 compress 构造迭代 Hash 函数的核心技术是设计一种无碰撞的压缩函数 compress，而攻击者对算法的攻击重点也是 compress 的内部结构。由于迭代 Hash 函数和分组密码一样是由 compress 压缩函数的对消息 x 进行若干轮压缩处理过程组成的，因此对 compress 的攻击需要通过对各轮之间位模式的分析来进行，该分析过程常常需要先找到 compress 的碰撞。由于 compress 是压缩函数，其碰撞是不可避免的，因此在设计 compress 时就应保证找出其碰撞在计算上是不可行的。

目前使用的 Hash 函数大多数都是迭代 Hash 函数，例如被广泛使用的 MD5、安全 Hash 算法(SHA-1)等。

6.3 消息摘要算法——MD 算法

消息摘要(MD，Message Digest)算法由 Ron Rivest 在 1990 年 10 月提出，在 1992 年 4 月，Ron Rivest 公布了相应的改进算法。人们通常把 Ron Rivest 在 1990 年提出的 MD 算法称为 MD4；把相应的改进算法称为 MD5。

MD4 对于输入的消息产生 128 位的消息摘要。因为它的安全性不是基于任何其他的密码体制和已知的单向函数，所以它的安全性只能由时间来证明。MD4 算法首次公布后，Bert den Boer 和 Antoon Bosselaers 对三轮算法中的后两轮成功地进行了密码分析。在一个不相关的分析结果中，Ralph Merkle 成功地攻击了三轮算法中的前两轮。Eli Biham 也讨论了对 MD4 的前两轮进行差分攻击的可能性。尽管这些攻击算法还没有扩展到整个 MD4 算法，但是为了增强算法的安全性，Ron Rivest 于 1992 年 4 月给出了 MD4 的改进算法——MD5。为了介绍 MD5，下面先简单介绍 MD4。

6.3.1 MD4

MD4 算法中涉及如下一些基本运算：

(1) $X \wedge Y$：表示 X 和 Y 进行逻辑“与”运算。

(2) $X \vee Y$：表示 X 和 Y 进行逻辑“或”运算。

(3) $X \oplus Y$：表示 X 和 Y 进行逻辑“异或”运算。

(4) $\overline{X}$：表示 X 的逻辑“补”运算。

(5) $X+Y$：表示整数模 2^{32} 加法运算。

(6) $X \lll s$：表示将 X 循环左移 s 位($0 \leqslant s \leqslant 31$)。

MD4 算法的具体过程如下：

首先输入任意长度的消息 x，由 x 构造一个数组序列

$$M=M[0]M[1]\cdots M[n-1]$$

其中，$|M[i]|=32$，$0\leqslant i\leqslant n-1$，$n\equiv 0 \bmod 16$。

在得到 M 的基础上，MD4 构造 Hash 函数 $H(x)$ 的方法如下：

(1) 给定 4 个寄存器 A、B、C、D(也称为链接变量)，对其赋初值：

$$A=67452301$$

$$B=\text{EFCDAB89}$$

$$C=\text{98BADCFE}$$

$$D=10325476$$

其中，0、1、2、3、4、5、6、7、8、9、A、B、C、D、E、F 表示一个 16 进制的数字或一个长度为 4 的二进制序列。

(2) 计算

$$X[j]=M[16i+j]$$

其中，$0\leqslant i\leqslant (n/16)-1$，$0\leqslant j\leqslant 15$。

(3) 将已有的 4 个寄存器 A、B、C、D 中的数组分别存放到另外 4 个寄存器 AA、BB、CC、DD 中。

(4) 执行第一轮操作。具体内容包括：

$$A=(A+F(B,C,D)+X[4k])\lll 3$$

$$D=(D+F(A,B,C)+X[4k+1])\lll 7$$

$$C=(C+F(D,A,B)+X[4k+2])\lll 11$$

$$B=(B+F(C,D,A)+X[4k+3])\lll 19$$

其中，$0\leqslant k\leqslant 3$，$F(X,Y,Z)=(X\wedge Y)\vee(\overline{X}\wedge Z)$。

(5) 执行第二轮操作。具体内容包括：

$$A=(A+G(B,C,D)+X[k]+\text{5A827999})\lll 3$$

$$D=(D+G(A,B,C)+X[4+k]+\text{5A827999})\lll 5$$

$$C=(C+G(D,A,B)+X[8+k]+\text{5A827999})\lll 9$$

$$B=(B+G(C,D,A)+X[12+k]+\text{5A827999})\lll 13$$

其中，$0\leqslant k\leqslant 3$，$G(X,Y,Z)=(X\wedge Y)\vee(X\wedge Z)\vee(Y\wedge Z)$。

(6) 执行第三轮操作。具体内容包括：

$$A=(A+H(B,C,D)+X[0]+\text{6ED9EBA1})\lll 3$$

$$D=(D+H(A,B,C)+X[8]+\text{6ED9EBA1})\lll 9$$

$$C=(C+H(D,A,B)+X[4]+\text{6ED9EBA1})\lll 11$$

$$B=(B+H(C,D,A)+X[12]+\text{6ED9EBA1})\lll 15$$

$$A=(A+H(B,C,D)+X[2]+\text{6ED9EBA1})\lll 3$$

$$D=(D+H(A,B,C)+X[10]+\text{6ED9EBA1})\lll 9$$

$$C=(C+H(D,A,B)+X[6]+\text{6ED9EBA1})\lll 11$$

$$B=(B+H(C,D,A)+X[14]+\text{6ED9EBA1})\lll 15$$

$$A=(A+H(B,C,D)+X[1]+\text{6ED9EBA1})\lll 3$$

$$D=(D+H(A,B,C)+X[9]+\text{6ED9EBA1})\lll 9$$

$$C=(C+H(D,A,B)+X[5]+\text{6ED9EBA1})\lll 11$$

$$B=(B+H(C,D,A)+X[13]+6ED9EBA1)\lll 15$$
$$A=(A+H(B,C,D)+X[3]+6ED9EBA1)\lll 3$$
$$D=(D+H(A,B,C)+X[11]+6ED9EBA1)\lll 9$$
$$C=(C+H(D,A,B)+X[7]+6ED9EBA1)\lll 11$$
$$B=(B+H(C,D,A)+X[15]+6ED9EBA1)\lll 15$$

其中，$H(X,Y,Z)=X\oplus Y\oplus Z$。

(7) $A=A+AA$，$B=B+BB$，$C=C+CC$，$D=D+DD$。

输出 $H(x)=A\parallel B\parallel C\parallel D$，得到 128 位的消息摘要。

6.3.2 MD5

MD5 接收任意长度的消息作为输入，并生成 128 位消息摘要作为输出。MD5 以 512 位的分组长度来处理消息，每一个分组又被划分为 16 个 32 位的子分组。算法的输出由 4 个 32 位的分组组成，它们串联成一个 128 位的消息摘要。

对于给定长度的消息 x，MD5 算法的具体过程需要三个步骤：

(1) 通过在消息 x 末尾添加一些额外位来填充消息，使其长度恰好比 512 的整数倍小 64。

(2) 在其后面附上用 64 位表示的消息长度信息，得到的结果序列长度恰好是 512 的整数倍。

(3) 将初始输入 A=01234567、B=89ABCDEF、C=FEDCBA98、D=76543210 放在 4 个 32 位寄存器 A、B、C、D 里(其中 0、1、2、3、4、5、6、7、8、9、A、B、C、D、E、F 表示一个 16 进制的数字或一个长度为 4 的二进制序列)，MD5 对每个 512 位的分组进行 4 轮处理。在完成所有 4 轮处理之后，A、B、C、D 的初值加到 A、B、C、D 的新值上，生成相应的消息分组的输出。这个输出用作处理下一个消息分组的输入，待最后一个消息分组处理完后，A、B、C、D 中保存的 128 位内容就是所处理消息的 Hash 函数值。

下面分别对每个步骤的细节做出描述：

(1) 填充是绝大多数 Hash 函数的通用特性，正确的填充能够增加算法的安全性。对于 MD5 来说，对消息进行填充，使其位长度等于 448 mod 512(这是小于 512 位一个整数倍的 64 位)，填充是由一个 1 后跟足够个数的 0 组成的，以便达到所要求的长度。这里应强调的是，即使原消息的长度达到了所要求的长度，也要进行填充，因此填充的比特数大于等于 1 而小于等于 512。例如，消息长度为 448 位，则需填充 512 位，使其长度变为 960；消息长度为 704 位，则需填充 256 位，使其长度变为 960。其中 960 mod 256＝448。

(2) 附加消息的长度，用上一步留出的 64 位来表示消息被填充前的长度。例如，原始消息的长度为 704 位，其二进制值为 1011000000，将这个数书写为 64 位数字(在开始位置添加 54 个 0)，并把它添加到消息的末尾，其结果是一个具有 960＋64＝1024 位的消息。

(3) MD5 的初始输出放在 4 个 32 位寄存器 A、B、C、D 中，这些寄存器随后将用于保存 Hash 函数的中间结果和最终结果。将寄存器的值赋给相应的变量 AA、BB、CC、DD；然后对 512 位的消息分组序列应用主循环进行处理，循环的次数是消息中按 512 位进行分组的分组数。每一次的主循环都有四轮(注：MD4 只有三轮)操作，而且这四轮操作都很相似。每一轮进行 16 次操作，每次操作对 AA、BB、CC、DD 中的三个作一次非线性的函数运算，然后将得到的结果加上第四个变量，再加上消息的一个子分组 M_j 和一个常数 t_j($0\leqslant j\leqslant 15$)。接着将所得结果循环左移一个不定的数 s，并加上 AA、BB、CC、DD 中的一个。最后用得到的结果取代 AA、BB、CC、DD 中的一个。

MD5 各个轮运算的流程示意图如图 6-2 所示。

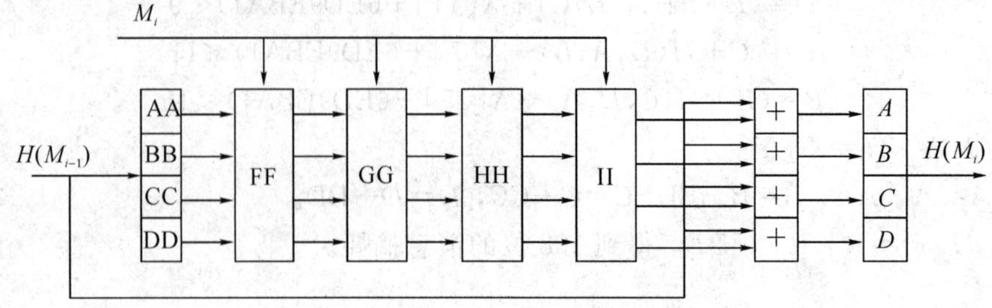

图 6-2 MD5 各个轮运算示意图

四种基本操作分别定义为

$$\begin{aligned}\mathrm{AA}&=\mathrm{FF}(\mathrm{AA},\ \mathrm{BB},\ \mathrm{CC},\ \mathrm{DD},\ M_j,\ s,\ t_j)\\&=\mathrm{BB}+((\mathrm{AA}+(F(\mathrm{BB},\ \mathrm{CC},\ \mathrm{DD})+M_j+t_j)\lll s)\\\mathrm{AA}&=\mathrm{GG}(\mathrm{AA},\ \mathrm{BB},\ \mathrm{CC},\ \mathrm{DD},\ M_j,\ s,\ t_j)\\&=\mathrm{BB}+((\mathrm{AA}+(G(\mathrm{BB},\ \mathrm{CC},\ \mathrm{DD})+M_j+t_j)\lll s)\\\mathrm{AA}&=\mathrm{HH}(\mathrm{AA},\ \mathrm{BB},\ \mathrm{CC},\ \mathrm{DD},\ M_j,\ s,\ t_j)\\&=\mathrm{BB}+((\mathrm{AA}+(H(\mathrm{BB},\ \mathrm{CC},\ \mathrm{DD})+M_j+t_j)\lll s)\\\mathrm{AA}&=\mathrm{II}(\mathrm{AA},\ \mathrm{BB},\ \mathrm{CC},\ \mathrm{DD},\ M_j,\ s,\ t_j)\\&=\mathrm{BB}+((\mathrm{AA}+(I(\mathrm{BB},\ \mathrm{CC},\ \mathrm{DD})+M_j+t_j)\lll s)\end{aligned}$$

上述过程中涉及四个非线性函数 F、G、H、I，子分组 M_j，常数 t_j，循环右移数 s，这里分别对它们进行解释：

① 四个非线性函数 F、G、H、I 接受 3 个 32 位字作为输入，并按照位逻辑运算产生 32 位输出。F、G、H、I 分别定义为

$$F(X,Y,Z)=(X\wedge Y)\vee((\neg X)\wedge Z)$$

$$G(X,Y,Z)=(X\wedge Z)\vee(Y\wedge(\neg Z))$$

$$H(X,Y,Z)=X\oplus Y\oplus Z$$

$$I(X,Y,Z)=Y\oplus(X\vee(\neg Z))$$

F、G、H、I 的函数真值表如表 6-1 所示。

表 6-1 真值表

X	Y	Z	F	G	H	I
0	0	0	0	0	0	1
0	0	1	1	0	1	0
0	1	0	0	1	1	0
0	1	1	1	0	0	1
1	0	0	0	0	1	1
1	0	1	0	1	0	1
1	1	0	1	1	0	0
1	1	1	1	1	1	0

② 子分组 M_j。将 512 位的消息分成 16 个子分组，每个子分组 32 位，共有 16 个组，M_j 表示第 j 个组。M_j 的使用过程为：在第一轮 16 个组中 M_j 正好被用上一次；从第二轮到第四轮则依次通过下面的置换实现，分别为

$$\rho_2(j)\equiv(1+5j)\bmod 16$$

$$\rho_3(j)\equiv(5+3j)\bmod 16$$

$$\rho_4(j)\equiv 7j\bmod 16$$

例如，第三轮 $\rho_3(j)\equiv(5+3j)\bmod 16$ 的结果依次为 5，8，11，14，1，4，7，10，13，0，3，6，9，12，15，2。

③ 常数 t_j。每轮处理过程中需要加上常数表 T(参见表 6-2)中的 16 个元素 t_j，t_j 为 $2^{32}\times\text{abs}(\sin j)$的整数部分，其中 j 以弧度为单位。由于 $0\leqslant\text{abs}(\sin j)\leqslant 1$，因此 t_j 可由 32 位的字表示。

表 6-2　MD5 中的常数表 T

t_1 = D76AA478	t_{17} = F61E2562	t_{33} = FFFA3942	t_{49} = F4292244
t_2 = E8C7B756	t_{18} = C040B340	t_{34} = 8771F681	t_{50} = 432AFF97
t_3 = 242070DB	t_{19} = 265E5A51	t_{35} = 699D6122	t_{51} = AB9423A7
t_4 = C1BDCEEE	t_{20} = E9B6C7AA	t_{36} = FDE5380C	t_{52} = FC93A039
t_5 = F57C0FAF	t_{21} = D62F105D	t_{37} = A4BEEA44	t_{53} = 655B59C3
t_6 = 4787C62A	t_{22} = 02441453	t_{38} = 4BDECFA9	t_{54} = 8F0CCC92
t_7 = A8304613	t_{23} = D8A1E681	t_{39} = F6BB4B60	t_{55} = FFEFF47D
t_8 = FD469501	t_{24} = E7D3FBC8	t_{40} = BEBFBC70	t_{56} = 85845DD1
t_9 = 698098D8	t_{25} = 21E1CDE6	t_{41} = 289B7EC6	t_{57} = 6FA87E4F
t_{10} = 8B44F7AF	t_{26} = C33707D6	t_{42} = EAA127FA	t_{58} = FE2CE6E0
t_{11} = FFFF5BB1	t_{27} = F4D50D87	t_{43} = D4EF3085	t_{59} = A3014314
t_{12} = 895CD7BE	t_{28} = 455A14ED	t_{44} = 04881D05	t_{60} = 4E0811A1
t_{13} = 6B901122	t_{29} = A9E3E905	t_{45} = D9D4D039	t_{61} = F7537E82
t_{14} = FD987193	t_{30} = FCEFA3F8	t_{46} = E6DB99E5	t_{62} = BD3AF235
t_{15} = A679438E	t_{31} = 676F02D9	t_{47} = 1FA27CF8	t_{63} = 2AD7D2BB
t_{16} = 49B40821	t_{32} = 8D2A4C8A	t_{48} = C4AC5665	t_{64} = EB86D391

④ 循环左移数 s。每轮中每步左循环移位的位数按表 6-3 所示执行。

表 6-3　左循环移位表

步数 / 轮数	1	2	3	4	5	6	7	8	9	10	11	12	13	14	15	16
1	7	12	17	22	7	12	17	22	7	12	17	22	7	12	17	22
2	5	9	14	20	5	9	14	20	5	9	14	20	5	9	14	20
3	4	11	16	23	4	11	16	23	4	11	16	23	4	11	16	23
4	6	10	15	21	6	10	15	21	6	10	15	21	6	10	15	21

接下来将详细介绍主循环中的四轮操作的具体内容。

第一轮操作(共包含 16 次操作)：

$$\text{FF}(\text{AA}, \text{BB}, \text{CC}, \text{DD}, M_0, 7, \text{D76AA478})$$

FF(DD, AA, BB, CC, M_1, 12, E8C7B756)
FF(CC, DD, AA, BB, M_2, 17, 242070DB)
FF(BB, CC, DD, AA, M_3, 22, C1BDCEEE)
FF(AA, BB, CC, DD, M_4, 7, F57C0FAF)
FF(DD, AA, BB, CC, M_5, 12, 4787C62A)
FF(CC, DD, AA, BB, M_6, 17, A8304613)
FF(BB, CC, DD, AA, M_7, 22, FD469501)
FF(AA, BB, CC, DD, M_8, 7, 698098D8)
FF(DD, AA, BB, CC, M_9, 12, 8B44F7AF)
FF(CC, DD, AA, BB, M_{10}, 17, FFFF5BB1)
FF(BB, CC, DD, AA, M_{11}, 22, 895CD7BE)
FF(AA, BB, CC, DD, M_{12}, 7, 6B901122)
FF(DD, AA, BB, CC, M_{13}, 12, FD987193)
FF(CC, DD, AA, BB, M_{14}, 17, A679438E)
FF(BB, CC, DD, AA, M_{15}, 22, 49B40821)

第二轮操作(共包含 16 次操作):

GG(AA, BB, CC, DD, M_1, 5, F61E2562)
GG(DD, AA, BB, CC, M_6, 9, C040B340)
GG(CC, DD, AA, BB, M_{11}, 14, 265E5A51)
GG(BB, CC, DD, AA, M_0, 20, E9B6C7AA)
GG(AA, BB, CC, DD, M_5, 5, D62F105D)
GG(DD, AA, BB, CC, M_{10}, 9, 02441453)
GG(CC, DD, AA, BB, M_{15}, 14, D8A1E681)
GG(BB, CC, DD, AA, M_4, 20, E7D3FBC8)
GG(AA, BB, CC, DD, M_9, 5, 21E1CDE6)
GG(DD, AA, BB, CC, M_{14}, 9, C33707D6)
GG(CC, DD, AA, BB, M_3, 14, F4D50D87)
GG(BB, CC, DD, AA, M_8, 20, 455A14ED)
GG(AA, BB, CC, DD, M_{13}, 5, A9E3E905)
GG(DD, AA, BB, CC, M_2, 9, FCEFA3F8)
GG(CC, DD, AA, BB, M_7, 14, 676F02D9)
GG(BB, CC, DD, AA, M_{12}, 20, 8D2A4C8A)

第三轮操作(共包含 16 次操作):

HH(AA, BB, CC, DD, M_5, 4, FFFA3942)
HH(DD, AA, BB, CC, M_8, 11, 8771F681)
HH(CC, DD, AA, BB, M_{11}, 16, 6D9D6122)
HH(BB, CC, DD, AA, M_{14}, 23, FDE5380C)
HH(AA, BB, CC, DD, M_1, 4, A4BEEA44)
HH(DD, AA, BB, CC, M_4, 11, 4BDECFA9)

HH(CC, DD, AA, BB, M_7, 16, F6BB4B60)
HH(BB, CC, DD, AA, M_{10}, 23, BEBFBC70)
HH(AA, BB, CC, DD, M_{13}, 4, 289B7EC6)
HH(DD, AA, BB, CC, M_0, 11, EAA127FA)
HH(CC, DD, AA, BB, M_3, 16, D4EF3085)
HH(BB, CC, DD, AA, M_6, 23, 04881D05)
HH(AA, BB, CC, DD, M_9, 4, D9D4D039)
HH(DD, AA, BB, CC, M_{12}, 11, E6DB99E5)
HH(CC, DD, AA, BB, M_{15}, 16, 1FA27CF8)
HH(BB, CC, DD, AA, M_2, 23, C4AC5665)

第四轮操作(共包含 16 次操作):

II(AA, BB, CC, DD, M_0, 6, F4292244)
II(DD, AA, BB, CC, M_7, 10, 432AFF97)
II(CC, DD, AA, BB, M_{14}, 15, AB9423A7)
II(BB, CC, DD, AA, M_5, 21, FC93A039)
II(AA, BB, CC, DD, M_{12}, 6, 655B59C3)
II(DD, AA, BB, CC, M_3, 10, 8F0CCC92)
II(CC, DD, AA, BB, M_{10}, 15, FFEFF47D)
II(BB, CC, DD, AA, M_1, 21, 85845DD1)
II(AA, BB, CC, DD, M_8, 6, 6FA87E4F)
II(DD, AA, BB, CC, M_{15}, 10, FE2CE6E0)
II(CC, DD, AA, BB, M_6, 15, A3014314)
II(BB, CC, DD, AA, M_{13}, 21, 4E0811A1)
II(AA, BB, CC, DD, M_4, 6, F7537E82)
II(DD, AA, BB, CC, M_{11}, 10, BD3AF235)
II(CC, DD, AA, BB, M_2, 15, 2AD7D2DD)
II(BB, CC, DD, AA, M_9, 21, EB86D391)

在此基础上，令 $A=A+\mathrm{AA}$，$B=B+\mathrm{BB}$，$C=C+\mathrm{CC}$，$D=D+\mathrm{DD}$，输出 $H(x)=A \| B \| C \| D$，得到 128 位的消息摘要。

通过与 MD4 的过程进行比较可知，MD5 相对于 MD4 进行了以下一些改进：

(1) 增加了主循环中的操作次数，由三轮操作改进为四轮操作。

(2) 操作的每一步均有唯一的加法常数。

(3) 为了减弱函数 G 的对称性，函数定义由 $(X \wedge Y) \vee (X \wedge Z) \vee (Y \wedge Z)$ 改进为 $(X \wedge Z) \vee (Y \wedge (\neg Z))$。

(4) 改变了第二轮和第三轮中访问消息子分组的次序，使得其在形式上更加不相似。

(5) 近似优化了每一轮中循环移位的位移量，各轮的位移量各不相同。

MD5 算法有以下性质：Hash 函数的每一位均是输入消息序列中每一位的函数。该性质保证了在 Hash 函数计算过程中产生基于消息 x 的混合重复，从而使得生成的 Hash 函数结果混合得非常理想。也就是说，随机选取两个有着相似规律性的两组消息序列，也很难产生相同的 Hash 函数值。

目前，MD5 算法被广泛应用于各种领域，从密码分析的角度上看，MD5 仍然被认为是一种易受到攻击的算法，而且近年来对 MD5 攻击的相关研究已取得了很大的进展。2004 年，我国学者王小云给出了一种解决 MD5 碰撞问题的算法。因此，有必要用一个具有更长消息摘要和更能抵御已知密码分析攻击的 Hash 函数来代替目前被广泛使用的 MD5 算法。下面介绍的安全 Hash 算法(SHA，Security Hash algorithm)——SHA-1 就是这样一个算法。

6.4 安全 Hash 算法——SHA-1

安全 Hash 算法：SHA-1(Security Hash Algorithm)是一个产生 160 位消息摘要的迭代 Hash 函数。该算法由美国国家标准和技术协会(NIST)提出，并作为联邦信息处理标准在 1993 年公布。SHA-1 的设计基于 MD4 算法，并且它在设计方面也很大程度上是模仿 MD4 算法的。2002 年，NIST 在 SHA-1 的基础上进一步推出了 SHA-256、SHA-394、SHA-512 三个版本的安全 Hash 算法，它们的消息摘要长度分别为 256 位、394 位和 512 位。这些改进算法不仅增强了 Hash 算法的安全性能，而且便于与 AES 算法相结合。这些改进算法的基本运算结构与 SHA-1 算法很相似，下面主要介绍 SHA-1 算法的基本原理和运算流程。

SHA 各个轮运算的流程示意图如图 6-3 所示。

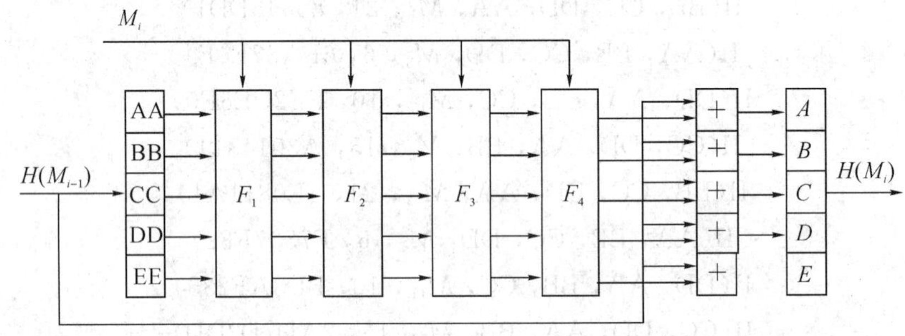

图 6-3　SHA 各个轮运算流程示意图

SHA-1 算法输入消息的最大长度不超过 2^{64} 位，输入的消息按照 512 位分组进行处理。该算法的具体操作包括以下几步：

(1) 填充过程。设输入的消息序列为 x，$|x|$表示消息序列的长度。因为 SHA-1 算法要求输入消息的最大长度不超过 2^{64} 位，所以$|x| \leqslant 2^{64}-1$。用和 MD5 类似的方式填充消息，填充过程中对输入的消息序列进行填充使得消息长度与 448 模 512 同余(即$|x| \bmod 512=448$)，填充的位数范围是 1 到 512，填充位串的最高位为 1，其余各位均为 0。

(2) 在填充的结果序列后附加序列。用和 MD5 类似的方式附加消息的长度，将一个 64 位的序列附加到填充的结果序列后面，填充序列的值等于初始序列位串的长度值，从而得到长度是 512 位的分组序列。

(3) 对给定的 5 个 32 位的寄存器 A、B、C、D、E 赋初值：

$$A=67452301$$

$$B=\text{EFCDAB89}$$

$$C=98BADCFE$$
$$D=10325476$$
$$E=C3D2E1F0$$

其中，0、1、2、3、4、5、6、7、8、9、A、B、C、D、E、F 表示一个十六进制的数字或一个长度为 4 的二进制序列。这些寄存器随后将用于保存 Hash 函数的中间结果和最终结果。

(4) 将以上得到的寄存器的值赋给相应的变量 AA、BB、CC、DD、EE。然后对 512 位的消息分组序列 y 应用主循环进行处理，每一次的主循环都有四轮操作。每一轮进行 20 次操作，每次操作对 AA、BB、CC、DD、EE 中的三个作一次非线性的函数运算，然后进行与 MD5 算法类似的移位运算(一个 5 位的循环移位和一个 30 位的循环移位)和加运算。

SHA－1 算法中的非线性函数定义为

$$F_t(X,Y,Z)=\begin{cases}(X\wedge Y)\vee((\neg X)\wedge Z) & 0\leqslant t\leqslant 19\\ X\oplus Y\oplus Z & 20\leqslant t\leqslant 39\\ (X\wedge Y)\vee(X\wedge Z)\vee(Y\wedge Z) & 40\leqslant t\leqslant 59\\ X\oplus Y\oplus Z & 60\leqslant t\leqslant 79\end{cases}$$

函数 F_1、F_2、F_3、F_4 的真值表如表 6－4 所示。

表 6－4　函数 F_1、F_2、F_3、F_4 的真值表

X	Y	Z	F_1	F_2	F_3	F_4
0	0	0	0	0	0	0
0	0	1	1	1	0	1
0	1	0	0	1	0	1
0	1	1	1	0	1	0
1	0	0	0	1	0	1
1	0	1	0	0	1	0
1	1	0	1	0	1	0
1	1	1	1	1	1	1

与 MD5 使用 64 个常量不同，SHA－1 在各个阶段只加了 4 个常量值，分别为

$$K_t=\begin{cases}5A827999 & 0\leqslant t\leqslant 19\\ 6ED9EBA1 & 20\leqslant t\leqslant 39\\ 8F1BBCDC & 40\leqslant t\leqslant 59\\ CA62C1D6 & 60\leqslant t\leqslant 79\end{cases}$$

设 $y=M_0\parallel M_1\parallel\cdots\parallel M_{15}$，其中每一个消息分组 M_i 都是长度为 32 位的序列。用以下方法将消息分组从 16 个 32 位的序列变成 80 个 32 位的序列。

$$\begin{cases}W_t=M_t, & 0\leqslant t\leqslant 15\\ W_t=(M_{t-3}\oplus M_{t-8}\oplus M_{t-14}\oplus M_{t-16})\ll 1, & 16\leqslant t\leqslant 79\end{cases}$$

主循环包括：

当 $0\leqslant t\leqslant 79$ 时，

$$\text{TEMP}=(\text{AA}\ll 5)+F_t(\text{BB},\ \text{CC},\ \text{DD})+\text{EE}+W_t+K_t$$

$$\text{EE}=\text{DD}$$

DD＝CC

CC＝BB≪30

BB＝AA

AA＝TEMP

(1) $A=A+\mathrm{AA}$，$B=B+\mathrm{BB}$，$C=C+\mathrm{CC}$，$D=D+\mathrm{DD}$，$E=E+\mathrm{EE}$。

(2) 输出 $H(x)=A\parallel B\parallel C\parallel D\parallel E$，得到 160 位的消息摘要。

6.5 MD5 与 SHA－1 的比较

由于 SHA－1 与 MD5 都是由 MD4 演化而来的，因此两个算法极为相似。下面给出 MD5 和 SHA－1 之间的比较分析。

(1) 抗穷举搜索攻击的强度。MD5 和 SHA－1 的消息摘要长度分别为 128 和 160，由于 SHA－1 生成的消息摘要长度比 MD5 算法生成的消息摘要长度要长 32 位，因此用穷举搜索攻击寻找具有给定消息摘要的消息分别需要做 $O(2^{128})$ 和 $O(2^{160})$ 次运算，而穷举搜索攻击找到具有相同消息摘要的两个不同消息分别需要做 $O(2^{64})$ 和 $O(2^{80})$ 次运算，可见 SHA－1 抗击穷举搜索攻击的强度高于 MD5 抗击穷举搜索攻击的强度。一般认为，SHA－1 是抗密码分析的，而 MD5 算法可能容易受到攻击。

(2) 速度。由于两个算法的主要运算都是模 2^{32} 加法，因此都易于在 32 位结构上实现。但比较起来，SHA－1 的迭代步数(80 步)多于 MD5 的迭代步数(64 步)，所用的缓冲区(160 位)大于 MD5 使用的缓冲区(128 位)，因此在相同硬件上实现时，SHA－1 的速度要比 MD5 的速度慢。

(3) 简洁与紧致性。两个算法描述起来都较为简单，实现起来也较为简单，均不需要较大的程序和代换表。

6.6 消息认证码(MAC)

在消息传递的过程中，需要考虑以下两个方面的问题：一方面，为了可以抵抗窃听等被动攻击，需要应用数据加密技术对传输消息的内容进行保护；另一方面，需要应用消息鉴别技术来防止攻击者的主动攻击。消息鉴别是一个过程，该过程不仅能够用来鉴别接收方 Bob 收到消息的真实性和完整性，鉴别消息的顺序和时间性，而且能够与数字签名技术相结合，来防止通信双方中的某一方对所传输消息的否认和抵赖。因此，消息鉴别技术对于开放的网络环境中的信息系统安全尤为重要。

消息认证码(MAC，Message Authentication Codes)是实现消息鉴别的理论基础，MAC 具有与前面讨论的单向 Hash 函数相同的特性，所不同的是 MAC 还包含有密钥。一个 MAC 算法一般由一个秘密密钥 k 和参数化的一簇函数 H_k 构成，该簇函数应该具有如下特性：

(1) 容易计算。对于一个已知函数 H，给定一个密钥 k 和一个消息 x，$H_k(x)$的计算过程应该容易实现。这个计算结果被称为消息认证码。

(2) 压缩。H_k 能够把有限长度的任意消息序列 x 映射成为一个具有固定长度的输出 $H_k(x)$。

(3) 强抗碰撞性。攻击者 Oscar 要找到两个不同的消息 x 和 y，使得 $H_k(x)=H_k(y)$ 在计算上是不可行的。

利用 MAC 进行消息鉴别的基本方法是：假设通信双方具有共享密钥 k，而且函数 H_k 公开，发送方 Alice 首先对要发送的消息 x 使用密钥 k 计算得到 $\text{MAC}=H_k(x)$，其中 MAC 的取值只与消息和密钥 k 有关。Alice 将计算结果 MAC 附在消息 x 后面得到 $x'=x\parallel\text{MAC}$，然后将消息 x' 作为一个整体发送给接收方 Bob。接收方 Bob 收到消息 x' 后，使用共享密钥 k 对其中的消息部分 x 计算 $H_k(x)$，将计算结果与接收到的消息中的 MAC 部分进行比较，如果两者相等，则可以得到以下结论：

(1) 接收方 Bob 收到的消息 x 没有被篡改。

(2) 消息 x' 确实来自发送方 Alice。

上述消息鉴别流程如图 6-4 所示。

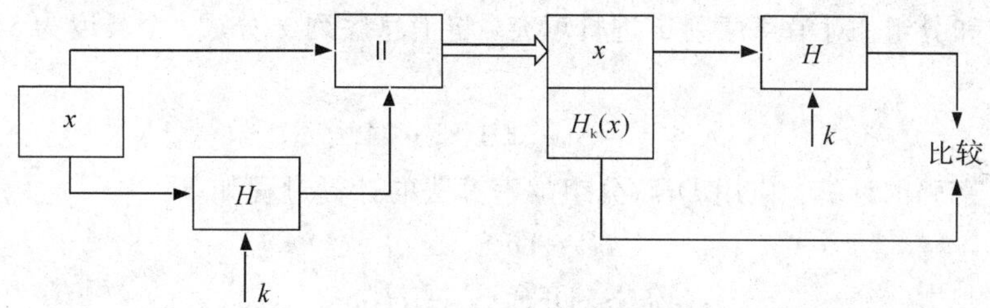

图 6-4　消息鉴别流程

MAC 需要使用密钥，这类似于加密，但是 MAC 函数不要求加密过程可逆，这是因为它不需要解密过程，这个性质使得 MAC 比加密算法更难于破解。同时 H_k 函数具有压缩、强抗碰撞性等性质，使得它更相似于 Hash 函数。因此，在实际应用中，人们往往使用带密钥的单向 Hash 函数作为函数 H_k。

将单向 Hash 函数变成 MAC 的一个简单办法是应用对称加密算法对消息摘要进行加密。但这种方法需要在发送消息和消息摘要的同时，还要将加密算法使用的加密密钥通过安全的信道发送，这样做降低了算法的实用性。

构造 MAC 的常用方法是把密钥作为 Hash 函数输入消息的一部分，使得产生的消息摘要不仅与消息序列有关，而且与附加的密钥有关，从而在一个不带密钥的 Hash 函数中介入一个密钥。但这样做往往是不安全的，下面通过实例给予说明。

设 $H(x)$ 是不带密钥的迭代结构的 Hash 函数，k 是一个密钥，其长度为 m 位。现在来构造一个新的带密钥的 Hash 函数 $H_k(x)$。为了描述简单，假定 $H(x)$ 没有预处理过程和输出变换过程。输入的消息序列记为 x，则 x 的长度应该是 t 的倍数；建立 Hash 函数的压缩函数，记为 $\text{compress}:\{0,1\}^{m+t}\rightarrow\{0,1\}^m$。

给出在已知一组有效的消息 x 和相应的消息认证码 $H_k(x)$，且无须知道密钥 k 的情况下，来构造一个有效的消息认证码过程。设 x' 是一个长度为 t 的位串，现在考虑消息序列 $x\parallel x'$。

产生消息摘要 $H_k(x\parallel x')$ 的过程如下：

$$H_k(x\parallel x')=\text{compress}(H_k(x)\parallel x')$$

因为 $H_k(x)$ 和 x' 都是已知的，所以攻击者在无需知道密钥 k 的情况下，也能构造出有

效的消息认证码($x \| x'$，$H_k(x \| x')$)。应用上述方法构造的带密钥 Hash 函数存在安全问题。

根据以上分析可知，构造消息认证码不能够简单地将密钥参数和消息 x 进行拼接，然后直接计算相应的 Hash 函数值来处理。根据消息 x 和密钥 k 计算消息认证码需要更复杂的处理过程，下面介绍两种广泛使用的消息认证码。

6.6.1　基于分组密码的 MAC

目前被广泛使用的 MAC 算法是基于分组密码的 MAC 算法。下面以 DES 分组密码为例，来说明构造 MAC 算法的过程。消息分组的长度取为 64 位，MAC 算法的密钥取为 DES 算法的加密密钥。

给定消息序列 x 和 56 位的密钥 k，构造相应的 MAC 的过程如下：

(1) 填充和分组。对消息序列 x 进行填充，将消息序列 x 分成 t 个长度为 64 位的分组。记为

$$x = x_1 \| x_2 \| x_3 \| \cdots \| x_t$$

(2) 分组密码的计算。应用 DES 分组加密算法的计算过程如下：

$$H_1 \leftarrow \mathrm{DES}_k(x_1)$$
$$H_2 \leftarrow \mathrm{DES}_k(x_2 \oplus H_1)$$
$$H_3 \leftarrow \mathrm{DES}_k(x_3 \oplus H_2)$$
$$H_t \leftarrow \mathrm{DES}_k(x_t \oplus H_{t-1})$$

(3) 可选择输出。使用第二个密钥 k'，$k' \neq k$，计算相应的 $H(x)$ 的过程如下：

$$H_t' \leftarrow \mathrm{DES}_{k'}^{-1}(H_t)$$
$$H(x) \leftarrow \mathrm{DES}_k(H_t')$$

通过以上过程最终得到消息 x 的 MAC 为 $H(x)$。

基于 DES 的 MAC 计算流程如图 6-5 所示。

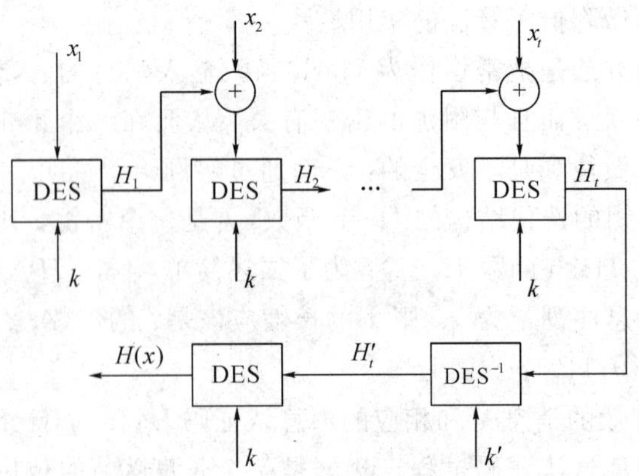

图 6-5　基于 DES 的 MAC 计算流程

在以上计算 MAC 的过程中，第(3)步可选择输出过程相当于对最后一个消息分组进行了三重 DES 加密，该操作能够有效减少 MAC 受到穷举(密钥)搜索攻击的威胁。由于三重 DES 加密过程只是在可选择输出过程中进行，没有在整个分组密码计算过程采用，因为不

会影响中间过程的效率。

当然，上述算法也存在一些问题，比如应用 DES 算法进行数据加密只能得到 64 位的消息分组，因此最终计算得到的消息摘要长度只有 64 位，对于安全性要求较高的应用环境，这样的消息摘要长度就显得太小了。另外，由于 DES 加密速度较慢，导致相应的 MAC 算法效率较低，对该算法的实时性应用会带来不便。由于存在以上问题，人们开始将基于分组密码的 MAC 算法的研究转移到 AES，因为 AES 算法具有更长的消息分组，计算速度也相当快，因而能够部分克服应用 DES 算法的缺点。

6.6.2 基于序列密码的 MAC

考虑到基于异或运算的流密码的位运算会直接导致作为基础明文的可预测变化，对流密码进行数据完整性保护显得更为重要。一般的 Hash 函数每次处理的是消息序列的一个分组，而为流密码设计的 MAC 算法每次处理的是消息的一个位。

给定长度为 m 位的消息序列 x，构造相应的 MAC 的过程如下：

(1) 建立关联多项式。建立与消息序列 $x=x_{m-1}x_{m-2}\cdots x_1x_0$ 相关联的多项式 $P_x(t)=x_0+x_1t+\cdots+x_{m-1}t^{m-1}$。

(2) 密钥的选择。随机选择一个 n 次的二进制不可约多项式 $q(t)$，同时随机选择一个 n 位的密钥 k。MAC 的密钥由 $q(t)$和 k 组成。

(3) 计算过程。计算 $h(x)=\mathrm{coef}(P_x(t)\cdot t^n \bmod q(t))$，其中 coef 表示取 $P_x(t)\cdot t^m$ 除以 $q(t)$所得到的次数为 $n-1$ 次的余式多项式的系数，计算结果对应 n 位的序列。

(4) MAC。消息序列 x 的 MAC 定义为 $H(x)\leftarrow h(x)\oplus k$。

通过以上过程后得到消息 x 的 MAC 为 $H(x)$。

在上面的 MAC 计算过程中，对于不同的消息序列，不可约多项式 $q(t)$可以重复使用，但相应的随机密钥 k 要随时更新，以保证算法的安全性。

任何一个基于 Hash 函数的 MAC 算法的安全性，都在某种方式下依赖于所使用的 Hash 函数的安全性。MAC 的安全性一般表示为伪造成功的概率，该概率等价于对使用的 Hash 函数进行以下攻击中的一种：

(1) 即使对攻击者来说 z_0 是随机的、秘密的和未知的，攻击者能够计算出压缩函数的输出。

(2) 即使 z_0 是随机的、秘密的和未知的，攻击者能够找到 Hash 函数的碰撞。

在以上两种情况下，对应的 MAC 算法都是不安全的。

6.6.3 HMAC 算法

HMAC 是由 H. Krawczyk、M. Bellare、R. Canetti 于 1996 年提出的一种基于 Hash 函数和密钥进行消息认证的方法。

近年来，人们对利用密码 Hash 函数来设计信息认证码(MAC)越来越感兴趣，因为：

(1) 一般像 MD5 和 SHA-1 这样的 Hash 函数，其软件执行速度比诸如 DES 和 AES 这样的分组密码算法要快。

(2) 可利用密码 Hash 函数代码库。

(3) 美国或其他国家对密码 Hash 函数没有出口限制，而对即使是用于 MAC 的对称分组密码都有出口限制。

HMAC 算法描述如下：

设 H 是 HMAC 算法嵌入的 Hash 函数。M 是 HMAC 作用的消息，将 M 分组，每个分组的长度为 b。K 是密钥，其长度小于或等于 b，设 K^+ 是把长度小于 b 的 K 左边填充 0 之后长度为 b 比特长的结果。ipad＝00110110(十六进制数 36)重复 $b/8$ 次的结果，opad＝01011100(十六进制数 5C)重复 $b/8$ 次的结果。

(1) 在密钥 K 后面添加 0 来创建一个字长为 b 的字符串。

(2) 将(1)中生成的 b 字长的字符串与 ipad 做异或运算。

(3) 将消息 M 的数据流填充至(2)的结果字符串中。

(4) 用 H 作用于(3)生成的数据流。

(5) 将(1)中生成的 b 字长字符串与 opad 做异或运算。

(6) 再将(4)的结果填充进(5)的结果中。

(7) 用 H 作用于(6)生成的数据流，输出最终结果。

以上过程可表示为

$$\mathrm{HMAC}_K(M)=H\{(K^+\oplus \mathrm{opad})\parallel H[(K^+\oplus \mathrm{ipad})\parallel M]\}$$

HMAC 结构如图 6-6 所示。

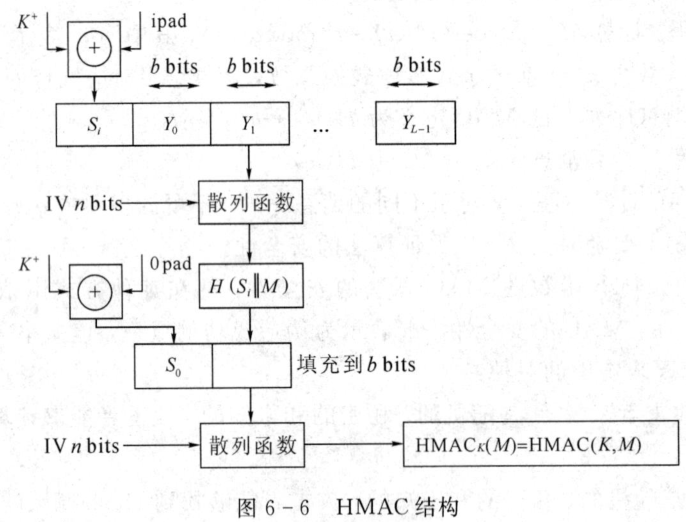

图 6-6　HMAC 结构

习　题　6

6-1　设函数 $f:\{0,1\}^m\rightarrow\{0,1\}^n$ 是一个原像稳固的双射，对于给定的 $x\in\{0,1\}^{2m}$，记作 $x=x'\parallel x''$，其中 $x',x''\in\{0,1\}^m$。现在定义函数 $H:\{0,1\}^{2m}\rightarrow\{0,1\}^m$ 如下：

$$H(x)=f(x'\oplus x'')$$

试证明：H 不是第二原像稳固的。

6-2　设已知整数 p、$p'(p=2p'+1)$、q、$q'(q=2q'+1)$都是大素数，$n=pq$，而且分解 n 是困难的。设 $a\in Z_n^*$，a 的阶为 $2p'q'$(Z_n^* 中阶数最大的元素)。现在定义压缩函数

如下：

$$H(x)=a^x \bmod n,\ x\in\{1,\ 2,\ \cdots,\ n^2\}$$

设 $n=603\ 241$，$a=11$。如果已经给定了压缩函数 $H(x)$的 3 个碰撞消息为

$$H(1\ 294\ 755)=H(80\ 115\ 359)=H(52\ 738\ 737)$$

试利用这些消息分解 603 241。

6-3　设函数 $H_1:\{0,1\}^{2m}\rightarrow\{0,1\}^m$ 是一个碰撞稳固的 Hash 函数。

(1) 定义函数 $H_2:\{0,1\}^{4m}\rightarrow\{0,1\}^m$ 如下：

① 将 $x\in\{0,1\}^{4m}$分组表达为 $x=x_1\parallel x_2$，其中 x_1，$x_2\in\{0,1\}^{2m}$。

② 定义 $H_2(x)=H_1(H_1(x_1)\parallel H_1(x_2))$。

试证明：H_2 是碰撞稳固的。

(2) 对于整数 $i\geqslant 2$，应用 H_{i-1}递归定义 Hash 函数 $H_i:\{0,1\}^{2^i m}\rightarrow\{0,1\}^m$ 如下：

① 将分组表达为 $x=x_1\parallel x_2$，其中 x_1，$x_2\in\{0,1\}^{2^{i-1}m}$。

② 定义 $H_i(x)=H_1(H_{i-1}(x_1)\parallel H_{i-1}(x_2))$。

试证明：H_i 是碰撞稳固的。

6-4　试比较 SHA-1 与 MD4 的主要区别。

6-5　什么是 Hash 函数？对 Hash 函数的基本要求和安全性要求分别是什么？

6-6　在 Hash 函数中，已知 x，找到 $y(y\neq x)$满足 $H(y)=H(x)$在计算上是不可行的，这一性质称为________。

A. 抗强碰撞性　　　B. 抗弱碰撞性　　　C. 单向性　　　D. 杂凑性

6-7　MD5 算法以________位的分组长度来处理消息，得到的消息摘要的长度为________位。

6-8　SHA-1 算法以________位的分组长度来处理消息，得到的消息摘要的长度为________位。

6-9　为什么要进行 Hash 填充？

第7章 公钥密码

前面几章介绍的经典密码系统能够有效地实现数据的保密性，但面临的一个棘手问题是以密钥分配为主要内容的密钥管理(Key Management)。本章简要介绍能够有效解决密钥管理问题的公钥密码体制(Public Key Cryptography System)的基本原理，重点给出常用的背包算法、RSA公钥算法、Rabin算法、ElGamal算法、椭圆曲线算法的原理及其应用分析。

7.1 公钥密码体制的基本原理

7.1.1 公钥密码的基本思想

运用诸如DES等经典的对称密码系统进行保密通信时，通信双方必须拥有一个共享的秘密密钥来实现对消息的加密和解密，而密钥具有的机密性使得通信双方获得一个共同的密钥变得非常困难。通常采用人工传送的方式分配各方所需的共享密钥，或借助一个可靠的密钥分配中心来分配所需要的共享密钥。但在具体实现过程中，这两种方式都面临很多困难，尤其是在计算机网络化时代更为困难。

1976年美国的两位密码学者W. Diffie和M. Hellman在该年度的美国国家计算机会议上提交了一篇名为“New Directions in Cryptography(密码学的新方向)”的论文，文中首次提出了公钥密码体制的新思想，它为解决传统经典密码学中面临的诸多难题提供了一个新的思路。其基本思想是把密钥分成两个部分：公开密钥和私有密钥(简称公钥和私钥)，分别用于消息的加密和解密。公钥密码体制又被称为双钥密码体制(非对称密码体制，AsymmetricCryptography System)；与之对应，传统的经典密码体制被称为单钥密码体制(对称密码体制，Symmetric Cryptography System)。

公钥密码体制中的公开密钥可被记录在一个公共数据库里或者以某种可信的方式公开发放，而私有密钥必须由持有者妥善地秘密保存。任何人都可以通过某种公开的途径获得一个用户的公开密钥，然后与其进行保密通信，而解密者只能是知道相应私钥的密钥持有者。用户公钥的这种公开性使得公钥体制的密钥分配变得非常简单，目前常以公钥证书的形式发放和传递用户公钥(详见7.3节)，而私钥的保密专用性决定了它不存在分配的问题(但需要用公钥来验证它的真实性，以防止欺骗)。

公钥密码算法的最大特点是采用两个具有一一对应关系的密钥对 $k=(pk, sk)$ 使加密和解密的过程相分离。当两个用户希望借助公钥体制进行保密通信时，发送方Alice用接收方Bob的公开密钥 pk 加密消息并发送给接收方；而接收方Alice使用与公钥相对应的私钥 sk 进行解密。根据公钥与私钥之间严格的一一对应关系，只有与加密时所用公钥相对应的用户私钥才能够正确解密，从而恢复出正确的明文。由于这个私钥是通信中的接收方独有的，其他用户不可能知道，因此只有该接收方 Bob 才能正确地恢复出明文消息，其他有意或无意获得消息密文的用户都不能解密出正确的明文，达到了保密通信的目的。

图 7-1 给出了公钥密码体制用于消息加/解密的基本流程。

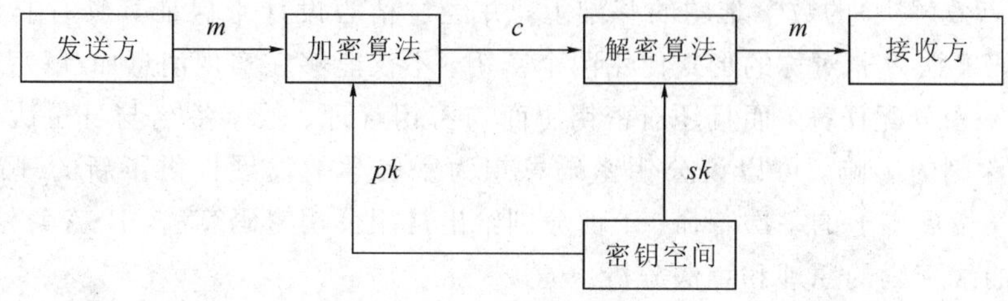

图 7-1　公钥密码体制基本流程

7.1.2　公钥密码算法满足的要求

基于图 7-1 给出的公钥密码体制基本流程，一个实际可用的公钥密码体制(M, C, K, E, D)的基本要求包括：

(1) 对于 K 中的每一个公/私钥对 $k=(pk, sk)$，都存在 E 中的一个加密变换 $E_{pk}: M \to C$ 和 D 中的一个解密变换 $D_{sk}: C \to M$，使得任意明文消息 $m \in M$ 都能找到一个唯一的 $c \in C$ 满足 $c=E_{pk}[m]$，且 $m=D_{sk}[c]=D_{sk}[E_{pk}[m]]$。

(2) 对于任意的公/私钥对 $k=(pk, sk) \in K$，加密变换 E_{pk} 和解密变换 D_{sk} 都是多项式时间可计算的函数，但由加密变换 E_{pk} 推出解密变换 D_{sk} 在计算上是不可行的，或者说在知道公钥 pk 的情况下推知私钥 sk 在计算上是不可行的。

由上面的基本要求可以看出，公钥密码体制的核心在于加密变换与解密变换的设计。在密码算法中，加密变换与解密变换是互逆的，但基本要求(2)说明在公钥密码体制中加密变换与解密变换不能简单地直接互推。公钥密码体制的加密变换与解密变换类似于陷门单向函数，因此可以利用陷门单向函数来构造公钥密码体制。所谓的陷门单向函数是一个可逆函数 $f(x)$，满足对于定义域中的任何 x，函数值 $y=f(x)$都是容易计算的；但对几乎所有的 x 要由 $y=f(x)$求 x 在计算上不可行(即使已知函数 $f(x)$)，除非知道某些辅助信息(称为陷门信息)。这里所说的“容易计算”是指函数值能在其输入长度的多项式时间内计算出来，比如若输入长度为 n 比特，求函数值的计算时间是 n^a 的某个倍数，则称此函数是容易计算的；否则就是不可行的，其中 a 是一个固定常数。

针对公钥密码体制(M, C, K, E, D)的基本要求，一个可行的公钥密码算法应该满足如下要求：

(1) 接收方 Bob 产生密钥对 $k=(pk_B, sk_B)$在计算上是容易的。

(2) 发送方 Alice 用接收方 Bob 的公钥 pk_B 加密消息 m 产生密文 $c=E_{pk_B}[m]$在计算上是容易的。

(3) 接收方 Bob 用自己的私钥 sk_B 解密密文 c，还原明文消息 $m=D_{sk_B}[c]$在计算上是容易的。

(4) 不仅攻击者由密文 c 和 Bob 的公钥 pk_B 恢复明文 m 是计算上不可行的，而且攻击者由 Bob 的公钥 pk_B 求解对应的私钥 sk_B 也是计算上不可行的。

(5) 一般情况下，加密与解密的次序可交换，即 $D_{sk_B}[E_{pk_B}[m]]=E_{pk_B}[D_{sk_B}[m]]$。

公钥密码体制的思想完全不同于单钥密码体制，公钥密码算法的基本操作不再是单钥密码体制中使用的替换和置换，公钥密码体制通常将其安全性建立在某个尚未解决(且尚未证实能否有效解决)的数学难题的基础上，并经过精心设计来保证其具有非常高的安全性。公钥密码算法以非对称的形式使用两个密钥，不仅能够在实现消息加/解密基本功能的同时简化了密钥分配任务，而且还对密钥协商与密钥管理、数字签名与身份认证等密码学问题产生了深刻的影响。可以说公钥密码思想为密码学的发展提供了新的理论和技术基础，是密码学发展史上的一次革命。下面分别给出常用公钥密码算法：RSA 算法、ElGamal 算法、椭圆曲线密码的原理和算法分析。

7.2 RSA 算法

数论里有一个大数分解问题：计算两个素数的乘积非常容易，但分解该乘积却异常困难，特别是在这两个素数都很大的情况下。基于这个事实，1978 年美国 MIT 的三名数学家 R. Rivest、A. Shamir 和 L. Adleman 提出了著名的公钥密码体制：RSA 算法。该算法是基于指数加密概念的，它以两个大素数的乘积作为算法的公钥来加密消息，而密文的解密必须知道相应的两个大素数。迄今为止，RSA 算法是思想最简单、分析最透彻、应用最广泛的公钥密码体制。RSA 算法非常容易理解和实现，经受住了密码分析，密码分析者既不能证明也不能否定它的安全性，这恰恰说明了 RSA 具有一定的可信度。

7.2.1 RSA 算法的描述

基于大数分解问题，为了产生公/私钥，首先独立地选取两个大素数 p 和 q(注：为了获得最大程度的安全性，选取 p 和 q 的长度应该差不多，都应为长度在 100 位以上的十进制数字)。计算

$$n=p\times q \quad 和 \quad \varphi(n)=\varphi(p)\varphi(q)=(p-1)(q-1)$$

其中，$\varphi(n)$表示 n 的欧拉函数，即 $\varphi(n)$为比 n 小且与 n 互素的正整数的个数。

随机选取一个满足 $1<e<\varphi(n)$且 $\gcd(e, \varphi(n))=1$ 的整数 e，那么 e 存在模 $\varphi(n)$下的乘法逆元 $d=e^{-1} \bmod \varphi(n)$，$d$ 可由扩展的欧几里得算法求得。

由 p 和 q 获得了三个参数：n、e、d。在 RSA 算法里，以 n 和 e 作为公钥，d 作为私钥(注：p 和 q 不再需要，可以销毁，但一定不能泄露)。具体的加/解密过程如下：

(1) 加密变换。先将消息划分成数值小于 n 的一系列数据分组，即以二进制表示的每个数据分组的比特长度应小于 $\log n_2$；然后对每个明文分组 m 进行如下的加密变换来得到密文 c：

$$c=m^e \bmod n$$

(2) 解密变换。$m=c^d \bmod n$。

命题 7.1 RSA 算法中的解密变换 $m=c^d \bmod n$ 是正确的。

证明 数论中的欧拉定理指出，如果两个整数 a 和 b 互素，那么 $a^{\varphi(b)}\equiv 1 \bmod b$。

在 RSA 算法中，明文 m 必与两个素数 p 和 q 中至少一个互素。不然的话，若 m 与 p

和 q 都不互素，那么 m 既是 p 的倍数也是 q 的倍数，于是 m 也是 n 的倍数，这与 $m<n$ 矛盾。

由 $de \equiv 1 \bmod \varphi(n)$ 可知，存在整数 k 使得 $de=k\varphi(n)+1$。下面分两种情形来讨论：

情形一：m 仅与 p、q 两者之一互素，不妨假设 m 与 p 互素且与 q 不互素，那么存在整数 a 使得 $m=aq$，由欧拉定理可知

$$m^{k\varphi(n)} \bmod p \equiv m^{k\varphi(p)\varphi(q)} \bmod p \equiv (m^{\varphi(p)})^{k\varphi(q)} \bmod p \equiv 1 \bmod p$$

于是存在一个整数 t 使得 $m^{k\varphi(n)}=tp+1$。给 $m^{k\varphi(n)}=tp+1$ 两边同乘以 $m=aq$ 得到

$$m^{k\varphi(n)+1}=tapq+m=tan+m$$

由此得 $c^d=m^{ed}=m^{k\varphi(n)+1}=tan+m \equiv m \bmod n$。

情形二：如果 m 与 p 和 q 都互素，那么 m 也和 n 互素，有

$$c^d=m^{ed}=m^{k\varphi(n)+1}=m \times m^{k\varphi(n)} \equiv m \bmod n$$

RSA 算法实质上是一种单表代换系统。给定模数 n 和合法的明文 m，其相应的密文为 $c=m^e \bmod n$ 且对于 $m' \neq m$ 必有 $c' \neq c$。RSA 算法的关键在于当 n 极大时，在不知道陷门信息的情况下，很难确定明文和密文之间的这种对应关系。

【例 7.1】 选取 $p=5$，$q=11$，则 $n=55$ 且 $\varphi(n)=40$，明文分组应取为 1 到 54 的整数。如果选取加密指数 $e=7$，那么 e 满足 $1<e<\varphi(n)$ 且与 $\varphi(n)$ 互素，于是解密指数为 $d=23$。假如有一个消息 $m=53\ 197$，分组可得 $m_1=53$，$m_2=19$，$m_3=7$。分组加密得到

$$c_1=m_1^e \bmod n=53^7 \bmod 55=37$$

$$c_2=m_2^e \bmod n=19^7 \bmod 55=24$$

$$c_3=m_3^e \bmod n=7^7 \bmod 55=28$$

密文的解密为

$$c_1^d \bmod n=37^{23} \bmod 55=53=m_1$$

$$c_2^d \bmod n=24^{23} \bmod 55=19=m_2$$

$$c_3^d \bmod n=28^{23} \bmod 55=7=m_3$$

最后恢复出明文 $m=53\ 197$。

7.2.2　RSA 算法的安全性

RSA 算法的安全性完全依赖于对大数分解问题困难性的推测，但面临的问题是迄今为止还没有证明大数分解问题是一类 NP 问题。为了抵抗穷举攻击，RSA 算法采用了大密钥空间，通常模数 n 取得很大，e 和 d 也取为非常大的自然数，但这样做的一个明显缺点是密钥产生和加/解密过程都非常复杂，系统运行速度比较慢。

与其他的密码体制一样，尝试每一个可能的 d 来破解是不现实的。那么分解模数 n 就成为最直接的攻击方法。只要能够分解 n，就可以求出 $\varphi(n)$，然后通过扩展的欧几里得算法可以求得加密指数 e 模 $\varphi(n)$ 的逆 d，从而达到破解的目的。目前还没有找到分解大整数的有效方法，但随着人们计算能力的不断提高和计算成本的不断降低，许多被认为是不可能分解的大整数已被成功分解。例如，模数为 129 位十进制数字的 RSA－129 已于 1994 年 4 月在 Internet 上通过分布式计算被成功分解出一个 64 位和另一个 65 位的因子。更困难的 RSA－130 也于 1996 年被分解出来，紧接着 RSA－154 也被分解，据报道 158 位的十进制整数也已被分解，这意味着 512 比特模数的 RSA 已经不安全了。更危险的安全威胁来自

于大数分解算法的改进和新算法的不断提出。当年破解 RSA－129 采用的是二次筛法；而破解 RSA－130 使用的算法称为推广的数域筛法，该算法使破解 RSA－130 的计算量仅比破解 RSA－129 的多 10%。尽管如此，密码专家们认为一定时期内 1024 到 2048 比特模数的 RSA 还是相对安全的。

除了对 RSA 算法本身的攻击外，RSA 算法还面临着攻击者对密码协议的攻击，即利用 RSA 算法的某些特性和实现过程对其进行攻击。下面介绍一些常见的攻击方法。

1. 共用模数攻击

在 RSA 的实现中，如果多个用户选用相同的模数 n，但有不同的加/解密指数 e 和 d，这样做会使算法运行起来更简单一些，但却是不安全的。假设一个消息用两个不同的加密指数加密且共用同一个模数，如果这两个加密指数互素(一般情况下都这样)，那么不需要知道解密指数，任何一个加密指数都可以恢复明文。理由如下：

设 e_1 和 e_2 是两个互素的加密密钥，共用的模数为 n。对同一个明文消息 m 加密得 $c_1=m^{e_1} \bmod n$ 和 $c_2=m^{e_2} \bmod n$。攻击者知道 n、e_1、e_2、c_1 和 c_2，可以用如下方法恢复出明文 m。

由于 e_1 和 e_2 互素，由扩展的欧几里得算法可找到满足 $re_1+se_2=1$ 的 r 和 s。由此可得

$$c_1^r \times c_2^s \equiv m^{re_1} \times m^{se_2} \equiv m^{re_1+se_2} \equiv m^1 \equiv m \bmod n$$

明文消息 m 被恢复出来。(注意：r 和 s 必有一个为负整数，上述计算需要用扩展的欧几里得算法计算出 c_1 或者 c_2 在模 n 下的逆)

2. 低加密指数攻击

较小的加密指数 e 可以加快消息加密的速度，但太小的 e 会影响 RSA 系统的安全性。在多个用户采用相同的加密密钥 e 和不同的模数 n 的情况下，如果将同一个消息(或者一组线性相关的消息)分别用这些用户的公钥加密，那么利用中国剩余定理可以恢复出明文。举例来说，取 $e=3$，三个用户的不同模数分别是 n_1、n_2 和 n_3，将消息 x 用这三组密钥分别加密为

$$y_1=x^3 \bmod n_1, \quad y_2=x^3 \bmod n_2, \quad y_3=x^3 \bmod n_3$$

一般来讲，应选 n_1、n_2 和 n_3 互素，以避免通过求出它们的公因子方式而导致模数被分解。根据中国剩余定理，可由 y_1、y_2 和 y_3 求出

$$y=x^3 \bmod n_1 n_2 n_3$$

因为 $x<n_1$，$x<n_2$，$x<n_3$，所以 $x^3<n_1 n_2 n_3$，于是 $x=\sqrt[3]{y}$。

已经证明只要 $k>e(e+1)/2$，将 k 个线性相关的消息分别使用 k 个加密指数相同而模数不同的加密钥加密，则低加密指数攻击能够奏效；如果消息完全相同，那么 e 个加密钥就够了。因此，为了抵抗这种攻击，加密指数 e 必须足够大。对于较短的消息则要进行独立的随机数填充，破坏明文消息的相关性，以防止低加密指数攻击。

3. 中间相遇攻击

指数运算具有可乘性，这种可乘性有可能招致其他方式的攻击。事实上，如果明文 m 可以被分解成两项之积 $m=m_1 \times m_2$，那么

$$m^e=(m_1 \times m_2)^e=m_1^e \times m_2^e \equiv c_1 \times c_2 \bmod n$$

这意味着明文的分解可导致密文的分解，明文分解容易使得密文的分解也容易。密文分解容易将导致中间相遇攻击，攻击方法描述如下：

假设 $c=m^e \bmod n$，攻击者知道 m 是一个合数，且满足 $m<2^l$，$m=m_1\times m_2$，m_1 和 m_2 都小于 $2^{l/2}$。那么，由 RSA 的可乘性，有 $c=m_1^e\times m_2^e \bmod n$。

攻击者可以先创建一个有序的序列

$$\{1^e,\ 2^e,\ 3^e,\ \cdots,\ (2^{\frac{l}{2}})^e\} \bmod n$$

然后，攻击者搜索该有序的序列，尝试从该有序的序列中找到两项 i^e 和 j^e 满足

$$\frac{c}{i^e}\equiv j^e \bmod n$$

其中，$i, j\in\{1, 2, \cdots, 2^{\frac{l}{2}}\}$。攻击者能在 $2^{\frac{l}{2}}$ 步操作之内找到 i^e 和 j^e，攻击者由此获得明文 $m=i\times j$。

攻击者的空间代价是需要能够提供 $2^{\frac{l}{2}}\times \log n$ 比特的存储空间，时间代价的复杂度为 $O\left(2^{\frac{l}{2}+1}\times\left(\frac{l}{2}+\log^3 n\right)\right)$，该值明显小于 $O(2^l)$，与平方根量级约化相当。在明文消息的长度为 40～60 比特时，明文可被分解成两个大小相当的整数的概率为 18%～50%。举例来说，假设用 1024 比特模数的 RSA 加密一个长度为 56 的比特串，如果能够提供 $2^{28}\times 1024=2^{38}$ 比特(约为 32 GB)的存储空间，经过 2^{29} 次模指数运算，就可以有很大的把握找出明文比特串，它是两个 28 比特的整数之积。这种空间和时间的代价有一台普通的个人计算机就足够了。

这说明用 RSA 直接加密一些比较短的比特串(如 DES 等单钥体制的密钥或者长度小于 64 比特的系统口令等)是非常危险的。

7.2.3　RSA 算法的参数选择

通过对 RSA 算法安全性分析可以看出，要想保证 RSA 体制的安全，必须审慎选择系统的各个参数。下面讨论参数选择时需要注意的一些问题。

1. 模数 n 的确定

首先，多用户之间共用模数会招致共用模数攻击，因此不能在多个用户之间共用模数。

其次，模数 n 是两个大素数 p 和 q 的乘积，因此 n 的确定问题可转化为如何恰当选择 p 和 q。p 和 q 除了要足够大(至少 100 位以上的十进制整数)以外，还应满足如下要求：

(1) p 和 q 应为强素数。

(2) p 与 q 之差要合适。

(3) $p-1$ 与 $q-1$ 的最大公因子要小。

一个素数 p 称为强素数或一级素数，如果 p 满足下列条件：

① 存在两个大素数 p_1 和 p_2，使得 $p_1|(p-1)$，$p_2|(p+1)$；

② 存在 4 个大素数 r_1、s_1、r_2 和 s_2，使得 $r_1|(p_1-1)$，$s_1|(p_1+1)$，$r_2|(p_2-1)$，$s_2|(p_2+1)$。

并称 p_1 和 p_2 为 2 级素数；r_1、s_1、r_2 和 s_2 为 3 级素数。

为什么要采用强素数？这是因为 p 和 q 的取值会影响分解模数 n 的困难性。若 p 或 q 不是强素数，则可通过下面的方法分解模数 n。

假设 $p-1$ 有 k 个素因子，由算术基本定理可得 $p-1=\prod_{i=1}^{k} p_i^{a_i}$，其中 p_i 为素数，a_i 为

正整数($i=1, 2, \cdots, k$)。如果 p_i 都很小，不妨设 $p_i < A$(A 为已知的小整数)，构造

$$R=\prod_{i=1}^{k} p_i^a$$

其中，$a \geqslant \max\{a_i\}$。显然有$(p-1) | R$。

因为任意小于素数 p 的正整数 t 均与 p 互素，不妨设 $t=2$，由欧拉定理可知

$$t^{\varphi(p)}=2^{\varphi(p)}=2^{(p-1)} \equiv 1 \bmod p$$

因而 $t^R=2^R \equiv 1 \bmod p$。计算 $X=t^R \bmod n=2^R \bmod n$，若 $X=1$，则令 $t=3$ 重新计算 X，直到算出的 $X \neq 1$ 为止。此时由 $\gcd(X-1, n)=p$，得到 n 的分解因子 p 和 q。

对于 q 也可以类似讨论。因此 $p-1$ 和 $q-1$ 必须有大素因子，即 p 和 q 要为强素数。

如果 p 与 q 之差很小，那么由$(p+q)^2-(p-q)^2=4pq=4n$ 可得$(p+q)^2-4n=(p-q)^2$ 是一个小的平方数，所以$(p+q)/2$ 与$\sqrt{n}$近似。令 $u=(p+q)/2$，$v=(p-q)/2$，可以从大于$\sqrt{n}$的整数依次尝试 u 且 $v=\sqrt{u^2-n}$，从而解出 p 与 q。

尽管要求 p 与 q 之差不能太小，但两者之差也不能很大。如果该差值很大的话，其中一个必然较小，那么可以从一个小的素数开始依次尝试，最终分解 n。因此，p 与 q 之差要适当，一般是长度相差几个比特。

要求 $p-1$ 与 $q-1$ 的最大公因子要小是为了防止迭代攻击。假设攻击者截获了密文 $c=m^e \bmod n$，可以进行如下的迭代攻击。记

$$c_i=c_{i-1}^e \bmod n=c_0^{e^i} \bmod n=c^{e^i} \bmod n$$

其中，$c_0=c$，$i=1, 2, \cdots$，如果存在 t 使得 $e^t \bmod \varphi(n)=1$，有整数 k 使 $e^t=k\varphi(n)+1$，那么由欧拉定理可知 $c_t=c^{e^t} \bmod n=c^{k\varphi(n)+1} \bmod n=c$。与此同时还有 $c_t=c_{t-1}^e \bmod n$，所以 $c_{t-1}^e \bmod n=c=m^e \bmod n$，因而 $m=c_{t-1} \bmod n=c^{e^{t-1}} \bmod n$。如果 t 较小，那么这种迭代攻击很容易成功。

由欧拉定理可知 $t=\varphi(\varphi(n))=\varphi((p-1)(q-1))$，若 $p-1$ 与 $q-1$ 的最大公因子较小，则 t 较大；若 t 大到$(p-1)(q-1)$的一半，则迭代攻击难以奏效。

2. 加密密钥 e 的选取

加密密钥 e 要满足以下几个要求：

(1) e 要与模数 n 的欧拉函数值 $\varphi(n)$互素，即 $\gcd(e, \varphi(n))=1$，否则无法计算解密钥 d。这一要求容易满足，现在已经证明两个随机数互素的概率约为 3/5。

(2) e 不能太小，e 太小容易遭受低加密指数攻击。另外，如果 e 和 m 都很小且满足 $m^e<n$，此时密文 $c=m^e \bmod n$ 不需要经过模运算可直接得到，这样由 c 开 e 次方可得明文 m。

(3) e 在模数 $\varphi(n)$下的阶要足够大。即满足 $e^t \bmod \varphi(n)=1$ 的最小正整数 t 要尽可能大，一般应达到$(p-1)(q-1)/2$。

3. 解密密钥 d 的选取

加密密钥 e 选定之后，利用扩展的欧几里得算法可以求出解密密钥 d。类似于对加密密钥 e 的要求，解密密钥 d 也不能太小，否则容易遭受已知明文攻击。

如果对明文 m 加密得到密文 c，在解密密钥 d 很小的情况下，从某个正整数开始依次尝试，直接找出一个数 t 满足 $c^t \bmod n=m$，那么这个 t 就是解密密钥 d。另外，Wiener 于

1990 年利用连分数理论证明了当解密密钥 d 小于$\frac{\sqrt[4]{n}}{3}$时很容易分解模数 n，然后可求出解密密钥 d。因此，一般要求 d 不能小于$\sqrt[4]{n}$。

7.3 ElGamal 算法

ElGamal 密码体制也是一种具有广泛应用的公钥密码体制，它的安全性基于有限域上计算离散对数问题的困难性，还有许多常用的密码体制与 ElGamal 密码体制具有类似的基本原理。相对来讲，ElGamal 密码体制比较容易理解。

7.3.1 离散对数问题

假设 a 是群 G 中的任一元素，满足 $a^t=1$ 的最小正整数 t 称为元素 a 的阶；若不存在这样的正整数 t，则称 a 的阶为∞。假设群 G 为有限乘法群 $\mathbb{Z}_p^*$（p 为素数），将满足 $a^t=1 \bmod p$ 的最小正整数 t 称为元素 a 在模 p 下的阶。如果元素 a 模 p 的阶等于 $\varphi(p)$，那么称 a 是 p 的本原根或者本原元。如果模数取任意的正整数，上面模运算下元素的阶和本原根的概念仍然有意义。

设 a 是素数 p 的本原根，那么

$$a, a^2, \cdots, a^{\varphi(p)}$$

在模 p 下互不相同且正好产生 1 到 $\varphi(p)=p-1$ 的所有值。因此，对于 $b\in\{1, 2, \cdots, p-1\}$，一定存在唯一的 $x\in\{1, 2, \cdots, p-1\}$满足 $b\equiv a^x \bmod p$，称 x 为模 p 下以 a 为底 b 的离散对数，并记为 $x\equiv\log_a^b(\bmod p)$。

如果已知 a、p 和 x，那么使用快速指数算法可以轻易地算出 b；但如果仅知 a、p 和 b，特别是当 p 的取值特别大时，想求出 x 是非常困难的，目前还没有特别有效的多项式时间算法。因此，离散对数问题可以用于设计公钥密码算法。为了使基于离散对数问题的公钥密码算法具有足够的密码强度，一般要求模数 p 的长度在 150 位以上。

7.3.2 ElGamal 算法的描述

设 p 是一个素数，$\mathbb{Z}_p$是含有 p 个元素的有限域，$\mathbb{Z}_p^*$ 是$\mathbb{Z}_p$的乘法群，p 的大小足以使乘法群$\mathbb{Z}_p^*$ 上的离散对数难以计算。选择$\mathbb{Z}_p^*$ 的一个生成元 g 和一个秘密随机数 a，要求它们都小于 p，计算

$$y=g^a \bmod p$$

公开密钥取为(y, g, p)，且 g 和 p 可由一组用户共享；a 作为私有密钥，需要保密。

(1) 加密变换。对于消息 m，秘密选取一个随机数 $k\in\mathbb{Z}_{p-1}$，然后计算

$$c_1=g^k \bmod p$$

$$c_2=my^k \bmod p$$

c_1 与 c_2 并联构成密文，即密文 $c=(c_1, c_2)$，因此密文的长度是明文的两倍。

(2) 解密变换。

$$m=c_2(c_1^a)^{-1} \bmod p$$

由加密变换可知，$c_2(c_1^a)^{-1}=my^k(g^{ak})^{-1}=mg^{ak}g^{-ak}\equiv m \bmod p$，所以解密结果是正确的。

【例 7.2】 设 $p=2579$，取模 p 乘法群的生成元 $g=2$，私钥 $x=765$。计算

$$y=g^x \bmod p=2^{765} \bmod 2579=949$$

如果明文消息 $m=1299$，选择随机数 $k=853$，那么可计算出密文为

$$\begin{aligned}c&=(c_1, c_2)=(g^k, my^k) \bmod p\\&=(2^{853} \bmod 2579, 1299\times 949^{853} \bmod 2579)=(435, 2396)\end{aligned}$$

对密文进行解密变换可计算出明文为

$$m=c_2(c_1^x)^{-1} \bmod p=2396\times(435^{765})^{-1} \bmod 2579=1299$$

由于密文不仅取决于明文，还依赖于加密者每次选择的随机数 k，因此 ElGamal 公钥体制是非确定性的，同一明文多次加密得到的密文可能不同，同一明文最多会有多达 $p-1$ 个不同的密文。

ElGamal 公钥密码体制建立在乘法群$\mathbb{Z}_p^*$（p 为素数）上，事实上可以基于任何离散对数问题难以求解的群来构造 ElGamal 体制。此时是将 ElGamal 算法建立在某个生成子群上，称这样得到的公钥体制为推广的 ElGamal 公钥体制。其简单描述如下：

设 G 是运算符为 $*$ 的有限群，元素 $g\in G$，H 是由 g 生成的子群，即 $H=\{g^i \mid i\geqslant 0\}$，$G$ 上的离散对数问题是：对一个元素 $b\in H$，能否找到唯一的整数 $a\in[0, |H|-1]$，满足 $g^a=b\in H$，记 $a=\log_g^b$。

如果上述的离散对数在有限群 G 的生成子群 H 上是难以求解的，那么可以在有限群 G 上构造如下的 ElGamal 公钥密码体制。

任取 $a\in[0, |H|-1]$，计算 $y=g^a\in H$，公开密钥取为(g, y)，私有密钥取为 a。

（1）加密变换。对于明文分组 m，随机选取 $k\in[0, |H|-1]$，计算密文 $c=(c_1, c_2)$，其中 $c_1=g^k$，$c_2=my^k$。

（2）解密变换。

$$m=c_2(c_1^a)^{-1}$$

7.3.3 ElGamal 算法的安全性

ElGamal 密码体制的安全性基于有限群$\mathbb{Z}_p^*$上离散对数问题的困难性。有学者曾提出模 p 生成的离散对数密码可能存在陷门，一些弱素数 p 下的离散对数较容易求解。因此，要仔细地选择 p，且 g 应是模 p 的本原根，一般认为这类问题是困难的，而且目前尚未发现有效解决该问题的多项式时间算法。此外，为了抵抗已知的攻击，p 应该至少是 300 位的十进制整数，并且 $p-1$ 应该至少有一个较大的素数因子。

ElGamal 算法的安全性还来自于加密的不确定性。ElGamal 体制的一个显著特征是在加密过程中引入了随机数，这意味着相同的明文可能产生不同的密文，能够给密码分析者制造更大的困难。

但在某些情况下，ElGamal 体制也可能向攻击者泄漏部分信息。比如在实际应用中，为了提高效率，一般会选用阶 r 远小于 p 的生成元 g，在这种情况下，如果一个比较短的消息 m 并不是由 g 生成的子群中的元素，那么类似于 RSA 体制的中间相遇攻击则有可能成

功。这是因为对于密文 $c=(c_1, c_2)=(g^k, my^k) \bmod p$，攻击者能够得到

$$c_2^r=(my^k)^r=(mg^{ak})^r=m^r(g^r)^{ak}\equiv m^r \bmod p$$

即攻击者将 ElGamal 的不确定加密体制转化成一种确定性的算法，且具有指数运算的可乘性。因此，对于一个容易分解的小尺寸消息，攻击者能够对 $m^r \bmod p$ 实施中间相遇攻击。

由此可知，当一个明文消息不属于由 g 生成的子群时，ElGamal 密码体制就成为一种确定性的体制。由于确定性加密体制允许使用多次"尝试"的方法来寻找小的明文消息，因此泄露了部分信息。所以，在应用 ElGamal 公钥体制，特别是推广的 ElGamal 体制时一定要注意生成元 g 的选择，确保每一个可能的明文消息都是由 g 生成的。

7.4　椭圆曲线密码

椭圆曲线理论在公钥密码领域有着重要的应用，以椭圆曲线上的点为元素定义的 Abel 群是构造多种公钥密码体制的基础。为了保证 RSA 算法的安全性，其密钥长度不断增加，导致加/解密运算负担越来越重，处理速度越来越慢；相比之下，基于椭圆曲线理论的公钥密码体制可以用较短的密钥获得同样的密码强度。椭圆曲线密码体制已经成为近年来一个非常有吸引力的研究领域，特别是在移动通信安全方面更为突出。椭圆曲线密码体制已被 IEEE 公钥密码标准 P1363 采用。

7.4.1　椭圆曲线的定义与性质

椭圆曲线的图形并非椭圆，只是因为它的曲线方程与计算椭圆周长的方程类似，而将其叫做椭圆曲线。通常所说的椭圆曲线是指由 Weierstrass 方程

$$y^2+axy+by=x^3+cx^2+dx+e$$

所确定的平面曲线。其中，a、b、c、d、e 取自某个域 F 并满足一些简单的条件。椭圆曲线通常用字母 E 表示，满足椭圆曲线方程的序偶(x, y)就是域 F 上的椭圆曲线 E 上的点。域 F 可以是数域，也可以是某个有限域 $GF(p^n)$。除了满足椭圆曲线方程的所有点(x, y)之外，椭圆曲线 E 还包括一个特殊的点 O，称为无穷远点。

在上面的 Weierstrass 方程中用$\dfrac{y-ax-b}{2}$代替 y，得到

$$y^2=4x^3+Ax^2+2Bx+C$$

其中，$A=a^2+4c$，$B=2d+ab$，$C=b^2+4e$。因此，椭圆曲线关于 x 轴对称。图 7－2 所示是实数域上椭圆曲线的两个例子。

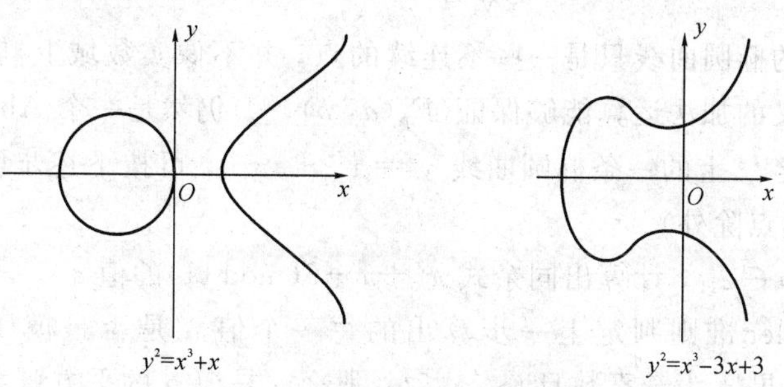

图 7－2　椭圆曲线的例子

可以在椭圆曲线 E 上定义一个二元运算，使其成为 Abel 群，通常称这个运算为加法，并用⊕表示。其定义如下：

① 取无穷远点 O 为单位元。因此，对任何点 $P\in E$，有 $P\oplus O=P$。

② 如果有三个点 P，Q，$R\in E$ 且在同一条直线，那么 $P\oplus Q\oplus R=O$。

③ 设 $P=(x, y)\in E$，那么 P 的加法逆元定义为 $\bar{P}=-P=(x, -y)\in E$。这是因为 P 与 $\bar{P}$ 的连线延长到无穷远时将经过无穷远点 O，所以 P、$\bar{P}$ 和 O 三点共线，即 $P\oplus\bar{P}\oplus O=O$，$P\oplus\bar{P}=O$，$\bar{P}=-P$。而椭圆曲线 E 是关于 x 轴对称的，所以可以将 $-P$ 定义为 P 点关于 x 轴的对称点$(x, -y)\in E$。此外还有 $-O=O$。

④ 如果 P 和 Q 是椭圆曲线 E 上 x 坐标不相同的两个点，那么 $P\oplus Q$ 定义如下：过 P 和 Q 画一条直线 L 交椭圆曲线于另一点 R，因为 $P\neq Q$，所以 R 是唯一的。因此，$P\oplus Q\oplus R=O$，即 $P\oplus Q=-R$。也就是说，$P\oplus Q$ 是 P 与 Q 的连线 L 交椭圆曲线 E 上另一点 R 关于 x 轴的对称点。

如上定义的加法运算符合群，同时满足交换律，因此$(E, \oplus)$是一个 Abel 群。

在密码学中使用的椭圆曲线通常定义在有限域上，也就是说，椭圆曲线方程中的所有系数都取自某个有限域 $GF(p^n)$。其中，最常用的是由有限域$\mathbb{Z}_p$（p 为素数）上的同余方程

$$y^2\equiv x^3+ax+b \pmod p),\ a,\ b\in\mathbb{Z}_p\text{（且满足 } 4a^3+27b^2\neq 0 \bmod p\text{）}$$

确定的椭圆曲线，即由此同余方程的所有解$(x, y)\in\mathbb{Z}_p\times\mathbb{Z}_p$，再加上一个特殊的无穷远点 O，在上述加法运算下构造的 Abel 群。用 $E_p(a, b)$来表示这样得到的 Abel 群。

可以证明，在实数域中 $4a^3+27b^2\neq 0$ 是保证方程 $y^2\equiv x^3+ax+b$ 存在三个不同解（对于给定的 y）的充分必要条件；否则，方程的三个解中至少有两个相同，并且称这样的椭圆曲线为奇异椭圆曲线。在$\mathbb{Z}_p$中要求 $4a^3+27b^2\neq 0 \bmod p$，以保证曲线方程的各个解不相同。

按照上面给出的加法运算定义方法，假设 $P(x_1, y_1)$和 $Q(x_2, y_2)$是椭圆曲线 $E_p(a, b)$上的点，若 P 与 Q 关于 x 轴对称，即 $x_1=x_2$ 且 $y_1=-y_2$，则 $P\oplus Q=O$；否则记 $P\oplus Q=R$，根据椭圆曲线方程和 P、Q 连线方程可以计算出 R 点的坐标(x_3, y_3)如下（在此略去计算过程）：

$$x_3=\lambda^2-x_1-x_2 \pmod p$$
$$y_3=\lambda(x_1-x_3)-y_1 \pmod p$$

其中

$$\lambda=\begin{cases}\dfrac{y_2-y_1}{x_2-x_1} \pmod p, & P\neq Q\\[2ex] \dfrac{3x_1^2+a}{2y_1} \pmod p, & P=Q\end{cases}$$

实际上，$\mathbb{Z}_p$上的椭圆曲线只是一些不连续的点，并不像实数域上椭圆曲线有直观的几何解释，但同样定义的加法运算能够保证$(E_p(a, b), \oplus)$仍然是一个 Abel 群。

【例 7.3】 给定$\mathbb{Z}_{11}$上的一条椭圆曲线 $y^2=x^3+x+6$，可按下述步骤计算出 $E_{11}(1, 6)$中的所有点（无穷远点除外）。

首先，对每个 $x\in\mathbb{Z}_{11}$，计算出同余式 $x^3+x+6 \pmod{11}$的值 a。

其次，利用 Euler 准则判定上一步算出的每一个值 a 是否是模 11 的平方剩余。由 Euler 准则知道：如果 p 为奇素数且 $0<a<p$，那么 a 是模 p 的平方剩余当且仅当

$$a^{(p-1)/2} \bmod p=1$$

对于本例 $p=11$，需要判断 $a^5 \bmod 11=1$ 是否成立。由此可以方便地测试每一个 a 是不是模 11 的平方剩余。

最后，计算出每一个平方剩余的平方根。根据定理 2.6，对于素数 $p=3 \bmod 4$，a 是模 p 的平方剩余，则 a 的平方根是 $\pm a^{(p+1)/4} \bmod p$。在本例中即是计算 $\pm a^3 \bmod 11$。

上述计算结果列在表 7-1 中。

表 7-1　例 7.3 计算结果

x	$a=x^3+x+6 \pmod{11}$	是否为平方剩余	y	(x, y)
0	6	否		
1	8	否		
2	5	是	4，7	(2，4)(2，7)
3	3	是	5，6	(3，5)(3，6)
4	8	否		
5	4	是	2，9	(5，2)(5，9)
6	8	否		
7	4	是	2，9	(7，2)(7，9)
8	9	是	3，8	(8，3)(8，8)
9	7	否		
10	4	是	2，9	(10，2)(10，9)

因此，$E_{11}(1, 6)$共有 13 个点(表 7-1 中最右一列给出的 12 个点，再加上无穷远点 O)。因为任何素数阶的群都是循环群，故 $E_{11}(1, 6)$与$\mathbb{Z}_{13}$同构，且除无穷远点 O 以外的任意点都是 $E_{11}(1, 6)$的生成元。选取 $g=(2, 7)$为生成元，计算 g 的幂。注意，这里的运算是群上的加法，所以群里的幂就是倍乘，即 $g^k=g\oplus g\oplus\cdots\oplus g=kg$。

首先计算 $2g=(2, 7)\oplus(2, 7)=(x_3, y_3)$。因为

$$\lambda=\frac{3x_1^2+a}{2y_1} \bmod p=\frac{3\times 2^2+1}{2\times 7} \bmod 11=\frac{2}{3} \bmod 11=2\times 4 \bmod 11=8$$

所以

$$x_3=\lambda^2-x_1-x_2 \pmod p=64-2-2 \pmod{11}=5$$

$$y_3=\lambda(x_1-x_3)-y_1 \pmod p=8(2-5)-7 \pmod{11}=2$$

因此，$2g=(5, 2)$。

下一个幂是 $3g=2g\oplus g=(5, 2)\oplus(2, 7)=(x_4, y_4)$。再次计算 λ，因为

$$\lambda=\frac{y_2-y_1}{x_2-x_1} \bmod p=\frac{7-2}{2-5} \bmod 11=\frac{5}{8} \bmod 11=5\times 7 \bmod 11=2$$

所以

$$x_4=\lambda^2-x_1-x_2 \pmod p=4-5-2 \pmod{11}=8$$

$$y_4=\lambda(x_1-x_3)-y_1 \pmod p=2(5-8)-2 \pmod{11}=3$$

因此，$3g=(8, 3)$。

如此计算下去可得到生成元 g 的所有幂，结果如下：

g=(2, 7),　2g=(5, 2),　3g=(8, 3),　4g=(10, 2)
5g=(3, 6),　6g=(7, 9),　7g=(7, 2),　8g=(3, 5)
9g=(10, 9),　10g=(8, 8),　11g=(5, 9),　12g=(2, 4)

可以看出 $g=(2, 7)$是 $E_{11}(1, 6)$的生成元。

7.4.2 椭圆曲线上的密码体制

和 ElGamal 密码体制一样，椭圆曲线密码体制也是建立在离散对数问题上的公钥体制。通过以上分析已经知道，由椭圆曲线可以生成 Abel 群，于是可以在这样的群上构造离散对数问题。把使用有限域上椭圆曲线产生的 Abel 群 $E_p(a, b)$来构造的离散对数问题称为椭圆曲线上的离散对数。目前的研究结果表明，解决椭圆曲线上离散对数问题的最好算法比解决标准有限域上离散对数问题的最好算法还要慢许多，这保证了在椭圆曲线上构造密码体制的可行性。椭圆曲线上的离散对数描述如下：

设 $E_p(a, b)$是有限域$\mathbb{Z}_p$($p>3$ 的素数)上的一条椭圆曲线产生的 Abel 群，对于 $E_p(a, b)$上的任意两点 P 和 Q，寻找一个整数 $k<p$ 使得 $Q=kP$。明显的，如果已知 k 和 P，那么 Q 可直接求得；反过来，由 P 和 Q 难以计算出 k，特别是当 k 很大时，这个难度不亚于对 k 的分解。这个问题是椭圆曲线上的离散对数问题，有限域上的椭圆曲线提供了构造离散对数的一个新途径，可以将这种建立在椭圆曲线上的离散对数问题应用于公钥密码体制的构造。椭圆曲线上的 ElGamal 公钥密码体制描述如下：

设 $E_p(a, b)$是有限域$\mathbb{Z}_p$($p>3$ 的素数)上的一条椭圆曲线产生的 Abel 群，任取 $g\in E_p(a, b)$，且满足在由 g 生成的子群 H 上的椭圆曲线离散对数问题是难解的。再取正整数 $x<p$，计算 $y=xg$。公开密钥取为 g、y、p；私有密钥取为 x。

(1) 加密变换。对于明文 m，随机选取正整数 $k<p$，计算 $c_1=kg$ 和 $c_2=m\oplus ky$。密文为

$$c=(c_1, c_2)=(kg, m\oplus ky)$$

(2) 解密变换。

$$m=c_2\oplus(-xc_1)$$

解密的正确性是显而易见的。在使用椭圆曲线密码算法时，一个需要注意的问题是，椭圆曲线密码算法中的运算都是群 $E_p(a, b)$上元素的加法运算，因此要用某种编码方法将原始明文消息 m 嵌入到 $E_p(a, b)$的点上，然后才能使用群 $E_p(a, b)$的运算规则进行加法运算。原始消息到 $E_p(a, b)$上点的嵌入编码方法这里不予讨论。下面利用例 7.4 的椭圆曲线及其 Abel 群 $E_{11}(1, 6)$来说明椭圆曲线密码体制的操作细节。

【例 7.4】 取 $g=(2, 7)$为 $E_{11}(1, 6)$的一个生成元，假设某用户的私钥是 $x=7$，那么

$$y=7g=(7, 2)$$

即该用户的公钥是$(g, y, p)=((2, 7), (7, 2), 11)$。

假设有一明文消息 $m=(10, 9)$，现在对其进行加密。随机选取 $k=3$，密文的计算如下：

$$\begin{aligned}c=(c_1, c_2)&=(kg, m\oplus ky)=(3g, (10, 9)\oplus 3(7, 2))\\&=((8, 3), (10, 9)\oplus(3, 5))\\&=((8, 3), (10, 2))\end{aligned}$$

反过来，如果要对密文 $c=((8,3),(10,2))$ 解密，那么解密过程如下：

$$\begin{aligned} m=c_2 \oplus (-xc_1) &= (10,2)\oplus(-7(8,3)) \\ &= (10,2)\oplus(-(3,5)) \\ &= (10,2)\oplus(3,6) \\ &= (10,9) \end{aligned}$$

解密过程恢复出正确的明文。

7.4.3　椭圆曲线密码算法的特性

求解椭圆曲线上离散对数问题的难度比标准有限域上离散对数问题的难度更高；在同等难度的情况下，椭圆曲线密码算法比 RSA 等基于因数分解的密码算法有更小密钥量。因此椭圆曲线密码算法具有更好的密码学特性，具体如下：

(1) 安全性高。现在已知的解决椭圆曲线上离散对数问题的最好算法是以 Pollardρ 算法为代表的通用离散对数求解算法，该类算法的计算时间复杂度为 $O(\sqrt{N})$，其中 N 是 $E_p(a,b)$ 的最大循环子群阶的最大素因子。而要解决有限域 $\mathbb{Z}_p$ 上的标准离散对数问题，则可用指数积分法，它的时间复杂度为 $O(\exp(\sqrt[3]{\log p(\log\log p)^2}))$。显然，椭圆曲线离散对数的时间复杂度比有限域上标准离散对数的更高，因此椭圆曲线密码体制也更安全。

(2) 密钥量小，运算速度快。在实现同等级别安全性的前提下，椭圆曲线密码体制比其他公钥密码体制所需的密钥比特数要少得多。在算法的执行速度方面，椭圆曲线上的一次群运算最终化为域上不超过 15 次的乘法运算，因此它在算法实现上不成问题，但目前还难以对椭圆曲线与现有的其他公钥体制进行准确的定量比较，一个粗略的结论是椭圆曲线密码体制比相应的标准离散对数密码体制要快，且在解密方面比 RSA 快，而在验证加密方面比 RSA 慢。所以，椭圆曲线密码体制除了常规的应用以外，在移动计算设备和智能卡等存储与计算能力受限的领域特别有优势。

表 7-2 所示是在同等安全级别下，RSA 算法与椭圆曲线算法所需密钥大小的对比。

表 7-2　RSA 算法与椭圆曲线算法比较

运算量(MIPS/年)	RSA/DSA 密钥长度	椭圆曲线密钥长度	RSA 与椭圆曲线密钥长度比
10^4	512	106	5∶1
10^8	768	132	6∶1
10^{11}	1024	160	7∶1
10^{20}	2048	210	10∶1
10^{78}	21 000	600	35∶1

(3) 密码资源丰富，灵活性好。对于一个给定的有限域，其上的循环群或者循环子群也是确定的有限多个。而有限域上的椭圆曲线可以通过改变曲线方程的系数得到大量的不同曲线，进而生成更多的循环群，这为算法的安全性增加了额外的保障，同时也为算法的实现提供了更大的灵活性。

尽管椭圆曲线公钥体制具有如此好的密码学特性，经过众多密码学家多年来的深入分析，还是发现了一些问题。

首先，正如DES算法存在某些容易破解的弱密钥一样，也有一些椭圆曲线，在其上建立的离散对数是易于求解的，并且有人给出了对应的攻击方法。例如，1993年Menezes、Okamoto和Vanstone发现了一类超奇异椭圆曲线可用亚指数攻击法破解。这种方法现在被称为MOV攻击法。随后，Semaev又发现了一类异常椭圆曲线可在线性时间内求解。因此，这两类曲线在构造椭圆曲线密码体制时是应该刻意躲避的。为此，在选择椭圆曲线时应使所用$E_p(a, b)$的循环子群的阶具有长度不少于160比特的素因子，这样的椭圆曲线离散对数的安全水平相当于有限域$\mathbb{Z}_p$上标准离散对数在p的长度不少于1000比特情况下的安全性。之所以有如此大的差异是因为已知的指数积分攻击对椭圆曲线离散对数不起作用。

其次，为抵抗已知的诸如Polard ρ等求解椭圆曲线离散对数算法的攻击，也应该使椭圆曲线群$E_p(a, b)$具有阶足够大的循环子群，这一点与上述要求是一致的。

总的来讲，已经发现的椭圆曲线密码体制的缺点还不多，大多数密码学家对这种公钥体制仍持乐观态度，相关的实现和标准化工作已经逐步展开，其应用的领域也日渐扩大。

7.5 基于身份的公钥密码体制

7.5.1 概述

在公钥密码的实际应用中，需要有一种机制能够很方便地验证公钥与主体身份之间的联系，对于这一问题，传统的解决方法是采用基于公钥基础设施(PKI)的公钥证书机制，但是，这种方式的证书管理过程需要很高的计算开销和存储开销。为了简化证书管理工作，1984年，Shamir首先提出了基于身份密码学(IBC，Identity Based Cryptography)的思想。在这种新的密码系统中，用户的身份信息(如姓名、住址、电子邮件地址等可以唯一标识用户身份的信息)直接作为公钥，或者公钥可以容易地从身份信息中计算得到，而私钥则由称为私钥生成中心(PKG，Private Key Generator)的可信第三方产生后发送给用户。当用户使用通信对方的公钥时，仅需要知道其身份信息，而不需要获得并验证其公钥证书，这样就大大节省了公钥证书管理和使用中的开销。

为了阐述IBC的工作过程，Shamir设计了一个邮件加密的例子，当用户Alice要向Bob发送邮件时，假设Bob的邮箱为/bob@hotmail. com，则Alice直接用公开的字符串bob@hotmail. com加密信息即可，无须从任何证书管理机构获得Bob的公钥证书。Bob收到密文时，与私钥生成中心(PKG，Private Key Generator)联系，通过认证后，得到自己的私钥，从而可以解密信息。这样做可以大大简化邮件系统中的密钥管理，从而使公钥密码的应用变得极为方便。

可以看到，基于身份的密码系统与传统基于证书的密码系统都属于公钥密码体制，具有相似的功能，但是基于身份的密码系统因为用户公钥直接与身份信息自然绑定在一起，不再需要证书和公钥目录，因此在密钥生成和管理方面具有很大的优势，节约了计算和通信成本。

一个理想的基于身份的密码系统应满足以下几个特点：

(1) 用户只需知道通信对方的身份。

(2) 用户不用存储任何公钥、证书之类的列表。

(3) PKG只是在系统的建立阶段提供服务，且用户对其绝对无条件信任。

基于身份密码体制与传统基于证书密码体制的相同之处如下：

(1) 都属于公开密钥体系，具有一对公开密钥和私有密钥，公开密钥可以公开，私有密钥由用户秘密保存。

(2) 用户的身份都需要认证。传统基于证书密码体制中，用户需要向对方来证实自己的身份；基于身份的密码体制中，用户需要向PKG证实自己的身份。

(3) 公钥和私钥用于加密方案中，都是公钥用于加密、私钥用于解密；用于签名方案中，都是私钥用于签名、公钥用于验证签名。

(4) 体系的安全性都可以依赖于大数分解、离散对数求解、椭圆曲线求解等数学难题。

两者的不同之处在于：

(1) 密钥生成过程不同。传统基于证书的密码体制中，用户的私钥和公钥同时产生。由用户先选取私钥，然后计算出公钥$=F$(私钥)。其中F是一个从私钥空间映射到公钥空间的有效单向函数；基于身份的密码体制中，用户的公钥是已经被公开的用户身份信息，由PKG为用户生成私钥，私钥$=F$(主密钥，公钥)。其中主密钥由PKG秘密保存。由此可见，这两种密码体制的密钥生成过程正好相反。

(2) 用户身份信息的获取方式不同。在基于证书的密码体制中，用户的身份信息要和证书绑定，在验证了证书上的签名之后才能确认用户的身份；基于身份的密码体制中，标识用户身份的信息是公开的，可以直接得到。

(3) 公钥获取方式不同。基于证书的密码体制中，要获取用户的公钥，必须先获得用户的证书，证书中包括了证书权威机构(CA)对用户公钥的签名；基于身份的密码体制中，用户的公钥直接是该用户的身份信息或者是根据用户的身份信息通过一个公开算法计算出来的，不需要任何人或机构对公钥进行签名。

(4) 公钥保存方式不同。基于证书的密码体制中，包含用户公钥的证书需要一个目录存放；基于身份的密码体制中，不需要单独的目录存放公钥。

7.5.2 双线性 Diffie - Hellman 假设

基于身份的加密方案由以下四个算法构成：系统建立、私钥提取、加密和解密。

(1) 系统建立 Setup。输入安全参数k，返回系统参数 params 和主密钥 master - key。系统参数包括有限的消息空间M的描述和有限的密文空间C的描述。该算法由PKG完成，公开系统参数 params，保存主密钥 master - key。

(2) 私钥提取 Extract。输入系统参数 params、主密钥 master - key 和用户身份 ID$\in\{0, 1\}^*$，返回身份信息对应的私钥d。此处ID是一个任意的字符串，用作公钥，d是对应于身份ID的解密私钥。私钥提取算法是为给定的公钥提取一个私钥，该算法由PKG完成，并通过安全的信道将d返回给用户。

(3) 加密 Encrypt。输入系统参数 params、用户身份ID和消息$m\in M$，返回密文$c\in C$给接收方。该算法由信息发送方完成。

(4) 解密 Decrypt。输入系统参数 params、密文$c\in C$和私钥d，在正确解密时返回

$m \in M$或在不能正确解密时返回符号$\perp$。该算法由信息接收方完成。

上述算法必须满足正确性约束条件，即对于给定的身份 ID 和与之对应的私钥 d，有 $\forall m \in M$：Decrypt(params，c，d)$=m$，其中 $c=$Encrypt(params，ID，m)。

7.5.3 Boneh 和 Franklin 的 IBE 密码体制

在提出基于身份密码体制概念之后，Shamir 将设计基于身份加密方案(IBE，Identity - Based Encryption)作为一个公开问题提出。随后，有一些 IBE 方案相继提出，然而，这些方案都不能完全满足实际使用的要求，其中有一些不能抵抗用户的合谋攻击，也有一些需要 PKG 花费很高的代价去生成用户私钥，还有一些需要使用特殊的硬件支持。直到 2000 年，日本的三位密码学家 Sakai、Ohgishi 和 Kasahara 提出了使用椭圆曲线上的对(Pairing)来设计基于身份加密方案的思路。此后，双线性对(Bilinear Pairing)成为设计密码体制的一个有效的数学工具。2001 年，Boneh 和 Franklinl 使用椭圆曲线上的 Weil 对设计了首个在随机预言模型下可证明安全的实用的 IBE 方案，该方案基于双线性 Diffie - Hellman 问题假设，在自适应选择密文攻击下满足密文不可区分性，这一成果使得基于身份密码体制的设计取得了突破性进展。

1. 双线性 Diffie - Hellman 问题

设 G_1、G_2是阶为素数 q 的两个群，设 e：$G_1 \times G_1 \to G_2$ 是满足下列条件的双线性映射：

(1) 双线性。对$\forall P$，$Q \in G_1$，$\forall a$，$b \in Z_q^*$，有 $e(aP, bQ)=e(P, Q)^{ab}$。

(2) 非退化性。存在 P，$Q \in G_1$，使得 $e(P, Q) \neq 1$。即映射不能将 $G_1 \times G_1$ 中所有的对都映射为 G_2 中的单位元。

(3) 可计算性。对所有的 P，$Q \in G_1$，存在一个有效的多项式时间算法来计算 $e(P, Q)$。

双线性 Diffie - Hellman 问题是指：对于任意的 a，b，$c \in Z_q^*$，给定(P，aP，bP，cP)，其中 P 是 G_1 的生成元，计算 $e(P, P)^{abc}$ 是困难的。

2. Boneh 和 Franklin 的 IBE 方案

(1) 系统建立 Setup。

① 生成两个阶为素数 q 的群 G_1 和 G_2 及双线性映射 e：$G_1 \times G_1 \to G_2$，随机选取一个生成元 $P \in G_1$。

② 随机选取 $s \in_R Z_q$，计算公钥 $P_{pub}=sP$，s 是主密钥(master - key)。

③ 选取一个 Hash 函数 H_1：$\{0, 1\}^* \to G_1$，H_1 可以把用户的身份 ID 映射到 G_1 上。

④ 选取一个 Hash 函数 H_2：$G_2 \to \{0, 1\}^n$。

可信中心保存 s 作为主密钥(master - key)，并公布系统的公开参数(G_1，G_2，e，n，P，P_{pub}，H_1，H_2)。

(2) 私钥提取 Extract。设 ID 为用户 A 的唯一身份识别符(可信中心要对用户的身份及唯一性进行确认)，密钥生成中心的操作步骤如下：

① 计算 $Q_{ID}=H_1(ID)$，$Q_{ID} \in G_1$，Q_{ID}是用户 A 的公钥。

② 令用户 A 的私钥为 $d_{ID}=sQ_{ID}$。

(3) 加密 Encrypt。用户 B 要发送 m 给 A，首先得到系统参数(G_1，G_2，e，n，P，P_{pub}，H_1，H_2)，然后选取随机数 $r \in_R Z_q$，并计算

$$g_{ID}=e(Q_{ID},\ rP_{pub})\in G_2,\ C=(rP,\ m\oplus H(g_{ID}))$$

最后输出密文 C。

(4) 解密 Decrypt。设 $C=(U,V)$是利用用户 A 的公钥加密的密文，用户 A 用私钥 d_{ID} 计算：$m'=V\oplus H(e(d_{ID},U))$。

基于身份的密码系统简化了传统公钥密码系统中的密钥和证书管理问题，将公钥与身份统一起来，提供了很大的方便性，但同时也带来一些新问题，如用户的私钥是由密钥控制中心生成的，这在很大程度上限制了基于身份密码体制在实际中的应用范围。

7.6　公钥密码体制的应用

7.6.1　RSA 密码体制的应用

RSA 公钥密码体制自 20 世纪 70 年代提出以来，已经得到了广泛认可和应用。发展至今，电子安全领域的各方面已经形成了较为完备的国际规范。RSA 作为最重要的公开密码算法，在各领域的应用数不胜数。在硬件方面，RSA 以技术成熟的 IC 应用于各种消费类电子产品；在软件方面，RSA 的应用主要集中在因特网上。加密连接、数字签名和数字证书的核心算法广泛使用 RSA。日常应用中，有比较著名的工具包 Open SSL 应用 RSA 实现签名和密钥交换，SSL 已经在各种操作系统得到非常广泛的应用。另外，家喻户晓的 IE 浏览器也应用 SSL 协议，集成了使用 RSA 的加密功能。RSA 结合 MD5 和 SHA－1，主要应用于数 RSA 书和数字签名。对于习惯于使用网上购物和网上银行的用户来说，几乎天天都在使用 RSA 公钥密码算法。

归纳起来，RSA 公钥密码体制的具体应用体现在以下方面：

(1) 解决大规模网络应用中密钥分发和管理问题。采用分组密码、序列密码等对称密码体制时，加/解密双方所用的密钥都是秘密的，而且需要定期更换，新的密钥总是要通过某种秘密渠道分配给使用方，在传递的过程中，稍有不慎就容易泄露。RSA 作为一种典型的公钥密码体制，它相对于对称密码体制而言，优势之一就在于密钥管理相对简单，对于大规模网络应用中密钥的分发和管理问题很容易解决。

(2) 实现网络中的数字签名机制。对称密码体制由于自身的局限性而无法提供网络中的数字签名。这是因为数字签名是网络中表征人或机构的真实性的重要手段，数字签名的数据需要有唯一性、私有性，而对称密码体制中的密钥至少需要在交互双方之间共享。因此，对称密码体制不满足唯一性、私有性，无法用作网络中的数字签名。相比之下，RSA 公钥密码体制中存在一对公钥和私钥，私钥可以表征唯一性和私有性，而且经私钥加密的数据只能用与之对应的公钥来验证，其他人无法仿冒，所以可以用作网络中的数字签名服务。

(3) 加密短小消息。RSA 公钥密码体制之所以只应用于短小消息的加/解密，是因为其加密速度极慢，是 DES 算法加密速度的千分之一左右。正因为这样，把 RSA 应用于普通文件加密的想法一直被忽略。虽然 RSA 加密运算的速度十分慢，但是在 PC 性能越来越好的今天，对于几千字节的数据进行一次几百位密钥的 RSA 加密，所消耗的时间应该是可以接受的。在日常应用中，有些极其重要的文本资料是并不太大的，比如因担心遗忘而用普通文本记录的银行账号和密码、不应被陌生人知道的重要电话号码、几千字节大小的重要小图片等。

7.6.2 椭圆曲线密码体制的应用

由于椭圆曲线密码体制(ECC)相对于 RSA 具有多方面的技术优势，如更强的安全性、更高的实现效率、更节省的实现代价，吸引了大批密码学工作者就其实现与应用作了大量的研究。

椭圆曲线密码体制的具体应用体现在以下方面：

(1) ECC 在 ECDSA 中的应用。椭圆曲线数字签名算法(ECDSA)使用 Hash 函数生成消息摘要，通过椭圆曲线计算得到签名。ECDSA 与大多数签名算法类似，使用私钥进行签名，使用公钥进行验证。ECDSA 相对于传统签名算法具有速度快、强度高、签名短等优点，其用途也越来越广泛。Microsoft 产品 25 位的 CDKey 中就使用了椭圆曲线签名算法。

(2) ECC 在无线网络中的应用。在中国颁布的无线局域网国家标准 GB 15629.11-2003 中，包含了全新的 WAPI(WLAN Authentication and Privacy Infrastructure)安全机制，能为用户的 WLAN 系统提供全面的安全保护。这种安全机制由 WAI 和 WPI 两部分组成，分别实现对用户身份的鉴别和对传输数据的加密。WAI 采用公钥密码体制，利用证书来对 WLAN 系统中的用户和 AP 进行认证。证书里面包含有证书颁发者(ASU)的公钥和签名以及证书持有者的公钥和签名，其中的签名采用的就是椭圆曲线算法 ECC。

(3) ECC 在 Web 服务器上的应用。ECC 所设计的安全服务能使用较短的密钥和数据，可以减少在系统和应用程序之间传送的数据，减少传送的时间，提高了实用性。Web 服务器上集中进行密码计算就会形成瓶颈，Web 服务器上的有限带宽会使宽带费用增加；而采用 ECC 后就可节省时间和带宽，且通过算法的协商也比较容易处理兼容性方面的问题。

(4) ECC 在 IC 卡上的应用。使用 ECC 可以减少处理时间的事实使它能很好地适应 IC 卡等资源受限的平台，提高实用性。ECC 不需要协处理器就可以在 IC 卡上实现快速、安全的数字签名(这是 RSA 体制难以做到的)，而且 ECC 可使程序代码、密钥、证书的存储空间极小化，数据帧最短，便于实现，从而大大降低 IC 卡成本。

习 题 7

7-1 简述公钥密码体制的一般定义。

7-2 什么是单向陷门函数？如何将其应用于公钥密码体制设计？

7-3 简述公钥密码体制相对单钥密码体制的优势。

7-4 简述 RSA 算法的理论基础。

7-5 在 RSA 体制中，为什么加密指数 e 必须与模数 n 的欧拉函数 $\varphi(n)$ 互素？

7-6 选择 $p=7$，$q=17$，$e=5$，试用 RSA 算法对明文 $m=19$ 进行加密，再对密文解密。

7-7 对于 $n=pq$，其中 p 和 q 是两个不同的奇素数，定义

$$\Psi(n)=\frac{(p-1)(q-1)}{\gcd(p-1,\ q-1)}$$

现在将 RSA 体制修改为：加密指数 e 和解密指数 d 应满足 $ed\equiv 1 \bmod \Psi(n)$。

(1) 请证明加密和解密在修改后的密码体制中仍然是互逆的过程。

(2) 如果 $p=37$，$q=79$，$e=7$，计算在修改后的密码体制中以及原来的 RSA 密码体制中 d 的值。

7-8　如果 $e_k(x)=x$，那么称明文 x 为不动点。试证明：对于 RSA 密码体制，不动点 $x\in\mathbb{Z}_n^*$ 的个数为

$$\gcd(e-1,\ p-1)\times\gcd(e-1,\ q-1)$$

其中，$n=pq$，e 为加密指数。

7-9　给定 Rabin 密码体制：$e_k(x)=x(x+B)\bmod n$，且 $p=199$，$q=211$，$B=1357$，$n=pq$。完成下面的计算：

(1) 计算加密 $y=e_k(32\,767)$。

(2) 求(1)中算出的密文 y 的四个可能解。

7-10　找出模 13 的全体本原根。

7-11　给定一个 $\mathbb{Z}_p$ 上的 ElGamal 密码体制，其中 $p=31\,847$。若选取生成元 $g=5$，假如一个用户的秘密钥 $a=7899$，公开钥 $y=18\,074$，试解密密文(3781，14 409)。

7-12　对于椭圆曲线 $y^2=x^3+17$，已知其上的点 $P_1=(-2,\ 3)$ 和 $P_2=(2,\ 5)$，求：

(1) $-P_1$；　　(2) $2P_1$；　　(3) $P_1\oplus P_2$

7-13　给定椭圆曲线 $E_{23}(13,\ 22)$：$y^2=x^3+13x+22$。构造 $E_{23}(13,\ 22)$ 上的 ElGamal 密码体制，选取生成元为 $g=(10,\ 5)$，假设某用户的私钥为 $x=7$，公钥为 $y=7g=(17,\ 21)$。现有一消息编码后的信息 $P=(11,\ 1)$，选取随机数 $k=13$。请用该用户的公钥对 P 加密；再用私钥对密文解密。

7-14　椭圆曲线 Massey-Omura 密码体制(RSA 的椭圆曲线版本)描述如下：

设 E 是有限域 GF(p)上的椭圆曲线，N 是椭圆曲线的阶(点的个数)。用户公钥 e 和私钥 d 满足 $ed\equiv 1\bmod N$，且 $1<e<N$，$1<d<N$。假如消息 m 编码为 E 上的点 P_m，消息加密变换为

$$C_m=eP_m$$

对应的解密变换为

$$P_m=dC_m=deP_m=P_m$$

现有椭圆曲线 $E_{23}(13,\ 22)$：$y^2=x^3+13x+22$，可验证 $N=22$。设某个消息 m 编码为点 $P_m=(11,\ 1)$，用户公钥为 $e=13$，对应的私钥为 $d=17$。请用此用户公钥对 P_m 加密；再对得到的密文解密。

7-15　已知椭圆曲线 E：$y^2=x^3-4x-3\pmod 7$，上有一点 $p(-2,\ 2)$，求点 $2p$、$4p$ 和 $6p$ 的坐标。

7-16　考虑 RSA 密码体制：

(1) 取 $e=3$ 有什么优缺点？取 $d=3$ 安全吗？为什么？

(2) 设 $n=35$，已截获发给某用户的密文 $C=10$，并查到该用户的公钥 $e=5$，求出明文 M。

7-17　在 ElGamal 加密体制中，设素数 $p=71$，本原根 $g=7$，如果接收方 B 的公开钥是 $y_B=3$，发送方 A 选择的随机整数 $k=2$，求明文 $M=30$ 所对应的密文。

7-18　给定椭圆曲线：$E_7(1,\ 1)$，求满足曲线方程的所有点。

7-19 经典公钥密码体制主要建立在哪些数学难题基础之上？请描述这些困难问题并对每一困难问题列举算法实例。

7-20 公钥密码体制的概念是在解决单钥密码体制中最难解决的两个问题时提出的，这两个问题是什么？

第 8 章　数字签名与身份认证

第 7 章介绍的公钥密码体制不仅能够有效解决密钥管理问题，而且能够实现数字签名(Digital Signature)，提供数据来源的真实性、数据内容的完整性、签名者的不可否认性以及匿名性等与信息安全相关的服务和保障。数字签名对网络通信安全以及各种用途电子交易系统(如电子商务、电子政务、电子出版、网络学习、远程医疗等)的成功实现具有重要作用。本章简要介绍数字签名的基本原理，重点给出常用的 RSA 签名、ElGamal 签名等数字签名体制，以及数字签名标准(DSS)。

8.1 数字签名原理

8.1.1 数字签名的基本概念

第 6 章讨论的 Hash 函数和消息认证码能够帮助合法通信双方不受来自系统外部的第三方攻击和破坏，但却无法防止系统内通信双方之间的互相抵赖和欺骗。Alice 和 Bob 进行通信并使用消息认证码提供数据完整性保护，一方面 Alice 确实向 Bob 发送消息并附加了用双方共享密钥生成的消息认证码，但随后 Alice 否认曾经发送了这条消息，这是因为 Bob 完全有能力生成同样消息及消息认证码；另一方面，Bob 也有能力伪造一个消息及认证码并声称此消息来自 Alice。如果通信的过程没有第三方参与，那么这样的局面是难以仲裁的。因此，安全的通信仅有消息完整性认证是不够的，还需要有能够防止通信双方相互作弊的安全机制，数字签名技术正好能够满足这一需求。

在人们的日常生活中，为了表达事件的真实性并使文件核准、生效，常常需要当事人在相关的纸质文件上手书签字或盖上表示自己身份的印章。在数字化和网络化的今天，大量的社会活动正在逐步实现电子化和无纸化，活动参与者主要是在计算机及其网络上执行活动过程，因而传统的手书签名和印章已经不能满足新形势下的需求。在这种背景下，以公钥密码理论为支撑的数字签名技术应运而生。

数字签名是对以数字形式存储的消息进行某种处理，产生一种类似于传统手书签名功效的信息处理过程。它通常将某个算法作用于需要签名的消息，生成一种带有操作者身份信息的编码。通常，将执行数字签名的实体称为签名者；所使用的算法称为签名算法；签名操作生成的编码称为签名者对该消息的数字签名。消息连同其数字签名能够在网络上传输，可以通过一个验证算法来验证签名的真伪以及识别相应的签名者。

类似于手书签名，数字签名至少应该满足三个基本要求：

(1) 签名者任何时候都无法否认自己曾经签发的数字签名。

(2) 接收方能够验证和确认收到的数字签名，但任何人都无法伪造别人的数字签名。

(3) 当各方对数字签名的真伪产生争议时，通过仲裁机构(可信的第三方)进行裁决。

数字签名与手书签名也存在许多差异，大体上可以概括为：

(1) 手书签名与被签文件在物理上是一个整体，不可分离；数字签名与被签名的消息是可以互相分离的比特串，需要通过某种方法将数字签名与对应的被签消息绑定在一起。

(2) 在验证签名时，手书签名是通过物理比对，即将需要验证的手书签名与一个已经被证实的手书签名副本进行比较来判断其真伪。验证手书签名的操作也需要一定的技巧，甚至需要经过专业训练的人员和机构(如公安部门的笔迹鉴定中心)来执行。而数字签名却能够通过一个严密的验证算法准确地被验证，并且任何人都可以借助这个公开的验证算法来验证一个数字签名的真伪。安全的数字签名方案还能够杜绝伪造数字签名的可能性。

(3) 手书签名是手写的，会因人而异，它的复制品很容易与原件区分开来，从而容易确认复制品是无效的；数字签名的拷贝与其原件是完全相同的二进制比特串，或者说是两个相同的数值，不能区分谁是原件，谁是复制品。因此，必须采取有效的措施来防止一个带有数字签名的消息被重复使用。比如，Alice 向 Bob 签发了一个带有他的数字签名的数字支票，允许 Bob 从 Alice 的银行账户上支取一笔现金，那么这个数字支票必须是不能重复使用的，即 Bob 只能从 Alice 的账户上支取指定金额的现金一次；否则 Alice 的账户很快就会一无所有，这个结局是 Alice 不愿意看到的。

从上面的对比可以看出，数字签名必须能够实现与手书签名同等的甚至更强的功能。为了达到这个目的，签名者必须向验证者提供足够多的非保密信息，以便验证者能够确认签名者的数字签名；但签名者又不能泄露任何用于产生数字签名的机密信息，以防止他人伪造其数字签名。因此，签名算法必须能够提供签名者用于签名的机密信息与验证者用于验证签名的公开信息，但两者的信息交叉不能太多，联系也不能太直观，从公开的验证信息中不能轻易地推测出用于产生数字签名的机密信息。这是对签名算法的基本要求之一。

一个数字签名体制一般包含两个组成部分：签名算法(Signature Algorithm)和验证算法(Verification Algorithm)。签名算法用于对消息产生数字签名，它通常受一个签名密钥的控制，签名算法或者签名密钥是保密的，由签名者掌握；验证算法用于对消息的数字签名进行验证，并根据签名是否有效给出该签名为“真”或者“假”的结论。验证算法通常也受一个验证密钥的控制，但验证算法和验证密钥应当是公开的，以便需要验证签名的人能够方便地验证。

数字签名体制(Signature Algorithm System)是一个满足下列条件的五元组(M，S，K，SIG，VER)，其中：

- M 代表消息空间，它是某个字母表中所有串的集合。
- S 代表签名空间，它是所有可能的数字签名构成的集合。
- K 代表密钥空间，它是所有可能的签名密钥和验证密钥对(sk，vk)构成的集合。
- SIG 是签名算法，VER 是验证算法。对于任意的一个密钥对$(sk, vk)\in K$，每一个消息 $m\in M$ 和签名 $s\in S$，签名变换 SIG：$M\times K|_{sk}\rightarrow S$ 和验证变换 VER：$M\times S\times K|_{vk}\rightarrow$ {true，false}是满足下列条件的函数：

$$\mathrm{VER}_{vk}(m, s)=\begin{cases}\text{true}, & s=\mathrm{SIG}_{sk}(m)\\ \text{false}, & s\neq \mathrm{SIG}_{sk}(m)\end{cases}$$

由上面的定义可以看出，数字签名算法与公钥加密算法在某些方面具有类似的性质，甚至在某些具体的签名体制中，两者的联系十分紧密。但是从根本上来讲，它们之间还是有本质的不同，比如对消息的加/解密一般是一次性的，只要在消息解密之前是安全的就行了；而被签名的消息可能是一个具体法定效用的文件(如合同等)，很可能在消息被签名多年以后才需要验证它的数字签名，而且可能需要多次重复验证此签名。因此，对签名的安全性和防伪造的要求应更高一些，而且要求签名验证速度比签名生成速度还要快一些，特别是联机的在线实时验证。

8.1.2　数字签名的特性

综合上述数字签名应当满足的基本要求，数字签名应具备一些基本特性，这些特性可以分为功能特性和安全特性两大方面。

1. 数字签名的功能特性

数字签名的功能特性是指为了使数字签名能够实现所需要的功能要求而应具备的一些特性，这类特性主要包括：

(1) 依赖性。数字签名必须依赖于被签名消息的具体比特模式，不同的消息具有不同的比特模式，因而通过签名算法生成的数字签名也应当是互不相同的。也就是说，一个数字签名与被签消息是紧密相关、不可分割的，离开被签消息，签名不再具有任何效用。

(2) 独特性。数字签名必须根据签名者拥有的独特信息来产生，包含了能够代表签名者特有身份的关键信息。只有这样，签名才不可伪造，也不能被签名者否认。

(3) 可验证性。数字签名必须是可验证的，通过验证算法能够确切地验证一个数字签名的真伪。

(4) 不可伪造性。伪造一个签名者的数字签名不仅在计算上不可行，而且希望通过重用或者拼接的方法伪造签名也是行不通的。比如，希望把一个签名者在过去某个时间对一个消息的签名用来作为该签名者在另一时间对另一消息的签名，或者希望将签名者对多个消息的多个签名组合成对另一消息的签名，都是不可行的。

(5) 可用性。数字签名的生成、验证和识别的处理过程必须相对简单，能够在普通的设备上快速完成，甚至可以在线处理，签名的结果可以存储和备份。

2. 数字签名的安全特性

除了上述功能特性之外，数字签名还应当具备一定的安全特性，以确保它提供的功能是安全的，实现预期的安全保障。上述不可伪造性也可以看做安全特性的一个方面，除此之外，数字签名至少还应当具备如下安全特性：

(1) 单向性。类似于公钥加密算法，数字签名算法也应当是一个单向函数，即对于给定的数字签名算法，签名者使用自己的签名密钥 sk 对消息 m 进行数字签名是计算上容易的，但给定一个消息 m 和它的一个数字签名 s，希望推导出签名者的签名密钥 sk 是计算上不可行的。

(2) 无碰撞性。对于任意两个不同的消息 $m\neq m'$，它们在同一个签名密钥下的数字签名 $\mathrm{SIG}_{sk}(m)=\mathrm{SIG}_{sk}(m')$ 相等的概率是可以忽略的。

(3) 无关性。即对于两个不同的消息 $m\neq m'$，无论 m 与 m' 存在什么样的内在联系，希望从某个签名者对其中一个消息的签名推导出对另一个消息的签名是不可能的。

数字签名算法的这些安全特性从根本上消除了成功伪造数字签名的可能性，使一个签名者针对某个消息产生的数字签名与被签消息的搭配是唯一确定的，不可篡改，也不可伪造。生成数字签名的唯一途径是将签名算法和签名密钥作用于被签消息，除此之外别无他法。

8.1.3 数字签名的实现方法

现在的数字签名方案大多是基于某个公钥密码算法构造出来的。这是因为在公钥密码体制里，每一个合法实体都有一个专用的公私钥对，其中的公开密钥是对外公开的，可以通过一定的途径去查询；而私有密钥是对外保密的，只有拥有者自己知晓，可以通过公开密钥验证其真实性，因此私有密钥与其持有人的身份一一对应，可以看做其持有人的一种身份标识。恰当地应用发送方私有密钥对消息进行处理，可以使接收方能够确信收到的消息确实来自其声称的发送方，同时发送方也不能对自己发出的消息予以否认，即实现了消息认证和数字签名的功能。

图 8 - 1 给出了公钥算法用于消息认证和数字签名的基本原理。

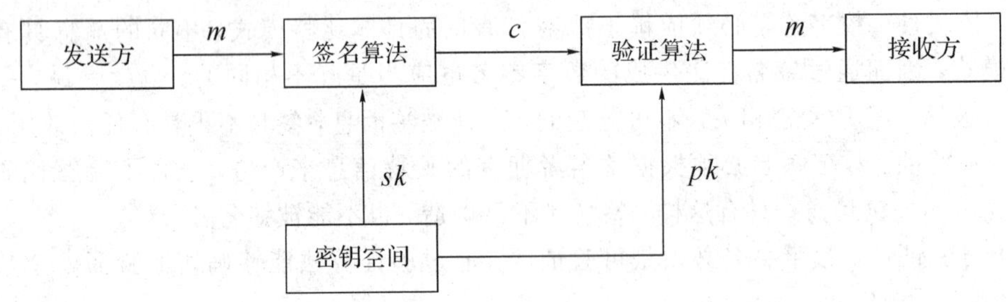

图 8 - 1　基于公钥密码的数字签名体制

在图 8 - 1 中，发送方 Alice 用自己的私有密钥 sk_A 加密消息 m，任何人都可以轻易获得 Alice 的公开秘密 pk_A，然后解密密文 c，因此这里的消息加密起不了信息保密的作用。可以从另一个角度来认识这种不保密的私钥加密。一方面，由于用私钥产生的密文只能由对应的公钥来解密，根据公钥与私钥一一对应的性质，别人不可能知道 Alice 的私钥，如果接收方 Bob 能够用 Alice 的公钥正确还原明文，表明这个密文一定是 Alice 用自己的私钥生成的，因此 Bob 可以确信收到的消息确实来自 Alice，同时 Alice 也不能否认这个消息是自己发送的；另一方面，在不知道发送方私钥的情况下不可能篡改消息的内容，因此接收方还可以确信收到的消息在传输过程中没有被篡改，是完整的。也就是说，图 8 - 1 表示的这种公钥算法使用方式不仅能够证实消息来源和发送方身份的真实性，还能保证消息的完整性，即实现了前面所说的数字签名和消息认证的效果。

在上述认证方案中，虽然传送的消息不能被篡改，但却很容易被窃听，因为任何人都可以轻易取得发送方的公钥来解密消息。为了同时实现保密和认证的能力，可以将发送方的私钥加密和接收方的公钥加密结合起来进行双重加解密，如图 8 - 2 所示。

在图 8 - 2 中，发送方 Alice 先用自己的私钥 sk_A 加密待发送消息，对消息做签名处理，然后用对方 Bob 的公钥 pk_B 对签名后的消息加密，以达到保密的目的；接收方 Bob 收到消息后先用自己的私钥 sk_B 解密消息，再用对方 Alice 的公钥 pk_A 验证签名，只有签名通过验证的消息，接收方才会接收，其中 $z=E_{sk_A}(m)$，$c=E_{pk_B}(z)=E_{pk_B}(E_{sk_A}(m))$。

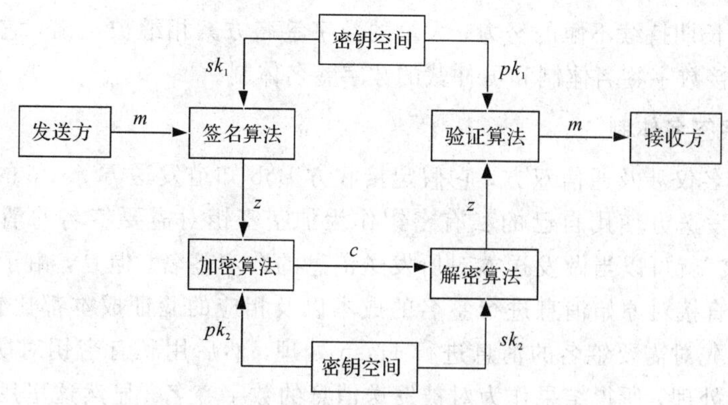

图 8-2　基于公钥密码的加密和签名体制

也许有人想改变图 8-2 中发送方 Alice 对消息双重"加密"的顺序，即先使用 Bob 的公钥 pk_B 加密，再使用 Alice 的私钥 sk_A 签名，然后将接收方 Bob 解密的顺序也做相应修改。这样做，似乎同样可以实现消息的保密性和认证性，但是如果真的按这样的顺序来处理的话，可能会有很大的安全隐患。这是因为在这种先加密后签名的方案中，发送方产生的密文，也就是在信道上传输的密文是 $c=E_{sk_A}(E_{pk_B}(m))$，任何人(不妨说是 Oscar)都可以用 Alice 的公钥 pk_A 来解密 c 得到 $E_{pk_B}(m)$，然后用自己的私钥 sk_X 来加密 $E_{pk_B}(m)$ 产生 $E_{sk_X}(E_{pk_B}(m))$，并仍然发送给 Bob，那么 Bob 收到该消息(来自 Oscar，而不是 Alice)后，接下来 Bob 就会将原本要发送给 Alice 的消息转而发送给 Oscar。也就是说，这种先加密后签名的方案允许任何用户 Oscar 伪装成合法用户 Alice，并假冒 Alice 行事。这是一个很大的安全漏洞，因此不能简单地采用这样的处理顺序。当然，这样的处理顺序也有一个优点，那就是如果接收方发现收到的消息不能通过签名验证，就不用再对其解密了，因而减少了运算量，但这点优势明显抵不上它的安全隐患。

在实际应用中，对消息进行数字签名可以选择对分组后的原始消息直接签名，但考虑到原始消息一般都比较长，可能以千比特为单位，而公钥算法的运行速度却相对较低，因此通常先让原始消息经过 Hash 函数处理，再对所得到的 Hash 码(即消息摘要)进行数字签名。在验证数字签名时，也是针对 Hash 码来进行的。通常，验证者先对收到的消息重新计算它的 Hash 码，然后用签名验证密钥解密收到数字签名，再将解密的结果与重新计算的 Hash 码比较，以确定签名的真伪。显然，当且仅当签名解密的结果与重新计算的 Hash 码完全相同时，签名为真。一个消息的 Hash 码通常只有几十到几百比特，例如 SHA-1 能对任何长度的消息进行 Hash 处理，得到 160 比特的消息摘要。因此，经过 Hash 处理后再对消息摘要签名能大大地提高签名和验证的效率，而且 Hash 函数的运行速度一般都很快，两次 Hash 处理的开销对系统影响不大。数字签名的实现方法如图 8-3 所示。

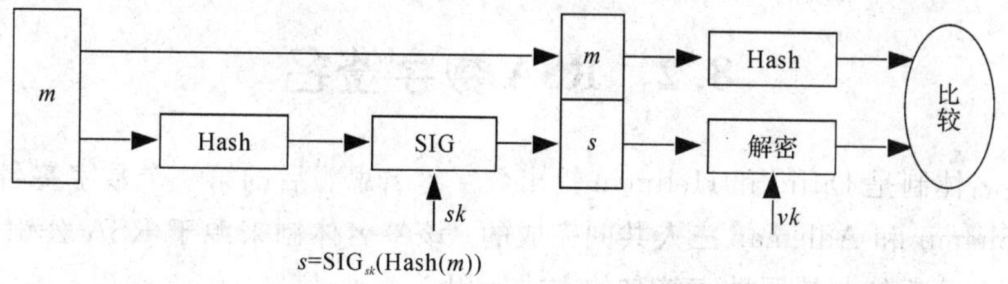

图 8-3　数字签名的实现方法

学者们经过长期持续不懈的努力，大量的数字签名方案相继被提出，它们大体上可以分成两大类：直接数字签名体制和可仲裁的数字签名体制。

1. 直接数字签名体制

直接数字签名仅涉及通信双方，它假定接收方 Bob 知道发送方 Alice 的公开密钥，在发送消息之前，发送方使用自己的私有密钥作为加密密钥对需要签名的消息进行加密处理，产生的“密文”就可以当做发送方对所发送消息的数字签名。但是，由于要发送的消息一般都比较长，直接对原始消息进行签名的成本以及相应的验证成本都比较高且速度慢，因此发送方常常先对需要签名的消息进行 Hash 处理，然后用私有密钥对所得的 Hash 码进行上述的签名处理，所得结果作为对被发送消息的数字签名。显然这里用私有密钥对被发送消息或者它的 Hash 码进行加密变换，其结果并没有保密作用，这是因为相应的公开密钥众所周知，任何人都可以轻而易举地恢复原来的明文消息，这样做的目的只是为了数字签名。

虽然上述直接数字签名体制的思想简单、可行，且易于实现，但它也存在一个明显的弱点，即直接数字签名方案的有效性严格依赖于签名者私有密钥的安全性。一方面，如果一个用户的私有密钥不慎泄密，那么在该用户发现他的私有密钥已泄密并采取补救措施之前，必然会遭受其数字签名有可能被伪造的威胁，更进一步，即使该用户发现自己的私有密钥已经泄密并采取了适当的补救措施，但其更早时间(实施补救措施之前)的数字签名仍然可以被伪造，这可以通过对数字签名附加一个较早的时间戳(实施补救措施之前的任何时刻均可)来实现。另一方面，如果因为某种原因签名者在签名后想否认他曾经对某个消息签过名，他可以故意声称他的私有密钥早已泄密，并被盗用来伪造了该签名，而直接数字签名方案本身无力阻止这种情况的发生，签名者有作弊的机会。

2. 可仲裁的数字签名体制

为了解决直接数字签名体制存在的问题，可以引入一个可信的第三方作为数字签名系统的仲裁者。每次需要对消息进行签名时，发送方先对消息执行数字签名操作，然后将生成的数字签名连同被签消息一起发送给仲裁者；仲裁者对消息及其签名进行验证，通过仲裁者验证的数字签名被签发一个证据来证明它的真实性；最后消息、数字签名以及签名真实性证据一起被发送给接收方。在这样的方案中，发送方无法对自己签名的消息予以否认，而且即使一个用户的签名密钥泄密也不可能伪造该签名密钥泄密之前的数字签名，原因是这样的伪造签名不可能通过仲裁者的验证。然而正所谓有得必有失，这种可仲裁的数字签名体制比直接数字签名体制更加复杂，仲裁者有可能成为系统性能的瓶颈，而且仲裁者必须是公正、可信的中立者。下面介绍几种数字签名体制。

8.2 RSA 数字签名

RSA 签名体制是 Diffie 和 Hellman 提出数字签名思想后的第一个数字签名体制，它是由 Rivest、Shamir 和 Adleman 三人共同完成的。该签名体制来源于 RSA 公钥密码体制的思想，将 RSA 公钥体制按照数字签名的方式运用。

8.2.1 RSA 数字签名算法

RSA 数字签名算法系统参数的选择与 RSA 公钥密码体制基本一样，首先要选取两个不同的大素数 p 和 q，计算 $n=p\times q$；再选取一个与 $\varphi(n)$ 互素的正整数 e，并计算出 d 满足 $e\times d\equiv 1 \bmod \varphi(n)$，即 d 是 e 模 $\varphi(n)$ 的逆；最后，公开 n 和 e 作为签名验证密钥，秘密保存 p、q 和 d 作为签名密钥。RSA 数字签名体制的消息空间和签名空间都是 $\mathbb{Z}_n$，分别对应于 RSA 公钥密码体制的明文空间和密文空间，而密钥空间为 $K=\{n, p, q, e, d\}$，与 RSA 公钥密码体制相同。

当需要对一个消息 $m\in\mathbb{Z}_n$ 进行签名时，签名者计算

$$s=\mathrm{SIG}_{sk}(m)=m^d \bmod n$$

得到的结果 s 就是签名者对消息 m 的数字签名。

验证签名时，验证者通过下式判定签名的真伪：

$$\mathrm{VER}_{vk}(m, s)=\mathrm{true}\Leftrightarrow m\equiv s^e \bmod n$$

这是因为类似于 RSA 公钥密码体制的解密变换，有 $s^e \bmod n=(m^d)^e \bmod n=m^{ed} \bmod n\equiv m$。

可见，RSA 数字签名的处理方法与 RSA 加/解密的处理方法基本一样，不同之处在于，签名时签名者要用自己的私有密钥对消息“加密”，而验证签名时验证者要使用签名者的公钥对签名者的数字签名“解密”。RSA 数字签名有效性的验证正好可以通过 7.2 节中 RSA 解密算法的正确性得到证实。

8.2.2 RSA 数字签名的安全问题

RSA 签名方案是依据数字签名方式运用 RSA 公钥密码算法产生的，在 7.2.2 节中已经讨论了 RSA 算法安全性的一些问题，并对如何更安全地选择 RSA 算法的参数给出了一些建议，这些讨论和建议对于 RSA 算法用于数字签名同样有效。

对 RSA 数字签名算法进行选择密文攻击可以实现三个目的：消息破译、骗取仲裁签名和骗取用户签名。具体内容简述如下：

(1) 消息破译。攻击者对通信过程进行监听，并设法成功收集到使用某个合法用户公钥 e 加密的密文 c。攻击者想恢复明文消息 m，即找出满足 $c=m^e \bmod n$ 的消息 m，攻击者可以通过如下方法处理：

第一步，攻击者随机选取 $r<n$ 且 $\gcd(r, n)=1$，计算三个值：$u=r^e \bmod n$、$y=u\times c \bmod n$ 和 $t=r^{-1} \bmod n$。

第二步，攻击者请求合法用户用其私钥 d 对消息 y 签名，得到 $s=y^d \bmod n$。

第三步，由 $u=r^e \bmod n$ 可知 $r=u^d \bmod n$，所以 $t=r^{-1} \bmod n=u^{-d} \bmod n$，那么攻击者容易计算出

$$t\times s \bmod n=u^{-d}y^d \bmod n=u^{-d}u^dc^d \bmod n=c^d \bmod n=m^{ed} \bmod =m$$

即得到了原始的明文消息。

(2) 骗取仲裁签名。仲裁签名是仲裁方(即公证人)用自己的私钥对需要仲裁的消息进行签名，起到仲裁的作用。如果攻击者有一个消息需要仲裁签名，但由于公证人怀疑消息中包含不真实的成分而不愿意为其签名，那么攻击者可以通过下述方法骗取仲裁签名。

假设攻击者希望签名的消息为 m，那么攻击者可随机选取一个值 x，并用仲裁者的公钥 e 计算 $y=x^e \bmod n$；再令 $M=m\times y \bmod n$，并将 M 发送给仲裁者要求仲裁签名；仲裁者回送仲裁签名 $M^d \bmod n$，攻击者即可计算

$$(M^d \bmod n)\times x^{-1} \bmod n=m^d\times y^d\times x^{-1} \bmod n=m^d\times x^{ed}\times x^{-1} \bmod n=m^d \bmod n$$

从而得到消息 m 的仲裁签名。

(3) 骗取用户签名。这实际上是指攻击者可以伪造合法用户对消息的签名。比如说，如果攻击者能够获得某合法用户对两个消息 m_1 和 m_2 的签名 $m_1^d \bmod n$ 和 $m_2^d \bmod n$，那么攻击者马上就可以伪造出该用户对新消息 $m_3=m_1\times m_2$ 的签名 $m_3^d \bmod n=m_1^d\times m_2^d \bmod n$。因此，当攻击者希望某合法用户对一个消息 m 进行签名但该签名者可能不愿意为其签名时，攻击者可以将 m 分解成两个(或多个)更能迷惑合法用户的消息 m_1 和 m_2，且满足 $m=m_1\times m_2$，然后让合法用户对 m_1 和 m_2 分别签名，最终攻击者获得该合法用户对消息 m 的签名。

容易看出，上述选择密文攻击都是利用了指数运算能够保持输入的乘积结构这一缺陷(称为可乘性)。因此一定要记住，任何时候都不能对陌生人提交的消息直接签名，最好先经过某种处理，比如先用单向 Hash 函数对消息进行 Hash 运算，再对运算结果签名。

以上这些攻击方法都是利用了模幂运算本身具有的数学特性来实施的。还有一种类似的构成 RSA 签名体制安全威胁的攻击方法，这种方法使任何人都可以伪造某个合法用户的数字签名，具体方法如下：

伪造者 Oscar 选取一个消息 y，并取得某合法用户(被伪造者)的 RSA 公钥(n, e)，然后计算 $x=y^e \bmod n$，最后伪造者声称 y 是该合法用户对消息 x 的 RSA 签名，达到了假冒该合法用户的目的。这是因为该合法用户用自己的私钥 d 对消息 x 合法签名的结果正好就是 y，即

$$\mathrm{SIG}_{sk}(x)=x^d \bmod n=(y^e)^d \bmod n=y^{ed} \bmod n\equiv y$$

因此从算法本身不能识别伪造者的假冒行为。如果伪造者精心挑选 y，使 x 具有明确的意义，那么造成的危害将是巨大的。

8.3 ElGamal 数字签名

ElGamal 签名体制是一种基于离散对数问题的数字签名方案。不同于既能用于加密又能用于数字签名的 RSA 算法，ElGamal 签名算法是专门为数字签名设计的，它与用于加密的 ElGamal 公钥加密算法并不完全一样。现在，这个方案的修正形式已被美国国家标准与技术协会(NIST，National Institute of Standards and Technology)采纳为用于数字签名标准(DSS)的数字签名算法。

8.3.1 ElGamal 数字签名算法

与 ElGamal 公钥密码体制一样，ElGamal 签名体制也是非确定性的，任何一个给定的消息都可以产生多个有效的 ElGamal 签名，并且验证算法能够将它们中的任何一个当做可信的签名接收。ElGamal 签名方案的描述如下：

ElGamal 签名方案的系统参数包括：一个大素数 p，且 p 的大小足以使 $\mathbb{Z}_p$ 上的离散对数问题难以求解；$\mathbb{Z}_p^*$ 的生成元 g 以及一个任取的秘密数 a；一个由 g 和 a 计算得到的整数

y，且满足

$$y=g^a \bmod p$$

这些系统参数构成 ElGamal 签名方案的密钥 $K=(p, g, a, y)$，其中(p, g, y)是公开密钥，a 是私有密钥。

在对一个消息 $m\in\mathbb{Z}_p$签名时，签名者随机选取一个秘密整数 $k\in\mathbb{Z}_p^*$ 且 $\gcd(k, \varphi(p))=1$，计算

$$\gamma=g^k \bmod p$$
$$\delta=(m-a\gamma)k^{-1} \bmod \varphi(p)$$

将得到的(γ, δ)作为对消息 m 的数字签名，即签名 $s=\mathrm{SIG}_a(m, k)=(\gamma, \delta)$。ElGamal 签名体制的签名空间为$\mathbb{Z}_p\times\mathbb{Z}_{\varphi(p)}$。

验证一个消息 m 的 ElGamal 签名时，验证者对收到的消息 m 及其签名 $s=(\gamma, \delta)$按下式验证其真伪：

$$\mathrm{VER}(m, \gamma, \delta)=\mathrm{true}\Leftrightarrow y^\gamma\gamma^\delta\equiv g^m \bmod p$$

这是因为如果签名是正确构造的，那么

$$\begin{aligned}y^\gamma\gamma^\delta &\equiv g^{a\gamma}g^{k\delta}\equiv g^{(a\gamma+k\delta)}\\ &\equiv g^{(a\gamma+k(m-a\gamma)k^{-1}\bmod\varphi(p))}\equiv g^{(a\gamma+(m-a\gamma)\bmod\varphi(p))}\\ &\equiv g^{m\bmod\varphi(p)}\\ &\equiv g^m \bmod p\end{aligned}$$

在上述 ElGamal 签名方案中，同一个消息 m，对不同的随机数 k 会得到不同的数字签名 $s=(\gamma, \delta)$，并且都能通过验证算法的验证。这就是在前面所说的不确定性，这个特点有利于提高安全性。

【例 8.1】 假设选取 $p=467$，$\mathbb{Z}_{467}$的生成元 $g=2$，签名者的私有密钥 $a=127$，那么有

$$y=g^a \bmod p=2^{127} \bmod 467=132$$

若要对消息 $m=100$ 签名，假设取随机数 $k=213$ 且

$$k^{-1} \bmod \varphi(p)=213^{-1} \bmod 466=431$$

则有

$$\gamma=g^k \bmod p=2^{213} \bmod 467=29$$
$$\delta=(m-a\gamma)k^{-1} \bmod \varphi(p)=(100-127\times29)\times431 \bmod 466=51$$

因此，得到的数字签名是 $s=(29, 51)$。

假如另取 $k=117$ 重新计算对消息 $m=100$ 的数字签名，则有

$$k^{-1} \bmod \varphi(p)=117^{-1} \bmod 466=235$$

且

$$\gamma=g^k \bmod p=2^{117} \bmod 467=126$$
$$\delta=(m-a\gamma)k^{-1} \bmod \varphi(p)=(100-127\times126)\times235 \bmod 466=350$$

所以，又得到一个新的数字签名是 $s=(126, 350)$。

下面来验证这两个数字签名的真伪。对于第一个数字签名 $s=(29, 51)$，有

$$y^\gamma\gamma^\delta=132^{29}29^{51}\equiv189 \bmod 467$$

而

$$g^m \bmod p=2^{100} \bmod 467=189$$

对于第二个数字签名 $s=(126, 350)$，仍然有

$$g^m \bmod p = 2^{100} \bmod 467 = 189$$

$$y^\gamma \gamma^\delta = 132^{126} 126^{350} \equiv 189 \bmod 467$$

所以，以上两个数字签名都是有效的。

8.3.2 针对 ElGamal 签名算法的可能攻击

由于 ElGamal 签名验证算法只是核实同余式 $y^\gamma\gamma^\delta \equiv g^m \bmod p$ 是否成立，因此攻击者可以考虑通过伪造能够满足该同余式的数偶(γ, δ)来攻击此方案。在不知道签名者私有密钥 a 的情况下，攻击者想伪造这样的数偶(γ, δ)，并使之能够成为某个消息 m 的数字签名，攻击者可以选定一个值作为 γ，然后试图找出合适的 δ，但这必须计算离散对数 $\log_\gamma^{g^m y^{-\gamma}}$。同样，攻击者也可以通过选择 δ 来寻找合适的 γ，而这必须求解同余方程

$$y^\gamma \gamma^\delta \equiv g^m \bmod p$$

来获得 γ，但目前这类方程还没有可行的解法。如果试图通过尝试不同的 γ 以得到 m，仍然需要计算离散对数 $\log_g^{y^\gamma \gamma^\delta}$。如果攻击者通过选择 γ 和 δ，然后计算出 m，那么将再一次面临求解离散对数 $\log_g^{y^\gamma \gamma^\delta}$。

因此，ElGamal 签名体制的安全性依赖于求解离散对数问题的困难性，如果求解离散对数已经不再困难，那么 ElGamal 方案也就没有任何意义了。

在假定离散对数问题依然难以求解的情况下，ElGamal 签名方案仍然存在一些安全威胁。这些安全威胁首先来自于对方案使用不当而造成的可能攻击，它包括两个方面：

(1) 对于签名中使用的随机整数 k 保管不当，发生泄露。如果攻击者知道 k 的话，那么只要攻击者能够再获得签名者对某一个消息 m 的合法签名 $s=(\gamma, \delta)$，就可以非常容易地计算出签名者的私有密钥：$a=(m-k\delta)\gamma^{-1} \bmod \varphi(p)$。这时整个系统完全被破坏，攻击者可以随意伪造该签名者的数字签名。

(2) 对 ElGamal 方案的另一个误用是重复使用签名随机数 k。这同样可以使攻击者易于计算出签名者的私有密钥 a，具体做法如下：

设(γ, δ_1)和(γ, δ_2)分别是某个签名者对消息 m_1 和 m_2 的签名，且 $m_1 \neq m_2 \bmod \varphi(p)$，有

$$m_1 = a\gamma + k\delta_1 \bmod \varphi(p)$$

$$m_2 = a\gamma + k\delta_2 \bmod \varphi(p)$$

以上两式相减得

$$m_1 - m_2 \equiv k(\delta_1 - \delta_2) \bmod \varphi(p)$$

设 $d=\gcd(\delta_1-\delta_2, \varphi(p))$，那么 $d|\varphi(p)$且 $d|(\delta_1-\delta_2)$，所以 $d|(m_1-m_2)$。记

$$m' = \frac{m_1 - m_2}{d}, \quad \delta' = \frac{\delta_1 - \delta_2}{d}, \quad p' = \frac{\varphi(p)}{d}$$

则上面等式变成

$$m' = k\delta' \bmod p'$$

因为 $\gcd(\delta', p')=1$，所以可以用扩展的欧几里得算法求出$(\delta')^{-1} \bmod p'$，然后得到

$$k = m'(\delta')^{-1} \bmod p'$$

于是，$k=m'(\delta')^{-1}+ip' \bmod \varphi(p)$，$i\in\{0, 1, \cdots, d-1\}$。对于 d 个可能的候选值，只要利用同余式

$$\gamma = g^k \bmod p$$

逐一验证，即可检测出唯一正确的那个 k。

找到了签名随机数 k，就可以像上述(1)一样计算出签名者的私有密钥 a。

除了使用不当造成的安全威胁以外，ElGamal 签名方案还面临着伪造签名的攻击。伪造 ElGamal 数字签名的方法有：

(1) 第一种伪造方法。该方法仅需知道合法签名者的签名验证密钥(即公开密钥)，即可通过任意选择的 γ，构造出 δ 和 m，使(γ, δ)恰好是该签名者对消息 m 的签名。由此可见，攻击者可以在唯密钥的情况下进行存在性伪造。

设 i 和 j 是$[0, p-2]$上的整数且 γ 可表示为 $\gamma = g^i y^j \bmod p$。那么签名验证条件是

$$g^m \equiv y^\gamma (g^i y^j)^\delta \bmod p$$

于是有

$$g^{m-i\delta} \equiv y^{\gamma + j\delta} \bmod p$$

若

$$m - i\delta \equiv 0 \bmod \varphi(p)$$

且

$$\gamma + j\delta \equiv 0 \bmod \varphi(p)$$

则 $g^m \equiv y^\gamma (g^i y^j)^\delta \bmod p$ 成立。

因此，在给定 i 和 j，且 $\gcd(j, \varphi(p)) = 1$ 的条件下，很容易利用这两个同余式求出 δ 和 m，结果如下：

$$\gamma = g^i y^j \bmod p$$
$$\delta = -\gamma j^{-1} \bmod \varphi(p)$$
$$m = -\gamma i j^{-1} \bmod \varphi(p)$$

显然，按照这种方法构造出来的(γ, δ)是消息 m 的有效签名，但它是伪造的。

下面的例子能够解释上面的攻击方法。

【例 8.2】 如例 8.1，设 $p = 467$，$g = 2$，$y = 132$。假如选择 $i = 209$ 和 $j = 147$，那么 $j^{-1} \bmod \varphi(p) = 149$。计算

$$\gamma = g^i y^j \bmod p = 2^{209} \times 132^{147} \bmod 467 = 435$$
$$\delta = -\gamma j^{-1} \bmod \varphi(p) = -435 \times 149 \bmod 466 = 425$$
$$m = -\gamma i j^{-1} \bmod \varphi(p) = -435 \times 209 \times 149 \bmod 466 = 285$$

(435, 425)是对消息 $m = 285$ 的有效签名，这可以从下面的式子得到验证：

$$y^\gamma \gamma^\delta = 132^{435} 435^{425} \equiv 34 \bmod 467$$
$$g^m = 2^{285} \equiv 34 \bmod 467$$

(2) 第二种伪造方法。该方法属于已知消息攻击的存在性伪造，伪造签名者需要从合法签名者的某个已签名消息开始，来伪造一个新消息的签名。假定(γ, δ)是消息 m 的有效签名，h、i、j 是$[0, p-2]$上的三个整数且 $\gcd(h\gamma - j\delta, \varphi(p)) = 1$。计算

$$\lambda = \gamma^h g^i y^j \bmod p$$
$$\mu = \delta\lambda (h\gamma - j\delta)^{-1} \bmod \varphi(p)$$
$$m' = \lambda (hm + i\delta)(h\gamma - j\delta)^{-1} \bmod \varphi(p)$$

那么，签名验证条件

$$y^{\lambda}\lambda^{\mu} \equiv g^{m'} \bmod p$$

显然成立。于是就伪造出一个(λ, μ)是m'的有效签名。

上述这两种伪造签名的攻击都是对ElGamal数字签名的存在性伪造，目前似乎还不能将其演化成选择性伪造，对抗这种存在性伪造的简单办法是使消息格式化。最简单的消息格式化机制是在消息中嵌入一个可识别的部分，如签名者的身份数据，使消息成为类似这样的格式：$m=M\|\mathrm{ID}$。而最有效的消息格式化机制是对消息进行Hash函数处理。如果签名者在签名之前先对消息进行Hash函数处理，那么这两种存在性伪造攻击方法就不能对ElGamal签名体制造成实际的威胁。这里我们再一次发现安全Hash处理的重要性。

(3) 第三种伪造方法。如果系统参数p和g满足如下条件：

$$\varphi(p)=bq$$
$$g=\beta^{t} \bmod p$$

其中，q是一个足够大的素数；b是一个仅具有小的素因子的数；$\beta=cq$，且$c<b$。

对于某个合法用户的公钥y，计算对数$\log_g^y$是困难的。但是，如果将底数换成g^q，求解y^q的离散对数$\log_{(g^q)}^{(y^q)}$是容易的，且该离散对数为$z=a \bmod b$。因此，下面的同余式成立：

$$y^q \equiv (g^q)^z \bmod p$$

假如伪造该合法用户的签名如下：

$$\gamma=\beta=cq$$
$$\delta=t(m-cqz) \bmod \varphi(p)$$

显然，签名有效性验证同余式成立，即

$$y^{\gamma}\gamma^{\delta}=y^{cq}\beta^{t(m-cqz)}=g^{cqz}g^{(m-cqz)}\equiv g^m \bmod p$$

因此，(γ, δ)是消息m的有效签名，在其生成过程中没有使用合法签名者的私钥a，只是使用了$a \bmod b$。

这种攻击方法虽然是一种选择性伪造攻击，但容易发现在这个攻击方法中，γ是一个可以被q整除的值，而q是$\varphi(p)$的大素因子。因此，在签名验证时，如果要求验证γ不能被q整除，那么可以防范这种签名伪造攻击。

(4) 第四种伪造方法。该方法在$\gamma>p$条件下可行。假设(γ, δ)是对消息m的有效签名，可以通过下面的步骤伪造对任意一个消息m'的数字签名：

先计算

$$u=m'm^{-1} \bmod \varphi(p)$$
$$\delta'=\delta u \bmod \varphi(p)$$

然后计算γ'，使γ'满足

$$\gamma' \equiv \gamma u \bmod \varphi(p)$$
$$\gamma' \equiv \gamma \bmod p$$

显然，可以通过中国剩余定理解出γ'。

接着验证同余式是否成立：

$$y^{\gamma'}(\gamma')^{\delta'}=y^{\gamma u}\gamma^{\delta u}=(y^{\gamma}\gamma^{\delta})^u=g^{mu}\equiv g^{m'} \bmod p$$

因此，(γ', δ')是消息m'的有效签名，但它是伪造出来的，原因是没有使用签名者的私有密钥。如果在验证签名时检查$\gamma<p$，就足以阻止这种签名伪造攻击。这是因为在上面用中国剩余定理计算出来的γ'是一个$p(p-1)$量级的量。

8.4　数字签名标准 DSS

数字签名标准(DSS，Digital Signature Standard)是由美国国家标准技术协会(NIST)于 1991 年 8 月公布，并于 1994 年 12 月 1 日正式生效的一项美国联邦信息处理标准。DSS 本质上是 ElGamal 签名体制，但它运行在较大有限域的一个小的素数阶子群上，并且在这个有限域上，计算离散对数问题是困难的。在对消息进行数字签名之前，DSS 先使用安全的 Hash 算法 SHA-1 对消息进行 Hash 处理，然后对所得的消息摘要签名。这样一来，不仅可以确保 DSS 能够抵抗多种已知的存在性伪造攻击，同时相对于 ElGamal 等签名体制，DSS 签名的长度将会大大缩短。

8.4.1　DSS 的数字签名算法

DSS 数字签名标准使用的算法称为数字签名算法(DSA，Digital Signature Algorithm)。它是在 ElGamal 和 Schnorr 两个方案基础上设计出来的。

DSA 的系统参数包括：

(1) 一个长度为 l 比特的大素数 p，l 的大小在 512 到 1024 之间，且为 64 的倍数。

(2) $(p-1)$即 $\varphi(p)$的一个长度为 160 比特的素因子 q。

(3) 一个 q 阶元素 $g\in\mathbb{Z}_p^*$。g 可以这样得到，任选 $h\in\mathbb{Z}_p^*$，若 $h^{\frac{(p-1)}{q}} \bmod p>1$，则令 $g=h^{\frac{(p-1)}{q}} \bmod p$；否则重选 $h\in\mathbb{Z}_p^*$。

(4) 一个用户随机选取的整数 $a\in\mathbb{Z}_p^*$，并计算出 $y=g^a \bmod p$。

(5) 一个 Hash 函数 H：$\{0,1\}^*\mapsto\mathbb{Z}_p$。这里使用的是安全的 Hash 算法 SHA-1。

这些系统参数构成 DSA 的密钥空间 $K=\{p, q, g, a, y, H\}$，其中(p, q, g, y, H)为公开密钥，a 是私有密钥。

为了生成对一个消息 m 的数字签名，签名者随机选取一个秘密整数 $k\in\mathbb{Z}_q$，并计算出

$$\gamma=(g^k \bmod p) \bmod q$$

$$\delta=k^{-1}(H(m)+a\gamma) \bmod q$$

$s=(\gamma, \delta)$就是消息 m 的数字签名，即 $\mathrm{SIG}_a(m, k)=(\gamma, \delta)$。由此可见，DSA 的签名空间为$\mathbb{Z}_q\times\mathbb{Z}_q$，签名的长度比 ElGamal 体制短了许多。

验证 DSA 数字签名时，验证者知道签名者的公开密钥是(p, q, g, y, H)，对于一个消息-签名对$(m, (\gamma, \delta))$，验证者计算下面几个值并判定签名的真实性：

$$w=\delta^{-1} \bmod q$$

$$u_1=H(m)w \bmod q$$

$$u_2=\gamma w \bmod q$$

$$v=(g^{u_1}y^{u_2} \bmod p) \bmod q$$

$$\mathrm{VER}(m, (\gamma, \delta))=\mathrm{true}\Leftrightarrow v=\gamma$$

这是因为如果(γ, δ)是消息 m 的有效签名，那么

$$\begin{aligned} v &=(g^{u_1}y^{u_2} \bmod p) \bmod q=(g^{H(m)\delta^{-1}}g^{a\gamma\delta^{-1}} \bmod p) \bmod q \\ &=(g^{(H(m)+a\gamma)\delta^{-1}} \bmod p) \bmod q=(g^k \bmod p) \bmod q \\ &=\gamma \end{aligned}$$

DSA 数字签名算法基本框图如图 8-4 所示。

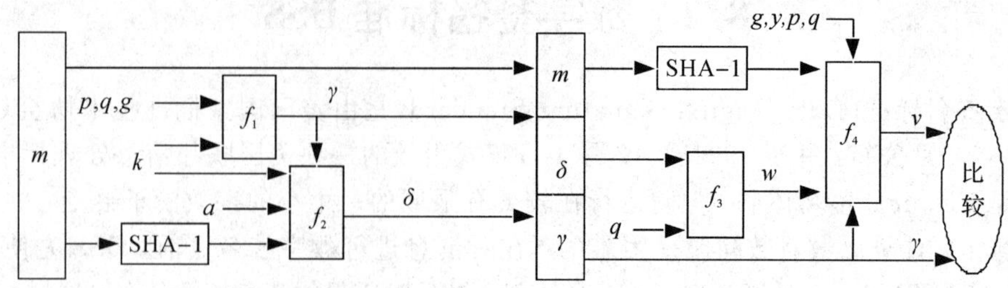

图 8-4 DSA 数字签名算法基本框图

【例 8.3】 取 $q=101$，$p=78q+1=7879$。由于 3 是 $\mathbb{Z}_{7879}^*$ 的一个生成元，因此取

$$g=3^{78} \bmod 7879=170$$

g 是 $\mathbb{Z}_{7879}^*$ 上的一个 q 阶元素。假设签名者的私有密钥为 $a=87$，那么

$$y=g^a \bmod p=170^{87} \bmod 7879=3226$$

假如该签名者要对一个消息摘要为 SHA-1$(m)=132$ 的消息 m 签名，并且签名者选择的秘密随机数为 $k=79$，签名者需要计算：

$$k^{-1} \bmod q=79^{-1} \bmod 101=78$$

$$\gamma=(g^k \bmod p) \bmod q=(170^{79} \bmod 7879) \bmod 101=907 \bmod 101=99$$

$$\delta=k^{-1}(H(m)+a\gamma) \bmod q=78\times(132+87\times 99) \bmod 101=682110 \bmod 101=57$$

因此，(99，57)是对消息摘要为 22 的消息 m 的签名。要验证这个签名，需要进行下面的计算：

$$w=\delta^{-1} \bmod q=57^{-1} \bmod 101=39$$

$$u_1=H(m)w \bmod q=132\times 39 \bmod 101=98$$

$$u_2=\gamma w \bmod q=99\times 39 \bmod 101=23$$

所以

$$v=(g^{u_1} y^{u_2} \bmod p) \bmod q=(170^{98}\times 3226^{23} \bmod 7879) \bmod 101=99=\gamma$$

说明以上签名是有效的。

8.4.2 DSA 算法的安全问题

DSS 数字签名标准公布以后，引起了学术界和产业界的广泛关注，大家对它的反应更多的是批评和谴责，认为它的政治性强于学术性。NIST 随后开展了一次征求意见活动，到 1992 年 2 月活动结束时，共收到 109 篇评论。概括起来，主要意见体现在以下几个方面：

(1) DSA 算法不能用于数据加密，也不能用于密钥分配。DSS 只是一个数字签名标准，但当时美国还没有法定的公钥加密标准，因此引起了人们对 DSS 的猜疑。

(2) DSA 算法比 RSA 慢。DSA 与 RSA 生成数字签名的速度相当，在验证签名时 DSA 比 RSA 要慢 10 到 40 倍。

(3) DSA 算法的密钥长度太短。最初的 DSA 模数为 512 比特，由于 DSA 算法的安全性依赖于求解离散对数问题的困难性，这种规模的离散对数已不能保证长期的安全，因此后来 NIST 将 DSA 的密钥设置为可变的，变化范围在 512 比特到 1024 比特之间。

(4) DSA 算法由美国国家安全局(NSA)研制，其设计过程不公开，提供的分析时间不充分，怀疑其中可能存在陷门。这主要是担心政府借机干涉公民的隐私。

(5) 其他意见。比如 DSA 算法可能侵犯别人的专利；RSA 经受了多年的分析已成为一个事实标准，并且产业界已投入了大量资金等。

现在看来，DSA 算法的安全问题并不像当初很多人猜测的那样可怕，有些涉及安全脆弱性的疑虑并不是 DSA 算法独有的，并且可以在算法的具体实现过程中通过适当的措施得以避免。但也不能说 DSA 算法是绝对完美的，在后来的分析过程中，一些有关安全的瑕疵也多次被提出，主要有以下几个方面：

(1) 攻击秘密数 k。k 是签名者选取的秘密数，每一次签名都需要一个新的 k，而且应该是随机选取的。如果攻击者能够恢复一个签名者对消息签名时使用的秘密数 k，那么就可以导出签名者的签名私钥 a。更危险的是，如果一个签名者使用同一个秘密数 k 对两个不同的消息进行签名，那么攻击者只要能够截获这两个消息及其签名，根本不需要求解 k 就可以直接导出签名者的签名私钥 a，进而能够伪造该签名者的数字签名。因此，在 DSA 的应用中，随机秘密数 k 非常敏感，运用起来一定要十分小心。通常借助一个"好"随机数生成器来应对这个问题，避免出现安全漏洞。

(2) 共用模数的危险。DSA 算法并没有为所有用户指定一个共享的公共模数，但在具体的应用中可能会要求所有人都使用相同的 p 和 q，这毕竟会给算法的实现带来一定的方便。虽然现在还没有发现公共模数会有什么问题，但对攻击者来说，公共模数显然是一个诱人的目标。

(3) DSA 的阈下信道。Simmons 发现在 DSA 算法中存在一种阈下信道。该阈下信道允许签名者在其签名中嵌入秘密消息，只有知道密钥的人能提取签名者嵌入的秘密消息。Simmons 声称，DSA"提供了至今发现的最合适于阈下信道通信的环境"。然而，NIST 和 NSA 没有对这种阈下信道做任何解释，人们有理由怀疑他们是否早已知道这种阈下信道的存在。

8.5　特殊数字签名方案

8.5.1　不可否认签名

不可否认签名(Undeniable Signature)是由 Chaum 和 van Antwerpen 在 1989 年提出来的。不可否认签名最主要的一个特点是如果没有签名者 Alice 的合作，签名的有效性就得不到验证。这就防止了由 Alice 签署的消息在没有经过 Alice 本人同意而被复制和分发的可能性。该签名方案中验证过程将通过口令-响应(Challenge-and-Response)协议来实现。

一个不可否认签名由三部分组成：签名算法、验证协议和否认协议。Chaum 和 van Antwerpen 提出的不可否认签名算法描述如下：

(1) 签名方案。签名方案包括签名算法和验证协议两部分。

设 $p=2q+1$ 是一个使得 q 为素数并且在 Z_p 上的离散对数问题是难以处理的素数，$\alpha\in Z_p^*$ 是一个阶为 q 的元素，$1\leqslant a\leqslant q-1$。令 $\beta=\alpha^a \pmod p$，G 表示 Z_p^* 上阶为 q 的乘法子群。

设 $M=S=G$，定义 $K=\{(p, a, \alpha, \beta): \beta=\alpha^a \pmod p)\}$，其中 p、α、β 是公钥，a 是私

钥。对于 key=(p, a, α, β)和 $x\in G$，定义

$$y=\mathrm{sig}_{\mathrm{key}}(x)=x^a \pmod p$$

对 x, $y\in G$，通过执行以下协议来验证签名(x, y)的有效性：

① Bob 随机选择参数 e_1, $e_2\in Z_q$。

② Bob 计算 $c=y^{e_1}\beta^{e_2} \pmod p$，将计算结果 c 发送给 Alice。

③ Alice 计算 $d=c^{a^{-1}(\mathrm{mod}\, q)} \pmod p$，将计算结果 d 发送给 Bob。

④ 当且仅当 $d\equiv x^{e_1}\alpha^{e_2} \pmod p$时，Bob 认为签名($x$, y)是合法的。

(2) 否认协议。

① Bob 随机选择参数 e_1, $e_2\in Z_q$。

② Bob 计算 $c=y^{e_1}\beta^{e_2} \pmod p$，将计算结果 c 发送给 Alice。

③ Alice 计算 $d=c^{a^{-1}(\mathrm{mod}\, q)} \pmod p$，将计算结果 d 发送给 Bob。

④ Bob 计算 $d\neq x^{e_1}\alpha^{e_2} \pmod p$。

⑤ Bob 随机选择参数 f_1, $f_2\in Z_q$。

⑥ Bob 计算 $C=y^{f_1}\beta^{f_2} \pmod p$，将计算结果 C 发送给 Alice。

⑦ Alice 计算 $D=C^{a^{-1}(\mathrm{mod}\, q)} \pmod p$，将计算结果 D 发送给 Bob。

⑧ Bob 计算 $x^{f_1}\alpha^{f_2} \pmod p$。

⑨ 当且仅当$(d\alpha^{-e_2})^{f_1}\equiv(D\alpha^{-f_2})^{e_1} \pmod p$，Bob 认为签名($x$, y)是伪造的。

以上否认协议中，步骤①～④和步骤⑤～⑧分别是两次验证过程，步骤⑨是一个一致性检验的过程，它使得 Bob 确定 Alice 是否按照协议的规定形成了响应。

以下给出签名验证过程的有效性证明。

因为

$$d=c^{a^{-1}(\mathrm{mod}\, q)} \pmod p=y^{e_1 a^{-1}(\mathrm{mod}\, q)}\beta^{e_2 a^{-1}(\mathrm{mod}\, q)} \pmod p$$

根据

$$\beta=\alpha^a \pmod p$$

有

$$\beta^{a^{-1}(\mathrm{mod}\, q)}=\alpha \pmod p$$

同理，根据

$$y=\mathrm{sig}_{\mathrm{key}}(x)=x^a \pmod p$$

有

$$y^{a^{-1}(\mathrm{mod}\, q)}=x \pmod p$$

所以有

$$d\equiv x^{e_1}\alpha^{e_2} \pmod p$$

【例 8.4】 设 $p=467$，本原元为 2，$2^2=4$ 是 G 的一个生成元，G 由模 467 的二次剩余组成。现在取参数 $\alpha=4$，$a=101$，计算 $\beta=\alpha^a \bmod 467=449$。已知消息 $x=119$，签名过程中，Alice 将用 $y=119^{101} \bmod 467=129$ 对消息 x 进行签名。

现在假设 Bob 要对签名(x, y)进行验证。Bob 随机选择参数 $e_1=38$，$e_2=297$，通过计算 $C=y^{f_1}\beta^{f_2} \pmod p=13$；相应的 Alice 计算 $D=C^{a^{-1}(\mathrm{mod}\, q)} \pmod p=9$ 进行响应。Bob 通过检验

$$119^{38}4^{397}=9 \bmod 467$$

来检查响应，将签名(x, y)作为合法签名进行接收。

8.5.2　群签名

群签名的概念最早由 Chaum 和 Heyst 于 1991 年提出。一个群签名方案允许一个群的成员代表这个群来对一个消息进行签名。签名的验证可以使用唯一的一个群公钥，但是这并不暴露签名者的身份，而且要判定两个签名是否是同一个成员发布的是不可能的。但是，为了防止以后的纠纷，指定的管理员可以打开签名，也就是说他可以判定签名者的身份。群签名具有如下特点：

(1) 只有群体中成员能代表群体签名。

(2) 接收到签名的人可以用公钥验证群签名，但是不能知道是由群体中哪个成员所签署的。

(3) 当发生争议时，可以由群体中的群主管来识别群签名的签名者。

一个群签名方案由如下四个步骤组成：

(1) 系统建立。一个概率性的算法，输入安全参数 k 生成公开参数，包括共用参数、群的公开钥和群主管的一个秘密钥。

(2) 成员注册。一个概率性的用户和群主管之间的交互协议，产生群成员的私钥和成员资格证书，并注册新成员的身份。

(3) 签名。一个概率性的算法，输入群公钥、成员证书及消息 m 和群成员的私钥 x，产生一个消息 m 的签名。

(4) 验证。任何使用者都可以运行的算法，输入群公钥、消息 m、签名 sig，输出签名 sig 是否有效。

(5) 打开。一个确定性算法，输入消息 m、签名 sig 及群主管拥有的秘密值，输出签名者的真实身份或者失败信息。

一个群签名方案必须满足如下的性质：

(1) 正确性。合法群成员的任何签名必须都是有效的。

(2) 不可伪造性。只有合法的群成员才可以签名。

(3) 匿名性。给定一个群签名，除群主管之外的任何人确定签名者的身份是计算困难的。

(4) 不可联系性。除群主管之外的任何人，要判断两个签名是否为同一个成员签署是计算困难的。

(5) 可追踪性。群主管总是可以打开一个有效的签名，从而判定签名者的真实身份。

(6) 防陷害。群主管或者群成员合伙甚至他们联合起来都不能以另一个成员的名义签名。也就是说，一个群成员不能对事实上不是由他产生的签名负责。

(7) 抗联合攻击。群成员合伙甚至全部群成员联合起来也不能阻止一个有效签名的打开。

(8) 效率。群签名的效率取决于如下几个参数：群公钥的大小、群签名的长度、算法和协议的效率。

下面介绍一个简单的群签名方案。

Chaum 和 Heyst 在提出群签名概念的同时也描述了几个群签名体制，下面将简单介绍其中之一，目的是让读者对群签名有一个直观的认识。假设有 n 个人构成一个群，GM 是该群的群管理员。

(1) 系统初始化算法。在这个算法里，群管理员 GM 为群中的每个成员分发一张秘密密钥表，这些表是互不相交的。GM 将各个成员拥有的私钥汇总在一起，将这些私钥对应的公钥以一种随机的次序排成一张表，并将这个公钥表公开。

(2) 签名生成。每个群成员每次从自己的私钥表中选取一个没有使用过的私钥，利用这个私钥对消息签名。

(3) 签名验证。如果接收方要对某个群成员产生的群签名执行签名验证，那么他就用公钥表中的每个公钥去验证，只要发现有一个公钥使签名验证通过，就说明这个签名是该群的合法签名。

(4) 签名打开。在发生争端的情况下，由于群管理员知道所有群成员私钥和公钥之间的对应关系，从而可以根据签名、公钥恢复出签名者的身份。

在这个简单的方案里，假设群成员都是在系统初始化时固定加入的，所以没有讨论群成员的动态加入问题。此外，每个群成员的任意一个私钥只能使用一次；否则，如果某个群成员使用自己的某个私钥 x_i 同时对消息 m_1、m_2 执行签名操作，那么验证者可以利用 x_i 对应的公钥 y_i 验证这两个签名有效，同时验证者可以确定这两个签名是由该群中的同一个成员产生的。这将导致方案丧失不可关联性。

在该方案中，由于群管理员知道每个群成员的私钥，因此能够以任意一个群成员的名义产生有效群签名。不过，假如群管理员总是可信的，则可以认为 GM 不会试图假冒群成员伪造群签名。

群签名给签名群体中的成员提供了匿名性，即验证者只能信任或者不信任签名在这个群中的合法性，而不知道该成员是谁，也不能从得到的签名中得出哪几个签名是由同一个人生成的。所以，群签名对于隐藏组织中的组成结构、群成员的匿名性提供了技术保障，它可以应用到电子货币的发行、政府组织结构的隐藏、匿名选举、竞标等方面。

8.5.3 环签名

环签名(Ring Signature)是由 Rivest、Shamir 和 Tauman 在 2001 年正式提出的。在一个环签名体制中，签名者可以随意挑选 $n-1$ 个人，这些人连同他自身构成一个含 n 个人的集合，该集合被称为环。然后签名者可以用自己的私钥和其他 $n-1$ 个人的公钥一起对某个消息 m 执行环签名操作，产生签名 σ。接收到消息-签名对(m, σ)后，任意一个验证者执行环签名验证算法，如果签名有效，那么可以确信该签名是由这个环中某个签名者产生的，但他无法识别该签名人的身份。由此可见，环签名体制能够实现签名者匿名性。环签名可以看成是一种简化的群签名。群签名和环签名的共同点是：接收方都无法区别出是谁对消息进行签名，但是在群签名当中，群体的管理者可以在需要时指出谁是消息的签名者；而在环签名中，除了签名者以外没有人能够恢复出签名者的身份。

环签名的这一性质在某些场合是适用的。例如，假设 Bob 是某个国家的内阁成员，他知道一条关于首相的丑闻，并想将这个丑闻泄露给报刊记者。Bob 自然不能对这个丑闻使用普通数字签名，因为这样会暴露自己的身份。Bob 也不能随便让一个平民百姓去告诉记者，因为这样的检举不具有可信性。此时，Bob 可以选择所有内阁成员，连同自己一起构成一个环，然后使用环签名体制，对该丑闻进行环签名，将产生的消息-签名对发送给记者。记者接收到该消息-签名对后执行环签名验证算法，之后可以确信这个消息是由内阁中的某个成员泄露的，从而具有很大的可信性；但同时记者无从获知检举者的身份，Bob 被猜中的概率只是 $1/n$，从而达到了匿名检举的目的。

1. 环签名的基本概念

给定一个环 $U=\{U_1, U_2, \cdots, U_n\}$，环中每个用户的公钥-私钥对为$(pk_i, sk_i)$，$i=1, \cdots, n$。不失一般性，假设 $U_k(1\leqslant k\leqslant n)$是签名者。除密钥生成算法外，一个环签名体制还包含环签名产生算法 Ring - Sign 和环签名验证算法 Ring - Verify。

(1) Ring - Sign。环签名产生算法，其输入是待签名的消息 m、环中所有成员的公钥 $pk_i(1\leqslant i\leqslant n)$、真正签名者的私钥 sk_k，该算法的输出就是 U_k 对消息 m 的环签名 σ，记做 $\sigma\leftarrow$Ring - Sign$(m, pk_1, \cdots, pk_n, sk_k)$。

(2) Ring - Verify。环签名验证算法，其输入是待验证的消息-签名对(m, σ)、环中所有成员的公钥；该算法的输出为 1 或 0(1 表示接收该签名为有效，0 表示签名无效)，通常记做 1 或 0$\leftarrow$Ring - Verify$(m, \sigma, pk_1, \cdots, pk_n)$。

2. 环签名的安全性需求

一个环签名体制是安全的，是指它至少满足下面的性质：

(1) 正确性(Consistency)。环中的任意一个成员执行环签名产生算法后，输出的签名都能通过该体制中的签名验证算法。

(2) 匿名性(Anonymity)。给定一个环签名，则任意一个验证者不会以大于 $1/n$ 的概率识别产生该签名的真正签名者，其中 n 为环中成员的个数。

(3) 不可伪造性(Unforgeability)。任意不在环 $U=\{U_1, U_2, \cdots, U_n\}$中的用户不能有效地产生一个消息-签名对$(m, \sigma)$，使得 Ring - Verify$(m, \sigma, pk_1, \cdots, pk_n)=1$。

如果一个环签名体制满足性质(1)～(3)，那么称该体制是安全的。自从该概念被提出后，环签名的研究获得了长足的进展，目前已有许多环签名体制被设计出来。

3. 一个环签名方案

Boneh 等人在 2003 年的欧洲密码学会上提出了一个环签名方案，该方案具体描述如下：

令 q 为一个大素数，G_1、G_2 分别为阶为素数 q 的加法群和乘法群，点 P 为 G_1 的生成元，双线性映射 $e: G_1\times G_1\rightarrow G_2$，哈希函数 $H: \{0, 1\}^*\rightarrow G_1$。设环中有 n 个用户，$U=\{U_1, U_2, \cdots, U_n\}$，他们的私钥为 $x_i\in_R Z_q$，公钥为 $Y_i=x_iP$，$1\leqslant i\leqslant n$。设成员 $U_k(1\leqslant k\leqslant n)$要对消息 m 产生环签名，环签名的产生算法 Ring - Sign 和验证算法 Ring - Verify 如下：

(1) Ring - Sign。通过执行以下步骤，U_k 可以产生消息 m 的环签名：

① 计算 $H=H(m)$。

② 选择随机数 $\sigma_i\in_R Z_q(i=1, \cdots, k-1, k+1, \cdots, n)$。

③ 计算 $\sigma_i=a_iP(i=1, \cdots, k-1, k+1, \cdots, n)$。

④ 计算 $\sigma_k=\dfrac{1}{x_k}\left(H-\sum\limits_{j\neq k}a_jY_j\right)$。

⑤ 输出$(\sigma_1, \cdots, \sigma_{k-1}, \sigma_k, \sigma_{k+1}, \cdots, \sigma_n)$作为对消息 m 的环签名。

(2) Ring - Verify。给定一个环 $U=\{U_1, U_2, \cdots, U_n\}$、消息 m 和待验证的环签名 $(\sigma_1, \cdots, \sigma_{k-1}, \sigma_k, \sigma_{k+1}, \cdots, \sigma_n)$，任意一个验证者首先计算 $H=H(m)$，然后判断下面等式是否成立：

$$e(H, P) = \prod_{i=1}^{n} e(Y_i, \sigma_i)$$

若等式成立，则接收该签名有效；否则拒绝该签名。

8.5.4 代理签名

在现实世界中，权力往往可以传递，某人可以全权或部分委托他人来代表自己行使权力，如委托他人代理自己签署文件，或将自己的印章交给其他人。代理签名技术是一类能够实现权力传递的数字签名。代理签名是指签名者可以授权他人代理自己，由被指定的代理签名者代表原始签名者生成有效的签名。代理签名的概念在 1996 年由 Mambo、Usuda 和 Okamoto 首先提出。由于代理签名技术有着重要的用途，因此引起了广大学者的关注，国内外学者已在其概念的界定和实现理论与技术方面取得了许多重要成果。

下面介绍一种基于离散对数的代理签名方案。该方案具体描述如下。

(1) 初始化参数定义。

- p 是大素数，在 Z_p^* 中离散对数是难解的。
- q 是大素数，且 $q|p-1$。
- $g\in Z_p^*$ 是一个 q 阶生成元。

原始签名者 A 和代理签名者 B 的私钥分别是 x_A 和 x_B，相应的公钥为

$$y_A = g^{x_A} \pmod p$$
$$y_B = g^{x_B} \pmod p$$

(2) 签名权的委托过程。原始签名者 A 随机选择一整数 $k\in Z_p^*$，计算

$$r = g^k \pmod p$$
$$w = x_A + kr \pmod q$$

那么 A 将 (w, r) 通过安全信道发送给代理签名者 B。

代理签名者 B 接收到 (w, r) 后，验证等式 $g^w \equiv y_A r^r \pmod p$ 是否成立。若该等式成立，则 (w, r) 是一个有效的代理密钥；否则，他拒绝接收该密钥，并要求原始签名者重新给他发送一个新的代理密钥，或停止协议。

(3) 代理签名者的签名过程。当代理签名者 B 代表原始签名者 A 对消息 m 签名时，生成普通的数字签名

$$s = \mathrm{Sig}x_B(w, m)$$

比如

$$s = x_B + wm \pmod p$$

将 (s, r) 作为他代表 A 对消息 m 的数字签名，即代理签名。

(4) 代理签名的验证过程。当代理签名的接收方收到消息 m 和代理签名 (s, r) 后，计算

$$v = y_A r^r \pmod p$$

验证

$$g^s \equiv y_B v^m \pmod p$$

因为

$$v = y_A r^r \equiv g^{x_A} g^{kr} \equiv g^{x_A + kr} = g^w \pmod p$$

表明 v 可作为密钥 w 的验证公钥。由 w 对 m 所作数字签名 $s = \mathrm{Sig}x_B(w, m)$ 就可进一步得到

$$y_B v^m \equiv g^{x_B}(g^w)^m \equiv g^{x_B + wm} \equiv g^s \pmod p$$

代理签名方案特有的优点：能防止代理签名者滥用自己的签名权。签名方案附有授权消息，且受到安全 Hash 函数的保护。这样代理签名者既不能将自己的代理权转移给他人，又不能对任何消息(如有损原始签名者利益的消息)进行签名。

8.5.5　签密

保密和认证是当代密码系统最重要的两个方面。在大多数情况下，需要同时达到数据的保密性和认证性。传统的方法是采用“先签名后加密”的方法来同时达到这两个目的，其运算代价是两者之和，效率比较低。1997 年，Y. Zheng 首次提出了签密的概念，签密是在一个逻辑步骤内同时实现认证和加密的一种新密码技术，其效率远远高于先签名后加密的传统方法。

签密是一种特殊的公钥密码方案，其实质是一个两方协议。执行协议的双方为签密方(发送方)S 和解签密方(接收方)R。S 对消息空间 M 中的一则消息 m 签密，产生签密文 ω，R 解密出原始消息同时验证。类似于签名，发生争议时第三方可以进行仲裁。以下给出签密的有关定义。

定义 8.1　签密方案 $\Sigma = (\mathrm{Gen}, \mathrm{SC}, \mathrm{DSC})$ 由三个算法组成：

(1) 密钥生成算法 Gen，为用户 U 产生密钥对，$(\mathrm{SDK}_U, \mathrm{VEK}_U) \leftarrow \mathrm{Gen}(U, T)$，$T$ 为安全参数，SDK 为私钥，VEK 为公钥。

(2) 签密算法 SC，为概率算法，对于消息 $m \in M$，$\omega \leftarrow \mathrm{SC}(m, \mathrm{SDK_S}, \mathrm{VEK_R})$，$\omega$ 为签密文。

(3) 解签密算法 DSC，为确定算法，对于签密文 ω，$m \cup \{\perp\} \leftarrow \mathrm{DSC}(\omega, \mathrm{SDK_R}, \mathrm{VEK_S})$，符号 $\perp$ 表示验证失败。

下面介绍 Y. Zheng 基于短签名的签密方案 SCS。

Y. Zheng 提出了第一个示范性的签密方案 SCS。这个方案基于由 DSS 变形得到的短签名 SDSS1 和 SDSS2。该方案描述如下：

(1) 参数说明。p 为一个大素数，g 为 $p-1$ 的一个大素因子，g 为乘法群 Z_p^* 中的一个 q 阶元素，Hash 为一个单向哈希函数，KH 为带密钥的单向哈希函数，(E, D) 为一个对称密码(如 DES、AES)的加密和解密操作，$x_a \in Z_p^*$ 为签密方 Alice 的私钥，$y_a = g^{x_a} \bmod p$ 为 Alice 的公钥，$x_b \in Z_p^*$ 为接收方 Bob 的私钥，$y_b = g^{x_b} \bmod p$ 为 Bob 的公钥。Alice 要生成对消息 m 的签密，并发送给 Bob。

(2) 签密算法。Alice 随机选择一个整数 $x \in Z_p^*$，作如下计算：

$$(k_1, k_2) = \mathrm{Hash}(y_b^x) \bmod p$$

$$c = E_{k_1}(m)$$

$$r = \mathrm{KH}_{k_2}(m)$$

$$s = x/(r + x_a) \bmod q$$

三元组(c, r, s)为签密文本，并发送给 Bob。

(3) 解签密算法。Bob 对(c, r, s)作如下计算：

$$(k_1, k_2)=\text{Hash}(y_a g^r)^{x_b} \bmod p$$

$$m=E_{k_1}(c)$$

恢复出明文消息。

检验是否有 $\text{KH}_{k_2}(m)=r$ 成立。若成立则说明消息来自 Alice。

该方案在设计时力求最大限度地提高计算和通信方面的效率，以显示出签密相对于 Sign - then - Encrypt 方式的优势，所以签名部分采用了一个通信效率很高的非标准短签名，加密部分也采用了速度很快的对称加密，用离散对数完成了加密和认证密钥与接收方公钥的关联(也建立了与接收方私钥的关联)。

8.6 身份认证

我们生活的现实世界是一个真实的物理世界，每个人都拥有独一无二的物理身份。而今我们也生活在数字世界中，一切信息都由一组特定的数据表示，当然也包括用户的身份信息。如果没有有效的身份认证管理手段，访问者的身份就很容易被伪造，使得任何安全防范体系都形同虚设。因此，在计算机和互联网络世界里，身份认证是一个最基本的要素，也是整个信息安全体系的基础。

身份认证是证实客户的真实身份与其所声称的身份是否相符的验证过程。目前，计算机及网络系统中常用的身份认证技术主要有以下几种：

(1) 用户名/密码方式。用户名/密码是最简单也是最常用的身份认证方法，是基于"what you know"的验证手段。每个用户的密码是由用户自己设定的，只有用户自己才知道。只要能够正确输入密码，计算机就认为操作者是合法用户。实际上，由于许多用户为了防止忘记密码，经常采用诸如生日、电话号码等容易被猜测的字符串作为密码，或者把密码抄在纸上放在一个自认为安全的地方，这样很容易造成密码泄漏。即使能保证用户密码不被泄漏，由于密码是静态的数据，在验证过程中需要在计算机内存中和网络中传输，而每次验证使用的验证信息都是相同的，很容易被驻留在计算机内存中的木马程序或网络中的监听设备截获，因此，从安全性上讲，用户名/密码方式是一种极不安全的身份认证方式。

(2) 智能卡认证。智能卡是一种内置集成电路的芯片，芯片中存有与用户身份相关的数据。智能卡由专门的厂商通过专用的设备生产，是不可复制的硬件。智能卡由合法用户随身携带，登录时必须将智能卡插入专用的读卡器读取其中的信息，以验证用户的身份。智能卡认证是基于"what you have"的手段，通过智能卡硬件不可复制来保证用户身份不会被仿冒。然而，由于每次从智能卡中读取的数据是静态的，通过内存扫描或网络监听等技术还是很容易截取到用户的身份验证信息，因此智能卡认证还是存在安全隐患。

(3) 动态口令。动态口令技术是一种让用户密码按照时间或使用次数不断变化、每个密码只能使用一次的技术。它采用一种叫做动态令牌的专用硬件，内置电源、密码生成芯片和显示屏，密码生成芯片运行专用的密码算法，根据当前时间或使用次数生成当前密码并显示在显示屏上。认证服务器采用相同的算法计算当前的有效密码，用户使用时只需要将动态令牌上显示的当前密码输入客户端计算机，即可实现身份认证。由于每次使用的密码必须由动态令牌来产生，只有合法用户才持有该硬件，因此只要通过密码验证就可以认为该用户的身份是可靠的。而用户每次使用的密码都不相同，即使黑客截获了一次密码，也无法利用这个密码来仿冒合法用户的身份。动态口令技术采用"一次一密"的方法，有效保证了用户身份的安全性。但是如果客户端与服务器端的时间或次数不能保持良好的同步，就可能发生合法用户无法登录的问题。并且用户每次登录时需要通过键盘输入一长串无规律的密码，一旦输错就要重新操作，使用起来非常不方便。

(4) USB Key 认证。基于 USB Key 的身份认证方式是近几年发展起来的一种方便、安全的身份认证技术。它采用软件与硬件相结合、一次一密的强双因子认证模式，很好地解决了安全性与易用性之间的矛盾。USB Key 是一种 USB 接口的硬件设备，它内置单片机或智能卡芯片，可以存储用户的密钥或数字证书，利用 USB Key 内置的密码算法实现对用户身份的认证。基于 USB Key 身份认证的系统主要有两种应用模式：一是基于冲激响应的认证模式；二是基于 PKI 体系的认证模式。

(5) 生物特征认证。基于生物特征的身份识别技术主要是指通过可测量的身体或行为等生物特征进行身份认证的一种技术，是基于"what you are"的身份认证手段。生物特征是指唯一的可以测量或自动识别和验证的生理特征或行为方式。生物特征分为身体特征和行为特征两类。其中，身体特征包括指纹、掌形、视网膜、虹膜、人体气味、脸形、手的血管和 DNA 等；行为特征包括签名、语音、行走步态等。从理论上说，生物特征认证是最可靠的身份认证方式，由于它直接使用人的物理特征来表示每一个人的数字身份，不同的人具有不同的生物特征，因此几乎不可能被仿冒。但是，近年来随着基于生物特征的身份识别技术被广泛应用，相应的身份伪造技术也随之发展，对其安全性提出了新的挑战。

由于以上这些身份识别方法均存在一些安全问题，因此本书将主要讨论基于密码技术和 Hash 函数设计的安全的用户身份识别协议。

从实用角度考虑，要保证用户身份识别的安全性，识别协议至少要满足以下条件：

(1) 识别者 A 能够向验证者 B 证明他的确是 A。

(2) 在识别者 A 向验证者 B 证明他的身份后，验证者 B 没有获得任何有用的信息，B 不能模仿 A 向第三方证明他是 A 。

目前已经设计出了许多满足这两个条件的识别协议。比如 Schnorr 身份识别协议、Okanmto 身份识别协议、Guillou - Quisquater 身份识别协议和基于身份的识别协议等。这些识别协议均是询问-应答式协议。询问-应答式协议的基本观点是：验证者提出问题(通常是随机选择一些随机数，称做口令)，由识别者回答，然后验证者验证其真实性。一个简单的询问-应答式协议的例子如下：

(1) 识别者 A 通过用户名和密码向验证者 B 进行注册。

(2) 验证者 B 发给识别者 A 一个随机号码(询问)。

(3) 识别者 A 对随机号码进行加密，将加密结果作为答复，而加密过程需要使用识别者 A 的私钥来完成(应答)。

(4) 验证者 B 证明识别者 A 确实拥有相关密钥(密码)。

对于攻击者 Oscar 来说，以上询问-应答过程具有不可重复性，这是因为当 Oscar 冒充识别者 A 与验证者 B 进行联系时，将得到一个不同的随机号码(询问)。由于 Oscar 无法获知识别者 A 的私钥，因此他就无法伪造识别者 A 的身份信息。

以上例子中的身份验证过程是建立在识别者 A 和验证者 B 之间能够互相信任的基础上的，如果识别者 A 和验证者 B 之间缺乏相互信任，那么以上验证过程将是不安全的。考虑到实际应用中识别者 A 和验证者 B 之间往往会缺乏信任，因此，在基于询问-应答式协议设计身份识别方案时，要保证识别者 A 的加密私钥不被分享。

根据攻击者采取攻击方式的不同，目前对身份认证协议的攻击包括假冒、重放攻击、交织攻击、反射攻击、强迫延迟和选择文本攻击等。

(1) 假冒：一个识别者 A_1 声称是另一个识别者 A_2 的欺骗。

(2) 重放攻击：针对同一个或者不同的验证者，使用从以前执行的单个协议得到的信息进行假冒或者其他欺骗。对存储的文件，类似的重放攻击是重新存储攻击，攻击过程使用早期的版本来代替现有文件。

(3) 交织攻击：对从一个或多个以前的或同时正在执行的协议得来的信息进行有选择的组合，从而假冒或者进行其他欺骗。其中的协议包括可能由攻击者自己发起的一个或者多个协议。

(4) 反射攻击：从正在执行的协议将信息发送回该协议的发起者的交织攻击。

(5) 强迫延迟：攻击者截获一个消息，并在延迟一段时间后重新将该消息放入协议中，使协议继续执行，此时强迫延迟发生(这里需要注意的是，延迟的消息不是重放消息)。

(6) 选择文本攻击：是对询问-应答协议的攻击。其中，攻击者有策略地选择询问消息以尝试获得识别者的密钥信息。

8.6.1 Schnorr 身份认证协议

1991 年，Schnorr 提出了一种基于离散对数问题的交互式身份认证协议，能够有效验证识别者 A 的身份。该身份认证协议不仅具有计算量小、通信数据量少、适用于智能卡等优点，而且认证协议融合了 ElGamal 协议、Fiat - Shamir 协议等交互式协议的特点，具有较好的安全性和实用性，被广泛应用于身份识别的各个领域。

Schnorr 身份认证协议首先需要一个信任中心 TA(Trusted Authoroty)为识别者 A 颁发身份证书。信任中心首先确定以下参数：

(1) 选择两个大素数 p 和 q，其中 $q|(p-1)$。

(2) 选择 $a\in Z_p^*$，其中 α 的阶为 q。

(3) 选择身份识别过程中要用到的 Hash 函数 h。

(4) 确定身份识别过程中用到的公钥加密算法的公钥 a 和私钥 b。该过程通过识别者 A 选定加密私钥 $b\in Z_q^*$，同时计算相应的加密公钥 $a=(\alpha^b)^{-1} \bmod p$。

对于需要进行身份识别的每一个用户，均需要先到信任中心 TA 进行身份注册，由信任中心颁发相应的身份证书，具体注册过程为：TA 首先对申请者的身份进行确认，在此基础上，对每一位申请者指定一个识别名称 Name，Name 中包含有申请者的个人信息(如姓名、职业、联系方式等)和身份识别信息(如指纹信息、DNA 信息等)。TA 应用选定的 Hash 函数对用户提供的 Name 和加密公钥 a 计算其 Hash 函数值 $h(\text{Name}, a)$，并对计算结果进行签名得到 $s=\text{Sign}_{\text{TA}}(\text{Name}, a)$。

在 TA 进行以上处理的基础上，具体的识别者 A 和验证者 B 之间的身份识别过程描述如下：

(1) 识别者 A 选择随机整数 $k \in Z_q^*$，并计算 $\gamma = \alpha^k \bmod p$。

(2) 识别者 A 将 $C(A) = (\text{Name}, a, s)$ 和 γ 发送给验证者 B；

(3) 验证者 B 应用信任中心 TA 公开的数字签名验证算法 Ver_{TA}，验证签名 $\text{Ver}_{\text{TA}}(\text{Name}, a, s)$ 的有效性。

(4) 验证者 B 选择一个随机整数 $r(1 \leqslant r \leqslant 2^t)$，并将其发给识别者 A，其中 t 为 Hash 函数 h 的消息摘要输出长度。

(5) 识别者 A 计算 $y = (k + br) \bmod q$，将计算结果 y 发送给验证者 B。

(6) 验证者 B 通过计算 $\gamma \equiv \alpha^y a^r \bmod p$ 来验证身份信息的有效性。

在以上 Schnorr 身份认证协议中，参数 t 被称为安全参数，它的目的是防止攻击者 Oscar 伪装成识别者 A 来猜测验证者 B 选取的随机整数 r。如果攻击者能够知道随机整数 r 的取值，那么他可以选择任何的 y，并计算 $\gamma \equiv \alpha^y a^r \bmod p$，攻击者 Oscar 将在识别过程的第(2)步将自己计算得到的 γ 发送给验证者 B；当验证者 B 将选择的参数 r 发送给 Oscar 时，Oscar 可以将自己已经经过计算的 y 值发送给验证者 B，以上提供的数据将能够通过第(6)步的验证过程，Osacr 从而成功地实现伪造识别者 A 的身份认证信息。因此，为了保证以上身份认证协议的安全性，Schnorr 建议 Hash 函数 h 的消息摘要长度不小于 72 比特。

Schnorr 提出的身份认证协议实现了在识别者 A 的加密私钥信息不被验证者 B 知道的情况下，识别者 A 能够向验证者 B 证明他知道加密私钥 b 的值，该证明过程通过身份认证协议的第(5)步来实现。具体方案是通过识别者 A 应用加密私钥 b，计算 $y = (k + br) \bmod q$，回答验证者 B 选取的随机整数 r 来完成。在整个身份认证过程中，加密私钥 b 的值一直没有被泄漏，所以这种技术被称为知识的证明。

为了保证 Schnorr 身份认证协议的计算安全性，在加密参数的选取过程中，要求参数 q 长度不小于 140 比特，参数 p 的长度至少要达到 512 比特。对于参数 α 的选取，可以先选择一个 Z_p 上的本原元 $g \in Z_p$，通过计算 $\alpha = g^{(p-1)/q} \bmod p$ 得到相应的参数 α 的取值。

对 Schnorr 身份认证协议的攻击涉及离散对数问题的求解问题，由于当参数 p 满足一定的长度要求时，Z_p 上的离散对数问题在计算上是不可行的，因此保证了 Schnorr 身份认证协议的安全性。

需要说明的是，Schnorr 身份认证协议的实现必须存在一个信任中心 TA 负责管理所有用户的身份信息，每一位需要进行身份认证的用户首先要到信任中心进行身份注册，只有经过注册的合法用户，才可以通过以上协议进行身份认证。但是在整个身份的认证过程中，不需要信任中心 TA 参与。

8.6.2　Okamoto 身份认证协议

Okamoto 身份识别协议是 Schnorr 协议的一种改进方案。

Okamoto 身份识别协议也需要一个信任中心 TA，TA 首先确定以下参数：

(1) 选择两个大素数 p 和 q。

(2) 选择两个参数 $\alpha_1, \alpha_2 \in Z_p$，且 α_1 和 α_2 的阶均为 q。

(3) TA 计算 $c = \log_{\alpha_1} \alpha_2$，以保证任何人要得到 c 的值在计算上是不可行的；

(4) 选择身份识别过程中要用到的 Hash 函数 h。

信任中心 TA 向用户 A 颁发证书的过程描述如下：

(1) TA 对申请者的身份进行确认，在此基础上，对每一位申请者指定一个识别名称 Name。

(2) 识别者 A 秘密地选择两个随机整数 m_1，$m_2 \in Z_q$，并计算 $v = \alpha_1^{-m_1} \alpha_2^{-m_2} \bmod p$，将计算结果发给信任中心 TA。

(3) 信任中心 TA 计算 $s = \mathrm{Sign_{TA}}(\mathrm{Name}, v)$ 对信息进行签名，将结果 $C(A) = (\mathrm{Name}, v, s)$ 作为认证证书颁发给识别者 A。

在 TA 进行以上处理的基础上，Okamoto 身份识别协议中，识别者 A 和验证者 B 之间的过程描述如下：

(1) 识别者 A 选择两个随机数 r_1，$r_2 \in Z_q$，并计算 $X = \alpha_1^{r_1} \alpha_1^{r_2} \bmod p$。

(2) 识别者 A 将他的认证证书 $C(A) = (\mathrm{Name}, v, s)$ 和计算结果 X 发送给验证者 B。

(3) 验证者 B 应用信任中心 TA 公开的数字签名验证算法 $\mathrm{Ver_{TA}}$，计算 $\mathrm{Ver_{TA}}(\mathrm{Name}, v, s)$ 来验证签名的有效性。

(4) 验证者 B 选择一个随机数 e，$1 \leqslant e \leqslant 2^t$，并将 e 发给识别者 A。

(5) 识别者 A 计算 $y_1 = (r_1 + m_1 e) \bmod q$，$y_2 = (r_2 + m_2 e) \bmod q$，并将 y_1 和 y_2 发给验证者 B。

(6) 验证者 B 通过计算 $X = \alpha_1^{y_1} \alpha_2^{y_2} v^e \bmod p$ 来验证身份信息的有效性。

Okamoto 身份认证协议与 Schnorr 身份认证协议的主要区别在于：当选择的计算参数保证 Z_p 上的离散对数问题是安全的，则可以证明 Okamoto 身份认证协议就是安全的。该证明过程的基本思想是：识别者 A 通过执行该认证协议多项式向攻击者 Oscar 识别自己，假定 Oscar 能够获得识别者 A 的秘密指数 α_1 和 α_2 的某些信息，那么将可以证明识别者 A 和攻击者 Oscar 一起能够以很高的概率在多项式时间内计算出离散对数 $c = \log_{\alpha_1} \alpha_2$，这和认为离散对数问题是安全的假设相矛盾。因此就证明了 Oscar 通过参加协议一定不能获得关于识别者 A 的指数的任何信息。

8.6.3 Guillou - Quisquater 身份认证协议

Guillou - Quisquater 身份认证协议的安全性基于 RSA 公钥密码体制的安全性。该协议的建立过程也需要一个信任中心 TA，TA 首先确定以下参数：

(1) 选择两个大素数 p 和 q，计算 $n = pq$，公开 n，保密 p 和 q。

(2) 随机选择一个大素数 b 作为安全参数，同是选择一个公开的 RSA 加密指数。

(3) 选择身份识别过程中要用到的 Hash 函数 h。

信任中心 TA 向用户 A 颁发证书的过程描述如下：

(1) TA 对申请者的身份进行确认，在此基础上，对每一位申请者指定一个识别名称 Name。

(2) 识别者 A 秘密地选择一个随机整数 $m \in Z_n$，计算 $v = (m^{-1})^b \bmod n$ 并将计算结果发给信任中心 TA。

(3) TA 对 (Name, v) 进行签名得到 $s = \mathrm{Sign_{TA}}(\mathrm{Name}, v)$，信任中心 TA 将证书 $C(A) = (\mathrm{Name}, v, s)$ 发给识别者 A。

在 TA 进行以上处理的基础上，Guillou - Quisquater 身份认证协议中的识别者 A 和验证者 B 之间的过程描述如下：

(1) 识别者 A 选择一个随机整数 $r \in Z_n$，计算 $X = r^b \bmod n$，并将他的证书 $C(A)$ 和 X 发送给验证者 B。

(2) 验证者 B 通过计算 $\text{Ver}_{\text{TA}}(\text{Name}, v, s) = \text{TRUE}$ 来验证信任中心 TA 签名的有效性。

(3) 验证者 B 选择一个随机整数 $e \in Z_b$，并将其发给识别者 A。

(4) 识别者 A 计算 $y = rm^e \bmod n$，并将其发送给验证者 B。

(5) 验证者 B 通过计算 $X = v^e y^b \bmod n$ 来验证身份信息的有效性。

可以看出，Guillou - Quisquater 身份认证协议的安全性与 RSA 公钥密码体制一样，均基于大数分解的困难性问题，该性质能够保证 Guillou - Quisquater 身份认证协议是计算安全的。

习　题　8

8-1　简述数字签名的基本原理。

8-2　简述直接数字签名与可仲裁数字签名的特点及区别。

8-3　设计一个方案，能够同时实现对消息的签名和保密。

8-4　假设某签名者使用系统参数为 $p = 31\ 847$、$g = 5$ 和 $y = 25\ 703$ 的 ElGamal 签名方案，对消息 $x_1 = 8990$ 的签名是(23 972，31 396)，对另一消息 $x_2 = 31\ 415$ 的签名是(23 972，20 481)，试计算签名者使用的秘密随机数 k 和签名私钥 a(不需要求解离散对数问题)。

8-5　在 ElGamal 签名方案或 DSA 方案中不允许 $\delta = 0$。试证明如果对消息签名时算出 $\delta = 0$，那么攻击者很容易计算出签名者的签名私钥 a。

8-6　在 DSA 算法的数字签名中不允许 $\gamma = 0$。试证明如果已知一个消息的 DSA 签名中 $\gamma = 0$，那么就可以确定此签名所用的秘密值 k，进而对任何消息均可伪造一个在 $\gamma = 0$ 时的数字签名。

8-7　正面是 ElGamal 签名方案的一种变型：密钥使用同 ElGamal 方案类似的方法构造，假设 g 是 $\mathbb{Z}_p^*$ 的一个本原根，签名者选择秘密整数 a 满足 $0 \leqslant a \leqslant (p-2)$ 且 $\gcd(a, p-1) = 1$，计算 $y = g^a \bmod p$。其中，(g, y, p) 作为公钥公开，a 是签名私钥。如果 $m \in \mathbb{Z}_p$ 是一则需要签名消息，签名者为其产生的数字签名为 $\text{SIG}(m) = (\gamma, \delta)$，其中 k 是随机选取的秘密值，且

$$\gamma = g^k \bmod p$$

$$\delta = (m - k\gamma)a^{-1} \bmod \varphi(p)$$

可见，该变型方案与原 ElGamal 签名方案的唯一差别是 δ 的计算。请回答下列问题：

(1) 描述如何使用签名者的公钥去验证消息 m 的数字签名 $\text{SIG}(m) = (\gamma, \delta)$。

(2) 该变型方案在计算上有何优点?

8-8　请您使用系统参数与例 8.3 相同的 DSA 算法，即 $q = 101$，$p = 7879$，$g = 170$，$a = 87$ 和 $y = 3226$，选择随机值 $k = 49$，对消息摘要 $\text{SHA-1}(m) = 52$ 的消息 m 进行签名，并说明该签名是如何被验证的。

8-9　在DSA签名算法中，如果使用相同的秘密值 k 对两则不同的消息产生签名，那么攻击者不用求解离散对数问题就可以确定签名者的签名私钥。请说明攻击者如何实现这种攻击。

8-10　为什么对称密码体制不能实现消息的不可否认性？

8-11　当需要对消息同时进行签名和保密时，它们应以何种顺序作用于消息？为什么？

8-12　在数字签名标准(DSS)中，设 $p=83$，$q=41$，$h=2$。

(1) 求参数 g。

(2) 取私钥 $x=57$，求公钥 y。

(3) 对消息 M，若 $H(M)=56$，取随机数 $k=23$，求 M 的签名。

(4) DSA签名算法中，如果签名者选择的随机数 k 被泄露，将会发生什么问题？

8-13　在基本RSA数字签名体制中，验证公钥为 VER=(N, e)，签名私钥为 SIG=d，其中 $ed=1 \bmod \Phi(N)$。如果消息 m_1 的签名为 t_1，消息 m_2 的签名为 t_2，则消息 $m=m_1m_2 \bmod N$ 的数字签名是什么？

8-14　简述数字签名和加密的基本原理及其区别？

8-15　为什么对称密码体制不能实现消息的不可否认性？

8-16　请将Okamoto身份识别协议转变为一个签名方案。

第 9 章　密 钥 管 理

著名的 Kerckhoffs 原则指出密码系统的安全仅取决于对用户密钥的保护。密钥是安全系统中的脆弱点，密钥管理(Key Management)作为提供数据机密性、完整性、可认证性和可鉴别性等安全技术的基础，在现代密码理论和技术中占据举足轻重的地位，它不仅会影响系统的安全性，还会涉及系统的可靠性和有效性。密钥管理涵盖了密钥的设置、产生、分配、存储、装入、使用、备份、恢复、提取、更新、撤销、销毁以及保护等一系列的内容和过程。密钥管理是一项综合性的系统工程，本章从理论和技术的角度介绍密钥管理的各个方面。

9.1　密钥管理的生命周期

在前面章节中，所关注的主要是采用何种密码体制来实现数据的机密性、完整性、真实性等安全属性。密码技术的核心思想是利用加密手段把对大量数据的保护归结为对若干核心参数的保护，而最关键的核心参数是系统中的各种密钥。密钥管理的目的是确保系统中各种密钥的安全性不受威胁。密钥管理除了技术因素以外，还与人的因素密切相关，不可避免地要涉及诸如物理的、行政的、人事的等其他方面问题，但最核心的还是理论和技术上的一些问题。

密钥管理覆盖了密钥的整个生命周期。对于一个具体的实体，密钥管理的完整过程大致可分成 12 个阶段，各阶段之间相互关联构成密钥管理的完整生命周期，如图 9-1 所示。

1. 用户登记

在用户登记阶段，一个实体成为一个安全域的授权成员。其中包括通过一个安全的、一次性技术实现的初始密钥材料(如共享的口令或 PIN 码)的获取、创建或交换。

2. 系统和用户初始化

系统初始化包括搭建和配置一个用于安全操作的系统。用户初始化就是一个实体初始化其加密应用，如软件和硬件的安装和初始化，其中包括用户或用户登记期间所获得的初始密钥材料的安装。

3. 密钥材料安装

密钥材料是用于生成密钥的一些系统要素，密钥材料的安全安装是保证整个系统安全的关键。密钥材料的安装是将密钥材料配置到一个实体的软件或硬件中以便于使用。用于密钥材料安装的技术包括手工输入口令或 PIN 码、磁盘交换、ROM 设备、智能卡或其他硬件设备。初始密钥材料可用于创建一个安全的在线会话环境以实现工作密钥的建立。当上述项目第一次建立时，新的密钥材料要加入到现有的密钥材料中。另外，当现有密钥材料需要被更新时，则要进行新密钥材料的安装。

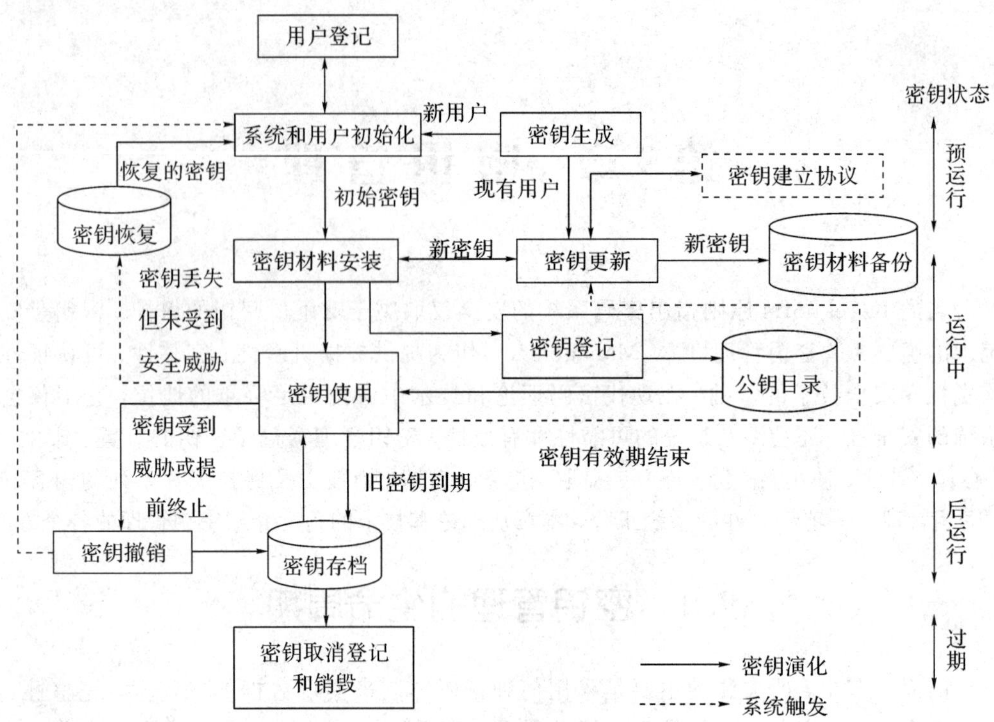

图 9－1　密钥的生命周期

4. 密钥生成

密钥生成是指按照预定的规则，采用可行的措施和机制产生符合应用目标或算法属性要求，并具有可预见概率的伪随机有效密钥。一个实体可以生成自己的密钥，也可以从可信的实体处获取。

5. 密钥登记

将密钥材料记录下来，并与相关实体的信息和属性捆绑在一起。捆绑的信息一般是密钥材料相关实体的身份以及相应的认证信息或指定信任级别，如认证生成公钥、公钥证书等，再通过一个公开目录或其他方式使对其感兴趣的实体进行访问。

6. 密钥使用

密钥管理的目的是为了方便密钥的安全使用。通常情况下，密钥在其有效期之内都可以使用，但也存在一些需要注意的问题，比如当一个用户拥有多个密钥时，要注意把不同的密钥用于不同的场合；在某些情况下，密钥的有效期有可能被提前终止或者需要提前更新正在使用的密钥；对于公钥体制，在某种情况下可能公钥已经不再适合继续用于加密，但相应的私钥还需要用于解密等。

7. 密钥材料备份

将密钥材料的副本备份到独立、有安全保障的存储媒体上，当需要恢复密钥时可为密钥恢复提供数据源。

8. 密钥存档

密钥存档指的是对过了有效期或者提前撤销的密钥进行较长时间的离线保存。如果密钥过了有效期或者因为意外情况不得不提前撤销，该密钥及相关的密钥材料就不能再正常使用了，但不能马上就将它们直接销毁，通常还需要将它们保存一定的时间，以便在某种特殊的情况下需要用到时能够对其进行检索。例如，对产生于过去的数字签名认证可能需要签名者已经不再使用的公钥，某些涉及过去行为的争议仲裁也可能需要当事人的旧密钥。

9. 密钥更新

如果当前密钥的有效期即将结束，那么需要一份新的密钥来取代当前正在使用的密钥，才能保证各种必要的安全保护不降级，这就是密钥更新。密钥更新可以通过使用重新生成的密钥取代原有密钥的方式来实现，当然密钥更新以后还需要重新进行安装、登记、备份以及发布等处理过程，然后才能投入正常使用。

10. 密钥恢复

从备份或者存档的密钥材料中检索出与某个密钥有关的内容并重新构造出该密钥的过程称为密钥恢复。如果密钥因为某种原因被丢失或损坏，但可以确信这种丢失或损坏不会带来任何的安全威胁(如设备损坏或口令被遗忘)，那么可以从原来备份的密钥材料中恢复出该密钥。

11. 密钥撤销

有些时候，在一个密钥的正常生命周期结束之前必须将其提前作废，不再使用，这就是密钥撤销。这可能是因为该密钥的安全已经受到威胁(比如被泄密)，或者是因为与该密钥相关的实体自身状况已发生变化(比如人事变动)，致使必须提前终止对该密钥的使用。密钥撤销可以通过公告或者逐个通知所有可能使用该密钥材料的实体来实现，告知的内容应包括密钥材料的完整 ID、撤销的日期时间和原因等。对于基于证书分发的公钥，密钥撤销就是撤销相应的证书并通过某种途径公告于众。密钥撤销以后，相关实体还必须采取有效的措施来处理那些曾受被撤销密钥保护的信息，确保不破坏它们的安全性。

12. 密钥取消登记与销毁

对于那些不再需要保留的密钥材料或者不再需要维护的与某个实体联系的密钥材料，应该将其从密钥登记中取消，即所有的密钥材料及其相关记录应从现有密钥的正式记录中清除，所有的密钥备份应被销毁，任何存储过该密钥材料的媒体应该被安全清除以消除与该密钥有关的所有信息，使得该密钥不能再以物理或电子的方式恢复。

从密钥使用的角度来观察生命周期不同阶段中的密钥，可以将它们归为不同的状态，密钥的状态决定了如何对它们进行操作。下面就是密钥状态的一种分法：

(1) 预运行状态。此状态的密钥还不能用于正常的密码操作，也就是说还不能正式使用。

(2) 运行中状态。此状态的密钥是可用的，且处于正常使用中。

(3) 后运行状态。此状态的密钥已经不再用于通常的用途，但在某些特定情况下还有可能需要对其进行离线访问或查询。

(4) 过期状态。此状态的密钥在任何情况下都不会再用，所有与密钥相关的记录已被销毁或即将被销毁。

9.2 单钥体制的密钥管理

密钥管理活动需要处理密钥从产生到销毁的整个过程中的所在问题。在过去的点-点通信系统中，通常都是采用手工方式处理密钥管理的问题。在当前的多用户网络通信背景下，网络环境复杂多变，系统用户数量巨大，密钥管理任务极其艰巨，因此要求密钥管理系统能够逐步实现自动化操作。虽然当前已经设计出了多种自动密钥分配机制，它们能够快速、透明、安全地交换密钥，且某些方案已被成功地使用，如 Kerberos 和 ANSI X9.17 方案采用了 DES 技术，而 ISO－CCITT X.509 目录论证方案主要依赖于公钥技术，但是在某些场景下，仍然可能需要对密钥进行手工处理，以增加密钥管理的有效性。

9.2.1 密钥的分类

为了增强密钥的安全性，通常根据使用场合将密钥分成很多不同的种类，并对不同种类的密钥采取不同的管理策略。从密钥用途和功能的角度可将密钥分成用于机密性的加密/解密密钥、完整性论证密钥、数字签名密钥和密钥协商密钥等种类；但从密钥管理的角度一般将密钥分为以下几种：

(1) 初始密钥(Original Key)。初始密钥由用户选定或者系统分配，可在较长时间内有效。通常用它来启动和控制系统的密钥生成器，产生一次通信过程使用的会话密钥。因此初始密钥使用的频率并不高，并且不直接用于保密通信过程，有利于初始密钥本身和整个系统的安全。

(2) 会话密钥(Session Key)。会话密钥是两个通信终端用户在一次通信过程中真正使用的密钥，它主要是被用来对传输中的数据进行加密，因此也称为数据加密密钥。会话密钥可以使用户不必频繁地更换主密钥等其他密钥，有利于密钥的安全和管理。会话密钥使用的时间较短，这样就限制了攻击者能够截获的同一密钥加密的密文量，增加了密码分析的难度，有利于数据的安全。另外，在不慎将会话密钥丢失的情况下，受影响的密文数量有限而能够减少损失。会话密钥一般是在一次会话开始时根据需要通过协议自动建立并分发，因而降低了密钥管理的难度。

(3) 密钥加密密钥(Key－Encryption Key)。在密钥分配协议中，用于对传输中的会话密钥等其他密钥进行加密的密钥称为密钥加密密钥，也称密钥传送密钥。通信网中的每个结点都要配备一个这样的密钥，并且各不相同，每台主机都应存储其他有关主机的密钥加密密钥。

(4) 主密钥(Master Key)。主密钥是对密钥加密密钥进行保护的密钥。它的层次最高，通常不受密码学手段保护，采用手工分配，或者是在初始阶段通过过程控制在物理或电子隔离情况下安装。

从密钥使用的有效期上看，在上述四种密钥中，会话密钥一定是短期密钥，初始密钥和主密钥的使用期限一般较长，而密钥加密密钥可能是长期有效的，也可能是暂时的。这种分层的密钥结构使每一个密钥被使用的次数都不太多，同一密钥产生的密文数量不太大，能被密码分析者利用的信息较少，有利于系统的安全。

9.2.2 密钥分配的基本方法

密钥分配(Key Distribution)是密钥管理工作中最为困难的环节之一。在单钥体制下，两个用户要进行保密通信，首先必须有一个共享的会话密钥。同时，为了避免攻击者获得密钥，还必须时常更新会话密钥，这都需要用到密钥分配的理论和技术。单钥体制密钥分配的基本方法主要有以下几种：

(1) 由通信双方中的一方选取并用手工方式发送给另一方。

(2) 由通信双方信任的第三方选取并用手工方式发送给通信的双方。

(3) 如果通信双方之间已经存在一个共享密钥，那么其中一方选取新密钥后可用已共享的密钥加密新密钥，然后通过网络发送给另一方。

(4) 如果通信双方与信任的第三方之间分别有一共享密钥，那么可由信任的第三方选取一个密钥并通过各自的共享密钥加密发送给双方。

上述方法(1)、(2)是手工操作，虽然在网络通信的大多数场景下手工操作是不实际的，但在个别情况下还是可行的，比如对用户主密钥的配置，使用手工方式则更可靠。方法(3)、(4)是网络环境下经常使用的密钥分配方法，由于可以通过网络自动或者半自动地实现，因此能够满足网络用户数量巨大的需求。特别是方法(4)，由于存在一个双方都信任的第三方(称为可信第三方)，只要大家分别与这个可信第三方建立共享密钥，就无须再两两建立共享密钥，从而大大减少了共享密钥的数量，降低了密钥分配的代价。这样的可信第三方通常是一个专门负责为用户分配密钥的密钥分配中心(KDC，Key Distribution Center)。在这样的背景下，系统的每个用户(主机、应用程序或者进程)与 KDC 建立一个共享密钥，即主密钥，当某两个用户需要进行保密通信时，可以请求 KDC 利用各自的主密钥为他们分配一个共享密钥作为会话密钥加密密钥或者直接作为会话密钥(如果是前者，则再使用上述方法(3)建立会话密钥)。一次通信完成后，会话密钥立即作废，而主密钥数量与用户数量相同，可以通过更安全的方式甚至手工方式配置。

图 9-2 是借助密钥分配中心进行密钥分配的一个例子。

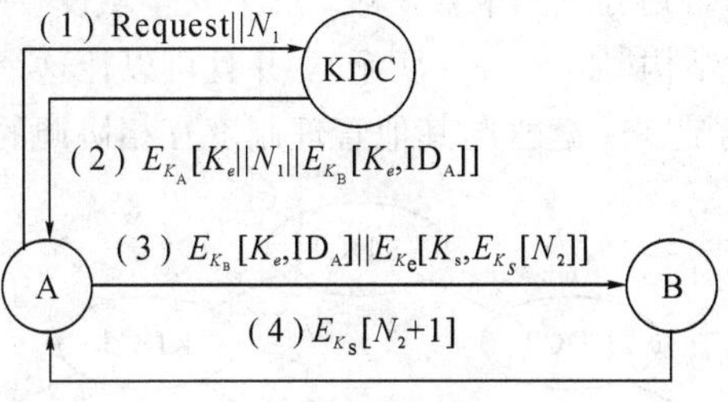

图 9-2　密钥分配的一个例子

假定通信双方为 Alice 和 Bob，简称为 A 和 B，分别与 KDC 有一个共享主密钥 K_A 和 K_B，现在 A 希望与 B 建立一个连接进行保密通信，那么可以通过如下步骤得到一个共享的会话密钥：

(1) A 向 KDC 发送一个建立会话密钥的请求消息。此消息除了包含 A 和 B 的身份标识以外，还应有一个识别这次呼叫的唯一性标识符 N_1，N_1 可以是时间戳、某个计数器的值或者一次性随机数，N_1 的值应难以猜测并且每次呼叫所用的 N_1 必须互不相同，以抵抗假冒和重放攻击。

(2) KDC 向 A 回复一个用 A 的主密钥 K_A 加密应答消息。在这个消息中，KDC 为 A 与 B 即将进行的通信生成一个密钥 K_e，并用 A 的主密钥 K_A 加密消息，同时还用 B 的主密钥产生一个加密包 $E_{K_B}[K_e, ID_A]$。因此，只有 A 和 B 可以通过解密此消息中的相应部分获得密钥 K_e。另外，此消息还包含了步骤(1)中的消息唯一性标识符 N_1，它可以使 A 将收到的消息与发出的消息进行比较，若匹配则可以断定此消息不是重放的。

(3) A 解密出密钥 K_e，但 A 并没有直接将 K_e 当做会话密钥，而是重新选择一个会话密钥 K_s，再选取一个一次性随机数 N_2 作为本次呼叫的唯一性标识符，并用 K_s 加密 N_2，接着用 K_e 加密 K_s 和 $E_{K_s}[N_2]$，然后将加密的结果连同从步骤(2)中收到的加密包 $E_{K_B}[K_e, ID_A]$ 一起发送给 B。

(4) B 从步骤(3)收到的消息中解密出 K_e 和 ID_A，由 ID_A 可以识别消息来源的真实性，然后由 K_e 解密出 K_s，再用 K_s 解密出 N_2。最后，B 对 N_2 做一个事先约定的简单变换(比如加 1)，并将变换的结果用 K_s 加密发送回给 A。若 A 能用 K_s 解密出 N_2+1，则可断定 B 已经知道本次通信的会话密钥 K_s，并且 B 在步骤(3)收到的消息不是一个重放的消息，密钥分配过程结束，接下来 A 和 B 就可以在 K_s 的保护下进行保密通信了。

在上面这个简单例子中，通信双方在 KDC 的帮助下安全地共享了一个会话密钥 K_s，由于在需要保密的环节均使用相应的密钥进行保护，避免了机密信息的泄露和假冒，同时消息唯一性标识符的使用可以防止过期消息的重放。在这个过程中，还共享了一个密钥加密密钥 K_e，它一方面可以使 KDC 也不能知道通信双方在通信中真正使用的会话密钥 K_s；另一方面如果接下来的保密通信过程比较长，通信双方还可以自行更新会话密钥，以减少同一个会话密钥产生的密文量，降低会话密钥被攻击的风险。

9.2.3 层次式密钥控制

尽管在协议设计中尽量减少 KDC 对密钥分配的参与，但是，如果网络的规模非常大、用户数量非常多、分布的地域也非常广，只有一个 KDC 可能无法承担为所有用户分配密钥的重任。这时，可以将整个网络划分成多个安全域，每个安全域设置一个 KDC，所有不同安全域的 KDC 可以构成一个层次结构(如图 9-3 所示)，并且可以让这个 KDC 的层次结构与相应部门之间的行政隶属关系联系起来，建立与其他管理制度互相协调的管理体系。

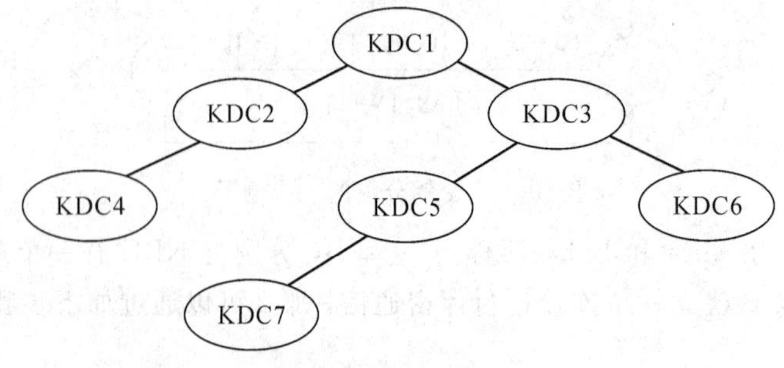

图 9-3 层次式密钥控制

在这种分层结构中，共享密钥的分配采用分层控制。当同一个安全域的用户需要保密通信时，由该安全域的本地 KDC 负责为他们分配会话密钥。如果两个不同安全域中的用户需要共享密钥，那么需要通过他们所在域的两个本地 KDC 之间的沟通与协作来实现这一任务。由于所有 KDC 都在一个层次结构中，因此任何两个 KDC 一定可以找到一个共同的上级 KDC 实现关联，通过这个关联 KDC 为两个不同安全域中的用户分配共享密钥。

例如在图 9-3 中，KDC6 下面的一个用户需要与 KDC7 管辖的一个用户建立共享密钥，KDC6 和 KDC7 都能够识别出请求共享密钥的两个用户之一不在自己的安全域之内，这时可以通过相互之间的层次关系发现 KDC3 是距离最近的一个共同上级 KDC，然后将分配共享密钥的任务交给 KDC3，由后者负责为两个不同安全域中的用户分配共享密钥。

分层结构中的下级 KDC 也是其相邻上级 KDC 的一个用户，与普通用户一样，下级 KDC 有一个主密钥与其相邻的上级 KDC 共享。这样，每个用户只需要与其本地 KDC 共享一个主密钥就可以满足与任何其他用户进行保密通信的需要。因此，在分层结构中，每个用户需要的主密钥数量将大大减少，密钥管理的工作量也相应减少。

9.2.4　分布式密钥控制

使用密钥分配中心为用户分配密钥，虽然有很多优势，但也存在一些问题。例如，KDC 必须是中立可信的，每一个用户都绝对信任 KDC 的工作；同时 KDC 必须受到严密的保护，一旦 KDC 遭到入侵，可能造成用户主密钥的泄密，其后果是不堪设想的；另外，KDC 可能会成为系统的瓶颈。

如果两个用户之间已存在共享的主密钥，那么不需要 KDC 的参与也能实现会话密钥的共享，并避免了上面论及的问题。

没有 KDC 的密钥分配如图 9-4 所示，通常需要三个步骤来建立会话密钥：

(1) 用户 A 向用户 B 发出建立会话密钥的请求，消息中嵌入一个一次性随机数 N_1 作为本次呼叫的唯一性标识。

(2) 用户 B 选择一个会话密钥 K_s 构造应答消息，并用与 A 共享的主密钥 MK 加密这个应答消息回送给 A。应答消息中除了会话密钥 K_s 之外，还包含 B 的身份标识 ID_B、来自请求消息的一次性随机数 N_1 以及 B 选取的另一个新的一次性随机数 N_2。这些信息使 A 能够确认收到的消息不是假冒或重放的，且 N_2 还作为该消息的唯一性标识。

(3) A 使用与 B 共享的主密钥 MK 解密收到的消息，并进行真实性和新鲜性验证，然后对 N_2 做一个事先约定的简单变换(比如加 1)，再将变换的结果用收到的会话密钥 K_s 加密并发送回用户 B。B 用会话密钥解密收到的消息，如果能正确地恢复出 N_2+1，那么说明 A 已经掌握会话密钥 K_s，密钥分配工作完成。

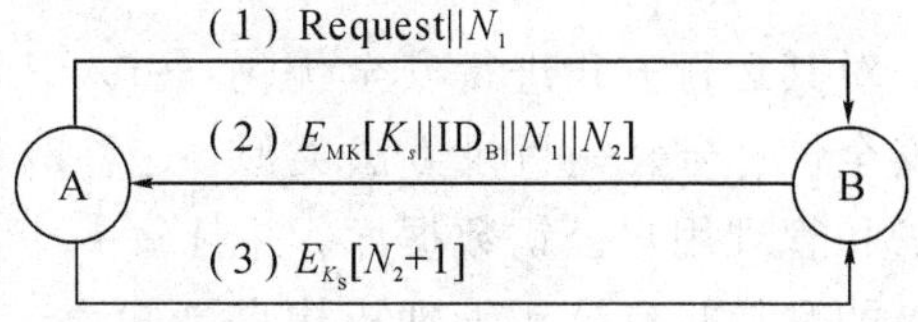

图 9-4　没有 KDC 的密钥分配

这种不需要密钥分配中心的分布式密钥分配方案，要求两个用户必须事先共享一个主密钥，才能完成会话密钥的分配。在一个用户众多的大型网络中，要在任何两个用户之间建立共享主密钥是不现实的，但这并不意味该方案没有任何意义。事实上，与一个用户有联系的用户数量一般是有限的，只需要在每一用户同与其有联系的其他用户之间建立共享主密钥即可满足一般工作的需要，因此这个方案对完成网络局部通信还是很有价值的。

9.3 公钥体制的密钥管理

在公钥密码的相关协议中，总是假设已经掌握了对方的公开密钥。事实上，虽然公钥体制的优势之一就在于密钥管理相对简单，但要保证公钥或公共参数的真实性，或者其真实性是可以验证的，还是需要有一套科学的策略和方法才能够实现。

9.3.1 公开密钥的分发

公开密钥的分发方法有以下几种。

1. 公开发布

由于公钥体制的公开密钥不需要保密，任何用户都可以将自己的公开密钥发送给其他用户或者直接在某个范围内广播。例如，一些基于公钥体制的系统允许用户将自己的公开密钥附加在所发送的消息上传递，使通信对方或者对自己公钥感兴趣的其他用户很容易获取。

这种方法的突出优点是非常简便，密钥分发不需要特别的安全渠道，降低了密钥管理的成本。然而，该方法也存在一个致命的缺点，那就是公钥发布的真实性和完整性难以保证，容易造成假冒的公钥发布。任何用户都可以伪造一个公钥并假冒他人的名义发布，然后解读所有使用该假冒公钥加密的所有信息，并且可以利用伪造的密钥通过论证。

2. 使用公钥目录分发

建立一个公开、动态、在线可访问的用户公钥数据库(称为公钥目录)，让每个用户将自己的公开密钥安全地注册到这个公钥目录中，并由可信的机构(称为公钥目录管理员)对公钥目录进行维护和管理，确保整个公钥目录的真实性和完整性。每个用户都可以通过直接查询公钥目录获取本人感兴趣的其他用户公开密钥。

这种方法比每个用户都自由发布自己的公开密钥更安全，但公钥目录可能会成为系统的脆弱点，除了可能成为性能瓶颈之外，公钥目录自身的安全保护也是一个大问题。一旦攻击者攻破公钥目录或者获取了公钥目录管理员的管理密钥，就可以篡改或者伪造任何用户的公钥，进而既可以假冒任一用户与其他用户通信，又可以监听发往任一用户的消息。

3. 在线安全分发

针对公钥目录的不足，对其运行方式进行安全优化，引入认证功能对公钥访问加以控制，可以增强公钥分配的安全性。与公钥目录方法类似，这种改进的方法需要一个可信的公钥管理机构来建立、维护和管理用户公钥数据库，并且每一个用户都可靠地知道公钥管理机构的公开密钥，而对应的私钥只有公钥管理机构自己知道。当用户通过网络向公钥管理机构请求本人所需要的其他用户公钥时，公钥管理机构将经过其私钥签名的被请求公钥回送给该用户(即请求者)；在其收到经公钥管理机构签名的被请求公钥后，用已经掌握的公钥管理机构的公钥对签名进行验证，以确定该公钥的真实性，同时还需要使用时间戳或者一次性随机数来防止对用户公钥的伪造和重放，保证分发公钥的新鲜性。请求者可以将经过认证的所有其他用户公钥存储在自己本地磁盘上，以备再次使用时无须重新请求，但请求者必须定期与公钥管理机构保持联系，以免错过对已存储用户公钥的更新。

这是一种在线式公钥分配方案，由于限制了用户对公钥数据库的自由查询，并使用数字签名和时间戳对分发公钥进行保护，提高了公钥分配的安全性。但从另一个角度考察在线安全分发，其缺点也是明显的，一是公钥管理机构必须时刻在线，准备为用户服务，这为公钥管理机构的建设增加了难度，使其与公钥目录一样可能成为系统性能的瓶颈；二是要保证所有用户与公钥管理机构间的通信连接时刻畅通，确保任何用户随时可以向公钥管理机构请求本人所需要的用户公钥，这要求整个网络具有良好的性能；三是公钥管理机构仍然是被攻击的目标，公钥管理机构自己的私钥必须绝对安全。

4. 使用公钥证书分发

如果对每个用户的公开密钥进行安全封装，形成一个公钥证书，然后通信各方通过相互交换公钥证书来实现密钥分发，则不需要在每次通信时都与公钥管理机构在线联系，且能够获得同样的可靠性和安全性。这里有一个前提，即公钥证书必须真实、可信，不存在伪造和假冒的可能。因此，通常由专门的证书管理机构 CA(Certificate Authority)来为用户创建并分发公钥证书，证书内容包含了与持有人公钥有关的全部信息，如持有人的用户名、持有人的公钥、证书序列号、证书发行 CA 的名称、证书的有效起/止时间等，当然最关键的还是证书发行 CA 对证书的数字签名，以保证证书的真实性。另一方面，与封装在一个公钥证书中的用户公钥相对应的私钥只有该用户本人掌握。在通信过程中，如果一方需要将自己的公钥告知对方，那么将自己的公钥证书发送给对方即可，对方收到公钥证书后用证书发行 CA 的公钥去验证证书中的签名，即可识别证书的真伪，同时可判断证书是否还在有效期内。

这个方案是一种离线式的公钥分配方法，每个用户只需要一次性与 CA 建立联系，将自己的公钥注册到 CA 上，同时获取 CA 的证书证实公钥，然后由 CA 为其产生并颁发一个公钥证书。用户收到 CA 为其生成的公钥证书后，可以将证书存储在本地磁盘上，如果其私钥不泄密，那么在证书的有效期内可以多次使用该证书而不需要再与 CA 建立联系。也就是说，一旦用户获得一个公钥证书，以后用证书来交换公钥是离线方式的，不再需要 CA 参与。这种公钥分配方法的优势很明显：一是证书管理机构的压力显著降低，每个用户只是偶尔与证书管理机构发生联系；二是公钥分配的可靠性和效率都大大提高，由于每个用户的公钥证书都是经过 CA 签名的，因此只要掌握了 CA 的证书证实公钥就可以方便地识别出证书的真伪，而且对证书内容的任何轻微改动都能被轻易地检查出来，杜绝了伪造和假冒的可能，同时公钥的分配是通过证书交换实现的，通信各方随时可以交换各自的公钥证书，省去了许多繁琐的步骤，简化了分配的过程，提高了公钥分配的效率。使用公钥证书分配用户公钥是当前公钥分配的最佳方案。

9.3.2　用公钥加密分配单钥体制的会话密钥

虽然利用公钥证书能够在通信各方之间方便地交换密钥，然而由于公钥加密的速度远比单钥加密的慢，从而导致通信各方通常不直接采用公钥体制进行保密通信。但是，如果将公钥体制用于分配单钥体制的会话密钥却是非常合适的。

图 9-5 描述了如何利用公钥加密分配单钥体制的会话密钥。图中，PK_X和 SK_X分别表示用户 X 的公钥和私钥，$CERT_X$代表用户 X 的公钥证书。这个过程具有保密性和认证性，因此既能防止被动攻击，又能抗抵主动攻击。

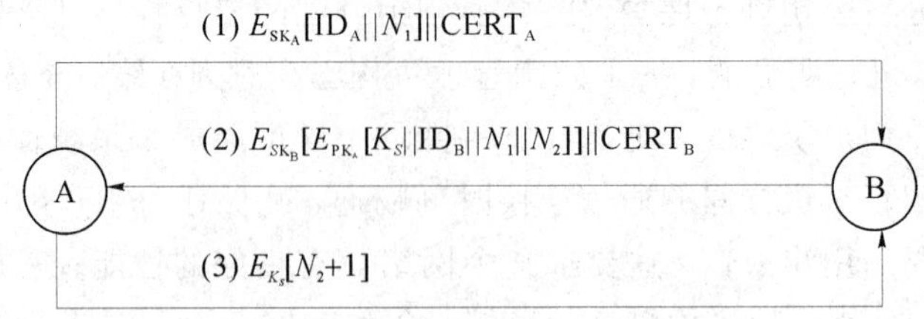

图 9-5　用公钥加密分配单钥体制的会话密钥

利用公钥加密分配单钥体制会话密钥的步骤如下：

(1) 用户 A 将自己的身份 ID_A和一个一次性随机数 N_1用自己的私钥 SK_A加密，并附上自己的公钥证书 $CERT_A$一起发送给用户 B。显然，这里的私钥加密不是为了保密，只是为了让对方能够更好地验证自己的公钥证书，同时还可以抵抗对消息的篡改。

(2) 用户 B 验证收到的消息，并从中提取对方的公钥 PK_A和一次性随机数 N_1，然后选取一个会话密钥 K_S和一个新的一次性随机数 N_2，将 K_S与自己的身份 ID_B以及 N_1和 N_2一起先用对方的公钥 PK_A加密，再用自己的私钥 SK_B签名，并附上自己的公钥证书回送给用户 A。这个消息实现保密与认证的结合，A 收到消息后可以从中获得一个机密的会话密钥 K_S，同时确信这个会话密钥一定来自 B。

(3) A 验证收到的消息，并解密出会话密钥 K_S和一次性随机数 N_2，然后对 N_2做一简单变换(例如加 1)，再将变换的结果用 K_S加密发送给用户 B。若 B 能从所收到的消息中解密出 N_2+1，则可相信 A 已经与其共享了会话密钥 K_S，会话密钥的分配工作结束。

9.3.3　Diffie-Hellman 密钥交换与中间人攻击

W. Diffie 与 M. Hellman 在 1976 年提出一个称为 Diffie-Hellman 密钥交换的公钥密码算法。该算法能用来在两个用户之间安全地交换密钥材料，从而使双方得到一个共享的会话密钥，但该算法只能用于交换密钥，不能用于加/解密。

Diffie-Hellman 密钥交换的安全性基于求解有限域上离散对数的困难性。首先，双方需要约定一个大素数 p 和它的一个本原根 g，然后整个密钥交换的过程分两步完成：

(1) 双方(记为 A 和 B)分别挑选一个保密的随机整数 X_A 和 X_B，并分别计算 $Y_A=g^{X_A} \bmod p$ 和 $Y_B=g^{X_B} \bmod p$，然后互相交换，即 A 将 Y_A 发送给 B，而 B 将 Y_B 发送给 A。其中，Y_A 和 Y_B 分别相当于 A 和 B 的公开密钥(但却不能用于真正的消息加密)。

(2) A 和 B 分别计算 $K=Y_B^{X_A} \bmod p$ 和 $K=Y_A^{X_B} \bmod p$，得到双方共享的密钥 K。这是因为

$$
\begin{aligned}
Y_B^{X_A} \bmod p &= (g^{X_B} \bmod p)^{X_A} \bmod p = g^{X_B X_A} \bmod p = (g^{X_A})^{X_B} \bmod p \\
&= (g^{X_A} \bmod p)^{X_B} \bmod p = Y_A^{X_B} \bmod p
\end{aligned}
$$

由于 X_A 和 X_B 是保密的，因此攻击者最多能够得到 p、g、Y_A 和 Y_B。如果攻击者希望得到 K，那么至少计算出 X_A 和 X_B 中的一个，这意味着需要求解离散对数，这在计算上是

不可行的。

【例 9.1】 假设 Diffie - Hellman 密钥交换使用的素数 $p=97$，p 的一个本原根为 $g=5$。交换密钥者 A 和 B 分别选择秘密随机数 $X_A=36$ 和 $X_B=58$，并计算出各自的公开密钥

$$A: Y_A=g^{X_A} \bmod p=5^{36} \bmod 97=50$$

$$B: Y_B=g^{X_B} \bmod p=5^{58} \bmod 97=44$$

A 与 B 相互交换公开密钥，然后各自独立地计算出共享的会话密钥 K 为

$$A: K=Y_B^{X_A} \bmod p=44^{36} \bmod 97=75$$

$$B: K=Y_B^{X_B} \bmod p=50^{58} \bmod 97=75$$

可见，A 和 B 获得了完全一样的会话密钥 K。而攻击者最多能够知道 $p=97$，$g=5$，$Y_A=50$，$Y_B=44$，从这些数据出发计算出 $K=75$ 是很不容易的。

虽然 Diffie - Hellman 密钥交换简单易行，但它也很容易遭受中间人攻击(Man-In-the-Middle Attack)，具体方法如下：

(1) 在 A 将本人的公开密钥 $Y_A=g^{X_A} \bmod p$ 发送给 B 的过程中，中间人 MIM(即攻击者)截取 Y_A，并用自己的公开密钥 $Y_M=g^{X_M} \bmod p$ 取代 Y_A 发送给 B。

(2) 在 B 将本人的公开密钥 $Y_B=g^{X_B} \bmod p$ 发送给 A 的过程中，中间人 MIM 截取 Y_B，并用自己的公开密钥 Y_M 取代 Y_B 发送给 A。

(3) A、B、MIM 分别计算会话密钥，但计算的结果是，A 与 MIM 共享一个会话密钥 $K=Y_M^{X_A}=Y_A^{X_M}=g^{X_A X_M} \bmod p$，而 B 与 MIM 共享了另一个会话密钥 $\widetilde{K}=Y_M^{X_B}=Y_B^{X_M}=g^{X_B X_M} \bmod p$。一般情况下 $K\neq\widetilde{K}$，但 A 与 B 对此一无所知。

(4) 接下来，在 A 与 B 通信过程中，A 用会话密钥 K 加密本人发送的消息，B 则用会话密钥 $\widetilde{K}$ 加密本人发送的消息。中间人 MIM 可以设法截取来自 A 的消息并用 K 解密，再用 $\widetilde{K}$ 重新加密后发送给 B；对于来自 B 的消息则先用 $\widetilde{K}$ 解密，然后用 K 加密后发送给 A。这样，中间人 MIM 就可以轻易监视 A 与 B 的通信，甚至还能够在其中实施篡改、伪造或假冒攻击。

在 Diffie - Hellman 密钥交换中，中间人攻击之所以能够得逞，是因为密钥交换者 A 和 B 交换的消息缺少认证保护，只须让 A 和 B 分别对他们发送的消息施加数字签名，并在协议的每一步进行签名验证，那么中间人将不会再有任何机会。下面是一种用数字签名改进的 Diffie - Hellman 密钥交换方案。

假定 A 和 B 互相拥有对方的公钥证书，那么他们可以按照如下步骤安全地生成一个共享会话密钥：

(1) A 选取一个随机数 X_A，计算 $Y_A=g^{X_A} \bmod p$ 并将其发送给 B。

(2) B 收到 Y_A 之后，也选取一个随机数 X_B，计算 $Y_B=g^{X_B} \bmod p$ 并根据 Diffie - Hellman 协议计算出基于随机数 X_A 和 X_B 的共享会话密钥 K。然后，B 对 Y_A、Y_B 签名，再用已计算出的会话密钥 K 对签名加密，最后把它与 Y_B 一起发送给 A，即 B 发送给 A 的消息为

$$Y_B, E_K(\mathrm{SIG}_{sk_B}(Y_A, Y_B))$$

(3) A 收到消息后，也根据 Diffie - Hellman 协议计算出基于 Y_A 和 Y_B 的共享会话密钥 K，然后用已计算出的 K 解密收到的消息 $E_K(\mathrm{SIG}_{sk_B}(Y_A, Y_B))$，并验证 B 的数字签名

$SIG_{私_B}(Y_A, Y_B)$。如果签名$SIG_{私_B}(Y_A, Y_B)$通过验证，那么A再用自己的私钥对Y_A、Y_B签名，并将签名结果用共享密钥K加密后送回给B，即

$$E_K(SIG_{私_A}(Y_A, Y_B))$$

(4) B用会话密钥K解密收到的消息，并验证A的数字签名。如果签名通过验证，那么A和B获得了共享的会话密钥K，并且在这个过程中攻击者没有任何渗透机会，因此K是安全的。

9.4 秘密共享

当将大量的机密信息以文档的形式存储于计算机系统，并依据不同的类型和密级使用不同的密钥对其保护时，为了便于管理大量的密钥，通常所用的全部密钥又可能由一个主密钥(Master Key)来保护。这样一来，存储在系统中所有信息的安全最终可能取决于一个主密钥。这样的主密钥是整个系统的安全关键点，它的管理策略和方法对整个系统的安全至关重要，如果将它交给单独的一个管理员保管，可能造成一些难以克服的弊端。首先，该管理员将会具有同他保管的主密钥一样的安全敏感性，需要重点保护，如果他保管的主密钥意外丢失或者他本人突遇不测，那么整个系统可能就无法使用了。其次，该管理员的个人素质和他对组织的忠诚度也将成为系统安全的关键，如果他为了某种利益而将他保管的主密钥主动泄露给他人，将会危害整个系统的安全。

现在，能够有效解决全部上述问题的方法称为秘密共享(Secret Sharing)，并且已经提出了多个具体的秘密共享方案。一种简单的秘密共享方案又称为秘密分割(Secret Splitting)。其设计思想很简单，当你不想将一个十分贵重的东西(比如某种产品的配方)的命运完全寄托于某一个人时，你可以把它分成很多份，每一份交付一个人，当然单独的每一份没有什么价值，只有将所有份额放到一起才能重构价值。因此，除非所有掌握份额的人合谋背叛你，否则谁也不会从各自掌握的份额中获得利益。

假如要使用秘密分割方法来保护一个重要消息M，那么在两个持有人之间进行秘密分割是最简单的一种方案，此时只需要选取一个比特数与M一样长的随机串R，并计算出$S=M\oplus R$，然后将S和R分别交付选定的两个不同持有人，即可完成秘密分割。当需要重构消息M时，只要将两个持有人掌握的消息S和R拿来进行异或运算，即可得到M：$S\oplus R=S\oplus M\oplus S=M$。显然在这个方案中，任何一个持有人所掌握的信息只是消息M的部分碎片，无论他有多大的计算能力都不可能仅靠他个人掌握的消息碎片恢复出完整的消息M。

这种两个持有人秘密分割方案很容易推广到多个持有人。如果要在n个持有人中分割一个秘密M，那么需要选择$n-1$个随机比特串，并将它们与秘密M异或产生第n个比特串。显然，这n个比特串的异或即为M，只要将这n个比特串分别交给n个持有人，每人一个比特串，就实现了n个持有人的秘密分割。

秘密分割方案确实很简单，但它的缺陷也很明显。一方面，这个方案在恢复共享秘密时要求所有份额缺一不可，任何一部分丢失或者任何一个份额持有人出现意外，则共享的秘密就不能恢复，因此可能给个别份额持有者的损人不利己行为提供了机会，同时每次重构共享秘密都要求所有份额持有者必须同时到场，这也不利于方案的高效运用。另一方面，在秘密分割方案中，有一个实体占主导地位，他负责产生并分发份额，因此就有作弊的机

会，比如他可以将一个毫无意义的东西当做份额分配给一个持有人，但这丝毫不会影响共享秘密的重构，也没有人能够发现。

更复杂的秘密共享方案是门限方案(Threshold Scheme)，目前已经提出了多个具体的门限方案。其基本思想是，先由需要保护的共享秘密产生 n 个份额或者称为秘密影子(Shadow)，并且这 n 份额中的任意 t 个就可以重构共享秘密。通常 t 称为门限值(Threshold Value)；这样的方案称为 (t, n) 门限方案。下面是对 (t, n) 门限方案的正式定义。

定义 9.1 (t, n) 门限方案。

(t, n) 门限方案采用一个精心设计的方法作用于被共享的秘密信息 K，产生满足下面要求的 n 个秘密份额 k_1、k_2、…、k_n：

(1) 由任意 t 个已知的秘密份额 k_i 可以方便地计算出共享秘密信息 K。

(2) 若仅知道 $t-1$ 个或者更少的 k_i，则不可能确定共享秘密信息 K(这里所说的不可能是计算上不可能)。

然后，将 n 个秘密份额 k_1、k_2、…、k_n 分别授予 n 个不同的持有人保管，即可实现秘密共享。

由于重构共享秘密至少需要 t 个秘密份额，因此少于 t 个份额的暴露或泄密不会危害共享秘密的安全；同样少于 t 个持有人的共谋也不可能获得共享秘密；另外，少数秘密份额被丢失或损毁(只要不超过 $n-t$ 个)也不会影响共享秘密的重构。(t, n) 门限方案为多人共同掌管一个机密信息提供了可能。

(t, n) 门限方案还是一种非常灵活的秘密共享方案。门限值 t 决定了系统在安全性和操作效率及易用性上的均衡，只需要改变 t 的大小即可使系统在高安全性与高效、高易用性两个方面得到适当调整。增大门限值 t 意味着需要更多的秘密份额方可重构共享秘密，因此可以提高系统的安全性，但易用性会相应降低，不便于系统操作；减小门限值 t 情形则正好相反。

门限方案是由 Adi Shamir 和 George Blakley 于 1979 年分别独自提出的，其中，Shamir 提出的方案是根据 Lagrange 插值多项式算法构造的秘密共享方法；而 Blakley 则是利用线性几何投影法来构造秘密共享方案。在他们之后，更多的门限方案相继被提出，下面挑选几个有代表性的方案加以介绍。

9.4.1 Lagrange 插值多项式算法

Shamir 利用有限域上的多项式方程结合 Lagrange 插值多项式构造了一个 (t, n) 门限方案。该方案需要一个大素数 p，它应大于秘密份额的数目 n 和被保护的共享秘密 K，故 K 在有限域 $\mathbb{Z}_p$ 中。还需要一个任意挑选的 $t-1$ 次多项式 $h(x)=a_{t-1}x^{t-1}+\cdots+a_1x+K\in\mathbb{Z}_p[x]$，其所有系数 $a_i\in\mathbb{Z}_p(i=1, \cdots, t-1)$，常数项 K 是需要保护的共享秘密，且显然 $h(0)=K$。

上面选择素数 p 和多项式 $h(x)$ 的工作由一个可信中心或者称为庄家的机构执行，素数 p 需要公开，但所有系数 a_i 都必须保密。为了产生 n 个份额，可信中心还需要选取 n 个非零且互不相同的 $x_i\in\mathbb{Z}_p$，并计算出 $k_i=h(x_i)(i=1, 2, \cdots, n)$，将 (x_i, k_i) 作为秘密份额分配给 n 个共享者持有。其中，x_i 是公开的，通常可以直接取 n 个共享者的身份 $\mathrm{ID}_i(i=1, 2, \cdots, n)$，但每一个共享者必须保密他的秘密份额 k_i。

每个(x_i, k_i)对看成多项式$h(x)$在二维空间上的一个坐标点。由于$h(x)$是$t-1$次多项式，因此t个或t个以上的坐标点可唯一确定$h(x)$，从而得到共享秘密$K=h(0)$。假如已知t个秘密份额$(x_{ij}, k_{ij})(j=1, 2, \cdots, t)$，由 Lagrange 插值多项式可重构多项式$h(x)$如下：

$$h(x) = \sum_{l=1}^{t} k_{il} \prod_{j=1,\ j\neq 1}^{t} \frac{x - x_{ij}}{x_{il} - x_{ij}} \bmod p$$

因为$K=h(0)$，所以有

$$K = h(0) = \sum_{l=1}^{t} k_{il} \prod_{j=1,\ j\neq l}^{t} \frac{-x_{ij}}{x_{il} - x_{ij}} \bmod p$$

即K是t个秘密份额$(x_{ij}, k_{ij})(j=1, 2, \cdots, t)$的线性组合。若令

$$b_l = \prod_{j=1,\ j\neq l}^{t} \frac{-x_{ij}}{x_{il} - x_{ij}} \bmod p,\ l = 1, 2, \cdots, t$$

则

$$K = h(0) = \sum_{l=1}^{t} b_l k_{il} \bmod p$$

因为所有$x_i(i=1, 2, \cdots, n)$都是预先公开知道的，所以如果预先计算出所有$b_l(l=1, 2, \cdots, n)$，那么可以加快共享秘密重构时的运行速度。

【例 9.2】 假设$t=3$，$n=5$，$K=13$，$P=17$，$h(x)=2x^2+10x+13 (\bmod 17)$。选取$x_i=i(i=1, 2, \cdots, 5)$计算出 5 个秘密份额$k_1=h(1)=8$、$k_2=h(2)=7$、$k_3=h(3)=10$、$k_4=h(4)=0$和$k_5=h(5)=11$，分别交由 5 个人掌管。

现在假如知道了其中 3 个秘密份额k_1、k_3和k_4，根据 Lagrange 插值多项式可直接恢复出共享秘密K如下：

$$\begin{aligned} K = h(0) &= \sum_{l=1}^{t} k_{il} \prod_{j=1,\ j\neq 1}^{t} \frac{-x_{ij}}{x_{il} - x_{ij}} \bmod p \\ &= 8\frac{(-3)(-4)}{(1-3)(1-4)} + 10\frac{(-1)(-4)}{(3-1)(3-4)} + 0\frac{(-1)(-3)}{(4-1)(4-3)} \\ &= 8\cdot 2 + 10\cdot(-2) \\ &= -4 \\ &= 13 \bmod 17 \end{aligned}$$

Shamir 的 Lagrange 插值多项式门限方案是一个广受关注的秘密共享方案，它有如下优点：

(1) 它是一个完全的门限方案。由于秘密份额的分布是等概率的，仅知道$t-1$个或者更少的秘密份额与不知道任何秘密份额的效果是一样的，即达到了 Shannon 所称的“完全安全(Perfect Secrecy)”特性。

(2) 每个秘密份额的大小与共享秘密的大小相近。

(3) 可以扩充新的秘密共享者，且计算新的份额不影响任何原有份额的有效性。

(4) 它的安全性不依赖于任何未证明的假设。

9.4.2 向量算法

Blakley 提出的秘密共享方案利用了关于空间中的点的知识。如果将共享秘密映射到t

维空间中的一个点，且根据共享秘密构造的每一个秘密份额都是包含这个点的 $t-1$ 维超平面的方程，那么 t 个或 t 个以上的这种超平面的交点刚好确定这个点。

例如，如果打算用 3 个秘密份额来重构秘密消息，那么就需要将此消息映射到三维空间上的一个点，每个秘密份额就是一个不同的平面。若只有一个秘密份额，则仅知道共享秘密是这个份额表示的平面上的某个点；若有 2 个秘密份额，则可知共享秘密是这两个份额平面交线上的某个点；如果至少知道 3 个秘密份额，那么就一定能够确定共享秘密，这是因为它正好是这三个份额平面的交点。反过来，若仅知道 1 个或者 2 个秘密份额，要想恢复出共享秘密是不可能的，原因是一个面或者一条线上的点是不可穷举的。

9.4.3　高级门限方案

以上讨论的 (t, n) 门限方案都是最基本的门限方案，可以使用这些基本的门限方案来构造更复杂、更通用的门限方案。下面通过一些简单的例子来进行说明。

一个例子是在商业及类似的环境中，在对重大问题做决策时，一些人的意见会比另一些人的意见更重要，利用门限方案来实现这种机制可以通过给重要人物分配更多的秘密份额来解决。比如，一个总经理和一个副总经理可以决定启动一项重大行动，但如果总经理不在场，那么三个以上的副总经理也有权做出同样的决定。只需要为这项行动设置一个启动密钥，并根据该密钥构造多个秘密份额，为每个副总经理分配一个份额，而总经理则拥有两个份额，然后规定只要能够拿出 3 个秘密份额就可以恢复密钥，启动这一行动。

更进一步，可以让每个人都掌管不同数量的秘密份额，且不论所有的秘密份额按何种方式分布，由其中任意的 t 个或 t 个以上的秘密份额都能重现共享秘密，但如果只有 $t-1$ 个秘密份额，那么不管这 $t-1$ 个秘密份额是来自同一个持有者还是其他情况，都不能重构共享秘密。

更复杂的高级门限方案还可以在两个或多个团体之间共享一个秘密，并限定秘密重构时每一个团体必须提供的最少秘密份额数量。比如，要在两个团体 A 和 B 之间共享秘密，使得来自 A 的 2 个秘密份额与来自 B 的 3 个秘密份额一起都能恢复共享秘密(注意：A 的 3 个秘密份额和 B 的 2 个秘密份额不能重构秘密)。具体方法是：构造一个 3 次多项式，它是一个一次多项式和一个二次多项式的乘积。分发给团体 A 的成员每人的一个秘密份额是一次多项式的值，而分发给团体 B 的成员的秘密份额是二次多项式的值。团体 A 的任意两个成员都能够重构相应的一次多项式，但不管动用了 A 的多少成员，他们都不可能重构出对应的二次多项式，因此团体 A 不能独自享有共享秘密。对于团体 B 也是如此，他们只需要 3 个秘密份额就能重构相应的二次多项式，但却不能重构对应的一次多项式，也不能独享共享秘密。只有两个团体共同合作，将他们各自重构的多项式拿来相乘，才能重构秘密。此方案特别适合两个或多个存在竞合关系团体实现秘密共享。

9.4.4　有欺骗者情况下的密钥共享方案

在门限方案中，作为信任中心的庄家(简称庄家)和持有秘密份额的秘密共享者都有可能不诚实，以至于会发生欺骗行为。因此，需要研究如何检测或者防止这些欺骗行为的出现。

对于庄家的欺骗行为，一种情况是庄家选定了一个共享秘密，但却根据另一个假秘密来产生秘密份额给共享者。针对这种行为，可要求庄家生成并公布一个对应于真实秘密的承诺值(Commitment Value)来证明他的诚实性，即可阻止庄家的欺骗。

庄家欺骗的另一种情况是他对外公开的门限值是 t，而实际上选用的多项式 $h(x)$ 却不是 $t-1$ 次的多项式(这里以 Shamir 门限方案为例)。对于这个问题，现在有一种方法可以使共享者确信庄家所选的多项式 $h(x)$ 至多是 $t-1$ 次的，该方法如下。

(1) 庄家利用 $h(x)$ 产生所需数量的秘密份额，分发给共享者。

(2) 庄家另选大量 $t-1$ 次多项式，比如说 100 个：$g_1(x)$，$g_2(x)$，…，$g_{100}(x)$，并利用它们各自生成一套秘密份额，也分别分发给共享者。

(3) 全体共享者合作任选 50 个 $g_i(x)$，并根据相应的秘密份额将它们重构出来。如果重构的该 50 个多项式都是 $t-1$ 次的，那么几乎可以确信另外 50 个未重构的多项式 $g_i(x)$ 也是 $t-1$ 次的。

(4) 全体共享者合作，利用剩下的 50 个 $g_i(x)$ 和 $h(x)$ 对应的秘密份额，一一重构 $g_i(x)+h(x)$。如果所有重构出来的 $g_i(x)+h(x)$ 都是 $(t-1)$ 次的，那么几乎可以确信 $h(x)$ 至多是 $t-1$ 次的。在这个过程中，所有共享者要相互公开他们掌握的秘密份额之和 $g_i(x_j)+h(x_j)$，但这并不影响共享秘密的安全，原因是真正可用于恢复共享秘密的是秘密份额 $h(x_j)$，但 $h(x_j)$ 并没有泄露。

这个方案是 Benaloh 在 1986 年提出来的，它只能使每一个共享者确信庄家选用的多项式 $h(x)$ 至多是 $t-1$ 次的，但不能保证 $h(x)$ 正好是 $t-1$ 次的。如果多项式 $h(x)$ 次数低于 $t-1$，那么少于 t 个秘密份额也能恢复共享秘密，这将成为潜在的安全漏洞。因此，研究能够全面禁止庄家作弊的方案具有重要的意义。

共享者的欺骗行为更是多种多样，他们可能为了各种不同的目的并采取不同的方式进行欺骗。但总体上可以从两个方面认识欺骗者的企图：一是为了阻止共享秘密的正常恢复；二是为了得到其他共享者的秘密份额，从而使自己能够独自重构共享秘密。一般来讲，欺骗者想要实现他的企图，必须提供一个虚假的秘密份额。因此，如果能对共享者出示的秘密份额进行有效的真实性检测，就可识别出谁是欺骗者，然后立即终止同欺骗者的合作，从而阻止欺骗行为的发生。现在已经提出了一些针对不同场景的检测和识别方法来预防共享者欺骗，但仅能识别也许还不够，因为在识别欺骗者的同时，欺骗者可能已经获得了共享秘密或者他人的共享份额。下面介绍一种能够公平恢复共享秘密的方案，它能使欺骗者成功获得共享秘密的概率降到很低。

这个方案是 Martin Tompa 和 Heather Woll 在 1988 年提出来的，可以看做对 Shamir 门限方案的改进，但也适用于其他类似的门限方案。在这个方案中，庄家随机选取一个数值 $S<P$，并将需要保护的共享秘密 $K\neq S$ 隐藏于一个整数列：D_1，D_2，…，D_L，其中对某个随机的 i，$D_i=K$；而对任何 $j\neq i$，$D_j=S$。然后，庄家对外公布 S，并对数列中的每一个元素产生秘密份额及所有其他必需的参数，分发给全体共享者。

当有 t 个共享者希望重构共享秘密时，他们交换各自掌握的秘密份额及相关参数，依次重构 D_1，D_2，…，直到发现某个 $D_i\neq S$。此时，如果 D_i 不符合事先约定的某个条件，比如应满足 $D_i<P$ 等，那么可以肯定有欺骗者出现了，因此需要立即终止协议的运行，以阻止欺骗者得逞。如果 D_i 没有明显的差错，那么它可能是共享秘密 K，但也可能不是。对于

前者则可以确定没有欺骗者存在；若是后者则表明有人提供了假的秘密份额，但在这种情况下欺骗者还不能得到共享秘密。

有两种情况可能使欺骗者有机会得逞。第一种情况，如果欺骗者有能力确保每一次重构秘密时他都是最后一个提交秘密份额的话，那么他可以伺机决定出示真实的秘密份额还是伪造的秘密份额。因为最后提交秘密份额的欺骗者有机会先于其他人重构秘密，若他发现本轮恢复的 D_i 是 S，则他就诚实地拿出真实秘密份额；否则他就提交一个伪造的秘密份额，同时他独自获得了共享秘密。

第二种情况，如果欺骗者能够准确地预测出共享秘密 K 在哪一轮被重构出来，也就是说欺骗者能够预测 K 在数列中的位置，那么在此轮之前他一直出示真实的秘密份额，但在这一轮他提交一个伪造的秘密份额。结果，欺骗者独自导出共享秘密，而其他共享者对该秘密却一无所知。

如果系统具有“同时同步”能力，所有参与秘密重构操作的共享者都必须同时提交自己的秘密份额，那么上述第一种情况下的欺骗就不存在了。另外，由于共享秘密 K 随机隐藏于数列$\{D_i\}$之中，预测 K 的位置并不容易，只有 $1/L$ 的概率能够猜对 K 的位置，因此，如果系统能够“同时同步”，那么欺骗者成功的概率只有 $1/L$，当 L 取得足够大时，这个概率是很低的。

1995 年，Hung-Yu Lin 和 Lein Harn 进一步改进了上面的方案，提出一种不需要“同时同步”通信系统的更加公平的秘密共享方案，使秘密重构者可以逐个提交各自的秘密份额，而不会给欺骗者留下欺骗的机会。其方法如下：庄家将共享秘密 K 随机地隐藏于一个整数列 $D_1, D_2, \cdots, D_{j-1}, K, S, D_{j+2}, \cdots, D_L$，且 $D_1, D_2, \cdots, D_L$ 都是任意整数，$D_j = K$，$D_{j+1} = S$，S 对外公开。任选一种秘密共享方法，对数列中的元素一一产生并对全体共享者分发的秘密份额；在秘密恢复时，仍然是依次重构数列$\{D_i\}$的每一个元素。设想欺骗者仍然有能力在每一轮中都是最后提交份额，从而优先导出每一轮的共享秘密，但当他在某一轮导出 K 时，他并不能确定这一轮得到的就是真正的共享秘密 K，只有接着导出了 S 他才确信上一轮得到的就是 K，但此时所有参与者都已经知道 K 了，因此欺骗者并没有得到什么好处。在这个改进的方案中，欺骗者成功的概率仍然是 $1/L$，但系统不需要具备“同时同步”能力。

习 题 9

9-1 为什么要进行密钥管理？密钥的种类有哪些？

9-2 密钥管理的生命周期包括哪些阶段？

9-3 下面协议的目的是将会话密钥 K 安全地发送给 A 和 B，其中 K_{TA} 和 K_{TB} 分别是 KDC 与 A、B 的共享密钥。

(1) A 任选 N_A，发送消息($ID_A \| ID_B \| N_A$)给 KDC。

(2) KDC 计算 $E_{K_{TA}}(K \| ID_B \| N_A \| E_{K_{TB}}(K \| ID_A))$，并发送给 A。

(3) A 解出 N_A、K 和 $E_{K_{TB}}(K \| ID_A)$，验证 N_A 正是自己在(1)中所选取的之后，将 $E_{K_{TB}}(K \| ID_A)$转发给 B。

(4) B 解出 K，再任选 N_B，计算 $E_K(N_B)$并发送给 A。

(5) A 用 K 解密收到的 $E_K(N_B)$，记解密结果为 N'_B，再计算 $E_K(N'_B-1)$并发送给 A。

(6) B 用 K 解密收到的 $E_K(N'_B-1)$，记解密结果为 N''_B，若 $N''_B=N_B-1$，则成功分配会话密钥 K。

请解答：

(1) 分析上面协议中 N_A 的作用。

(2) 假定攻击者已经获得 A 和 B 过去通信的旧会话密钥 $\widetilde{K}$，那么攻击者需要怎样做才能冒充 A?

9-4　在 Diffie-Hellman 密钥交换协议中，攻击者如何实施中间人攻击?

9-5　在 Diffie-Hellman 密钥交换协议中，设素数 $p=11$，$g=2$ 是模 p 的本原根。

(1) 假如用户 A 的公开密钥 $Y_A=9$，请给出他的秘密密钥 X_A。

(2) 如果另一用户 B 的公开密钥 $Y_B=3$，请计算 A 与 B 的共享密钥 K。

9-6　在 Shamir 门限方案中，设 $t=3$，$n=5$，$p=17$，5 个秘密份额分别是 8、7、10、0、11，从中任选 3 个，构造插值多项式并求出共享密钥 K。

9-7　在公钥密码的密钥管理中，公开的加密密钥 K_e 和保密的解密密钥 K_d 的秘密性、真实性和完整性都需要确保吗? 为什么?

9-8　简述公钥证书的作用。

9-9　为了妥善保管一个电子保险箱的密码 k，管理员使用一个基于 Shamir 门限方案的(2, 20)门限密码方案，将该密码 k 分发给 20 个密码管理员进行管理。请回答以下问题：

(1) 如果所有密码管理员都是诚实的，那么打开保险箱至少需要多少人? 请说明原因。

(2) 如果 20 个密码管理员中有一个不诚实，不诚实的密码管理员会在密码重构过程中随机出示自己的信息，那么打开保险箱至少需要多少人? 请说明原因。

(3) 在有 1 个不诚实密码管理员的上述方案中，如果该保险箱只能试一次(即如果密码出错，该保险箱将永远关闭)，那么打开保险箱至少需要多少人? 请说明原因。

第 10 章　现代密码学发展前沿及应用

本章对现代密码学的一些最新进展和发展方向进行简要的概述和介绍，主要内容包括量子密码、混沌密码和 DNA 密码三部分。

10.1　量子密码

随着人们对量子信息技术的深入研究以及人们对信息系统安全需求的快速增长，当今，科学家们发现量子现象在信息科学中有着许多非常奇妙的应用，而量子信息技术在提高信息处理速度、确保信息安全、增大信息容量和提高检测精度等方面有着经典信息技术所无法比拟的优势，因而得到了快速发展并且得到了广泛关注。

10.1.1　量子密码的发展现状

量子密码的基本思想是由美国哥伦比亚大学的年轻学者 S. Wiesner 于 1969 年首先提出的，后来在 IBM 公司的 C. H. Bennet 和加拿大密码学者 G. Brassard 的推动下发展起来，20 世纪 90 年代进入研究高潮，目前仍是国际学术界的研究热点。经过几十年的研究，已形成了系统的量子密码理论体系，内容包括量子密钥分配、验证与存储，量子秘密共享，量子加/解密算法，量子身份认证和量子签名，量子多方安全协议，以及量子密码分析等几个方面。

在技术研究方面，1992 年美国 IBM 公司和加拿大蒙特利尔(Montreal)大学的学者采用微弱激光脉冲信号作为量子信号，在实验室首次实现了自由空间(空气)中的量子密钥分发。不久，美国 Los Alamos 实验室的研究人员实现了自由空间中 10 km 的传输。在 2002 年的《自然》(Nature)杂志上，德国和英国科学家合作完成了传输距离为 23.4 km 的自由空间量子密钥分配。这意味着可能穿过 10 km 的大气层实现地-空的量子密钥分配。相比于自由空间传输而言，光纤量子密钥分配更易实现和应用。当然，由于光纤存在损耗，因此光纤量子密码的传输距离仍然只能在几百千米的范围内。2004 年 6 月，美国 BEN 公司建立了世界上第一个量子保密通信网络。2005 年，瑞士 IDQuantique 公司和美国 MagiQ 公司都推出了第二代商用量子密钥分发(QKD)系统产品，这种商用的量子密钥分发系统使用弱激光脉冲模拟单光子，可以在长达 100 km 的光纤信道上进行点对点的量子密钥分发，密钥比特率可以达到 1 kb/s。

国内在量子密码方面的研究中也取得了一些进展。例如，上海交通大学从 1997 年开始量子密码方面的理论研究，先后完成了量子保密通信模拟器(V1.0)和量子身份认证系统样机，并在空间量子保密通信方面取得了一些成果。中国科学技术大学于 2004 年成功地在北京和天津之间 125 km 光纤中实现量子密钥分配和传送加密的动态图像，该图像经安全的量子密钥变换成密文在光纤中传送，在接收端再解密还原为原来的图像。量子密钥分配的误码率低于6%，经过纠错之后，传送图像的保真度达到令人满意的程度。这是当时国际上报道的最长距离传输的量子密码系统。除此之外，国内很多研究机构(如中国科学院物理研究所、华东师范大学等)都开展了量子密码方面的理论和实验研究。可以说，国内外对量子密钥分发技术的研究已经进入了工程实现的关键时期，在最近几年内量子密钥分发系统将应用于实际的保密通信系统中。

10.1.2　量子密码的相关理论基础

量子密码采用量子态(或称量子比特)作为信息载体，经由量子通道在合法的用户之间传送密钥。量子密码的一个最重要的安全性质是，如果有第三方试图窃听密码，那么通信的双方便会察觉。这种性质基于量子力学的基本原理：任何对量子系统的测量都会对系统产生干扰。第三方试图窃听密码，必须用某种方式测量它，而这些测量就会带来可察觉的异常。通过量子叠加态(或量子纠缠态)来传输信息，通信系统便可以检测是否存在窃听。当窃听行为低于一定标准时，一个有安全保障的密钥就可以产生了。

1. 量子比特

在经典(即非量子)世界中，是用电压来表示二进制位的。晶体管用逻辑来操作电压，实现布尔函数。在量子世界中，二进制位用量子位表示。一个量子位在量子系统中有两种状态。它是具有上旋和下旋的电子，或是可以在某个方向上发生偏振的光子。例如，可以用处于上旋状态的电子表示二进制位0，处于下旋状态的电子表示1，如图10-1所示。

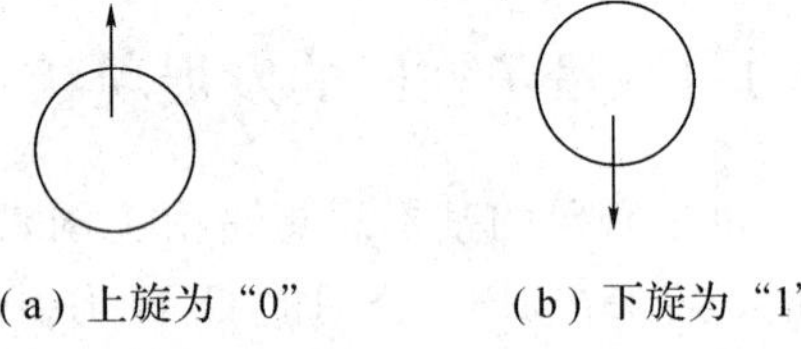

图10-1　量子位的状态

量子比特具有两种状态：$|0>$和$|1>$。其中“$|>$”称为Dirac记号，在量子力学中表示状态。与比特不同的是，量子比特的状态并不是0或1，而是一个连续的状态空间。量子比特的状态可以是这些状态的线性组合，表示如下：

$$||\Psi>=\alpha|0>+\beta|1>$$

其中，α、β是复数，而且α、β满足$|\alpha|^2+|\beta|^2=1$；$|0>$、$|1>$是二维复空间中的一组正交基。每个量子比特可以被看做这个二维空间中的单位向量。

2. 量子逻辑门

使用基本的量子逻辑门(如与非门、异或门、非门等)可以构造量子计算机。

1) 单比特量子逻辑门

由于量子比特的状态是线性的，对于某个量子比特

$$\alpha|0>+\beta|1>$$

如果通过量子非门，那么它可以变成

$$\beta|0>+\alpha|1>$$

该量子非门是一个线性变换，可以用矩阵表示为

$$\boldsymbol{X}=\begin{bmatrix}0 & 1\\1 & 0\end{bmatrix}$$

由于每个量子比特都可以表示成一个单位向量，因此要求用于表示这个量子非门的矩阵必须是酉阵。

2）多量子比特门

（1）受控非门。受控非门示意图如图 10－2 所示。

受控非门输入为左边两个量子比特 $|A>$ 和 $|B>$，输出为 $|A>$ 和 $|B\oplus A>$。当输入 $|A>$ 为 1 时，$|B>$ 取非。也就是说，若输入为 $|00>$，则输出为 $|00>$；若输入为 $|01>$，则输出为 $|01>$；若输入为 $|10>$，则输出为 $|11>$；若输入为 $|11>$，则输出为 $|10>$。

（2）Toffoli 门。Toffoli 门示意图如图 10－3 所示。

Toffoli 门有两个控制量子比特 $|A>$ 和 $|B>$ 及一个受控量子比特 $|C>$ 作为输入，输出的结果是 $|A>$、$|B>$ 和 $|C\oplus AB>$。当输入 $|C>$ 为 $|1>$ 时，可以得到 $|1\oplus AB>$，也就是与非门；当 $|A>$ 为 $|1>$、$|C>$ 为 $|0>$ 时，可以得到 $|0\oplus B>$。这样，就实现了对量子比特的输出。

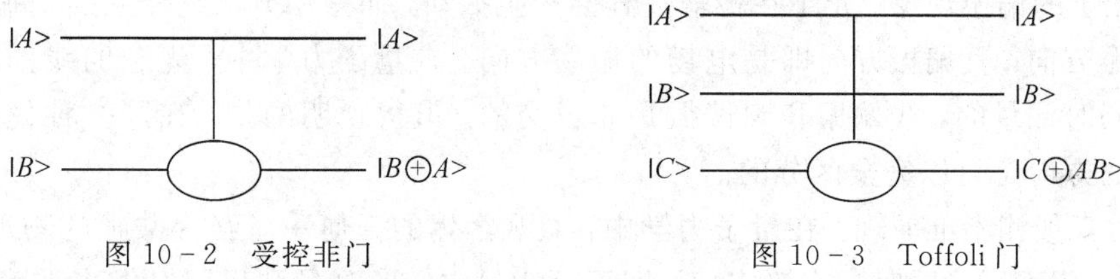

图 10－2　受控非门　　　　图 10－3　Toffoli 门

3. Bell 理论与 EPR 纠缠态

尼尔斯·波尔在 1927 年试图用互补性原理对量子力学进行解释。但爱因斯坦对量子力学中用概率进行量子描述存在疑问，认为“上帝不掷骰子”，并于 1935 年发表了题为“Can Quantum-Mechanical Description of Physical Reality Be Considered Complete?”的论文，他认为成功的物理理论应该同时满足理论正确及对这个理论的描述是完备的。

对于现实中的每一个物理量，在物理理论中都应该有一个对应物。爱因斯坦利用一个反例，证明了量子力学的理论描述是不完备的。他提出了一个假设，也就是后来被称为 Locality Principle 的原理：量子间的传输速度不超过光速，不存在超距作用。随后 Bell 于 1964 年指出，任何企图支持爱因斯坦的 Locality Principle 的理论都会和量子力学发生冲突。这就是 Bell 理论。

EPR 纠缠态也叫做 Bell 态，其形式如下：

$$|\beta_{00}>=\frac{|00>+|11>}{\sqrt{2}}$$

$$|\beta_{01}>=\frac{|01>+|10>}{\sqrt{2}}$$

$$|\beta_{10}>=\frac{|00>-|11>}{\sqrt{2}}$$

$$|\beta_{11}>=\frac{|01>-|10>}{\sqrt{2}}$$

以上四种状态中的每一种状态都是由两个量子比特构成的。利用纠缠态，可以在没有信道的情况下实现通信。

假如 Alice 和 Bob 在通信前曾经见过面，将一个 EPR 纠缠态中的两个量子分别拿好，如果Alice需要向Bob发送一个比特的信息，那么Alice只需要让该信息比特与其手上的纠缠态中的一个量子比特相互作用，然后测量本人的两个比特，并把测量结果告诉Bob；Bob根据Alice的测量结果，测量Alice手上的量子比特，就可以知道正确的结果。

在这个过程中，并没有违背量子不可克隆原理，最初承载信息的量子比特因为与纠缠态量子比特相互作用而改变了，只有Bob手中的那个纠缠态量子比特还保有信息，而且Alice和Bob必须通过传统的信道进行通信，将Alice的测量结果告诉Bob，这样Bob才能根据Alice的测量结果选择合适的测量方法(也就是滤波器)，才能恢复出信息。因此，这种被称为“量子隐形传态”的传输也没有超过光速。

4. 量子密码的物理基础

在量子密码技术中，量子密钥是依据一定的物理效应和原理而产生、分配的，这不同于以往的加密体制。量子密码主要基于如下物理基础和对应的原理：

(1) 光子的偏振现象。光子在传输过程会产生振动，而振动方向是任意的，每个光子都有一个偏振方向，其偏振方向即是电场的振荡方向。在量子力学中，光子的线偏振和圆偏振是不可同时测量的，线偏振和圆偏振是非正交的。值得说明的是，在同一种偏振态下的两个不同的方向是可以完全区分的。

(2) 海森堡测不准原理。在量子力学中，微观客体的任何一对互为共轭的物理量(如坐标和动量)，都不可能同时具有确定值，即不可能对它们的测量结果同时做出准确预言。在进行测量时，对其中一组量的精确测量必然导致另一组量的完全不确定，即遵循量子力学的基本原理——海森堡测不准原理。

海森堡测不准原理带来很多奇特效应。在量子世界中，不能100%地确定粒子的位置，只能用概率的方法表示。例如，只能说一个原子以99%的概率存在于某个地方，而仍有1%的概率在其他的地方，可能是宇宙中的任何一个地方。

(3) 量子不可克隆定理。量子不可克隆定理是海森堡测不准原理的推论。在量子力学中，对于非正交的两个量子状态不可克隆。这与经典计算机中的电子比特不同。在经典计算机中，信息可以被任意精确地复制，甚至在传统纸质媒体中，信息也可以很容易地被复制。在量子世界中，只有正交的两个量子状态才可以被复制，非正交的量子状态不可复制。

从目前的研究来看，量子密码具有两个基本特征：无条件安全性和对窃听者的可检测性。无条件安全性是指在攻击者具有无限计算资源的条件下仍然不能破译密码系统，量子密码的无条件安全性是基于量子不可克隆定理的。因此，量子不可克隆定理是保障量子密码无条件安全性的基石。所谓对窃听者的可检测性是指当通信双方的信道受到窃听或干扰时，通信者根据测不准原理可以同步检测出是否存在窃听或干扰。

10.1.3 量子密码的应用

近几年，国际上科技界和工业界均对量子密码技术显示出了极大的兴趣，它已被引入了计算机科学和物理学的最新前沿知识，并逐渐走向实际应用。量子密码技术主要应用在以下几方面。

1. 量子密钥分发和保密通信

量子密钥分发和保密通信是目前量子密码的主要应用。量子密钥的分发是指两个或者多个通信者在公开的量子信道上利用量子效应或原理来获得密钥信息的过程。世界上第一个量子密钥分发原型样机在 1989 年研制成功，它的工作距离仅为 32 cm。1995 年，英国电信在长达 30 km 的光纤上实现了量子密钥的传送，而差错率仅为 1.2%～4%。2003 年 7 月，中国科学技术大学、中国科学院量子信息重点实验室的科研人员开发一套基于量子密码的保密通信系统，该系统可以进行文本和实时动态图像的传输，刷新率达到 20 f/s。2004 年 6 月，美国 BBN 技术公司开发的量子密码通信网络正式投入使用，网络传输距离约为 10 km，该网络实现了网络各结点之间的通信，是量子密码技术的一个大突破。2005 年初，ID Quantique 公司启动了一个称为 Vectis 的量子密码系统，能在长达 100 km 距离的光纤上自动进行量子密钥的交换。

2. 公共决定

量子密码除可用于保密通信外，还可在保护专用信息的同时将这些信息用于做出公共决定。由 Claue Creapu 提出了一种公共决定的技术：允许两个人事先约定好一个函数 $f(x, y)$，它仅依赖于两个专有输入 x 和 y，其中一个人仅知道自己的专有输入 x，而另一个人仅知道自己的专有输入 y，他们都不会透露任何有关自己的输入信息给对方，只能通过自己的输入和函数输出来推知对方的输入。这种决策的经典例子是“约会问题”。在约会问题中，如果仅仅两个人互相喜欢时，他们才寻找一种决定约会时间的方式，而用不着泄露任何详细的信息；若两个人中的 A 喜欢 B 而 B 不喜欢 A，则 B 就用不着去弄清楚 A 是否喜欢自己而放弃约会，另外，则 A 不可避免地会了解到 B 不喜欢自己。还有许多其他的情况，公司或政府组织之间或者在个人和组织之间做出的共同决定取决于各方不愿完全泄露的保密信息，量子密码在这些场合也可得到应用。

3. 消息认证

量子密码也可用于证明一条消息确实出自某人且在传送过程中未被改动过。Wegman - Carter 的认证方式和量子密码分发技术能给通信双方带来好处：一方面，量子技术提供由这种认证方式所使用的密码本比特信息；另一方面，Wegman - Carter 认证方式又能成功地用于量子密码本的发布，即使在对手更为强有力(比如能更改公共信道传送的消息及偷听这些消息)的情况下也能如此。

4. 比特承诺

量子密码还可用于比特承诺，即量子比特承诺，可用来得到任意 NP 问题表述的零知识证明。此外，量子忘记传输是一种奇特的信息处理程序，可用来实现谨慎决定。该技术以不经意传输的方式来传送两条消息，以便接收者能够读出其中的任何一条消息但不能同时读出两条消息。

随着量子密码技术的不断发展，相信在不久的将来，量子密码技术在信息安全领域会得到更加广泛的应用。

10.1.4 量子密码分发协议

人们从量子密钥分发的设计、安全性以及实现等多个方面开展了研究，先后产生了很多种量子密钥分发方案，其中具有代表性的有：基于两组共轭正交基的四状态方案，其代表为 BB84 协议；基于两个非正交态的二状态方案，其代表为 B92 协议；基于 EPR 纠缠对的方案，其代表为E91协议；基于BB84协议与B92协议的六态协议。其中，BB84协议经过多年研究，概念明确，可行性高，简单可行，是公认的标准协议。B92协议虽然简单，但是可靠性较差。六态协议较复杂，窃听较难，但是筛后数据较少。E91协议在现有的技术条件下远不如BB84协议实用，因为EPR对的产生、传送以及贝尔不等式的判断都是很精细的工作，难以大量低成本地进行。

量子密钥分发需要通过量子比特的传输特性来实现，是一个动态的过程，这个特性使量子密钥的获取需要以下过程：首先产生量子比特；然后经过量子信道发送到需要建立共享密钥信息的其他用户，为了获得最终的密钥，这些用户需要接收并测量他们收到的量子比特串。在不同的方案中，量子比特串产生和分发的实现过程和原理有所不同，例如在BB84协议中传输的量子比特具有共轭特性，而E91协议中传输的是纠缠量子比特。通信双方在获取了随机的量子比特后，就来检测系统中的噪声和窃听者的干扰等情况。为了获得无条件安全性的量子密钥，还需要数据后处理的过程，如数据纠错和保密加强等，才能获得最终的密钥。

1. BB84协议

BB84协议是量子密码中提出的第一个密钥分发协议，该协议于1984年由Bennett和Brassa共同提出。BB84协议以量子互补性为基础，协议实现简单，却具有无条件的安全性。它可在超过30 km光纤范围，或超过100 m的自由空间距离内正常工作。BB84也是唯一被商业化实现的量子密钥分发协议。

BB84协议是用光子来描述的。光子的振动方向是任意的，若所有光子都沿着同一个方向振动，则称其为偏振光。偏振滤波器只允许某一方向偏振光子通过，或者说其他方向的偏振光予以一个概率转移到偏振器的方向。也就是说，如果光子的偏振方向与滤光器的方向一致，或夹角很小，那么光子通过滤波器的概率很大，夹角为90°的概率很小。BB84协议就是通过偏振滤波器来发送和接收光子而实现密钥分配的。

海森堡测不准原理和量子不可克隆定理保证了BB84协议的无条件安全性。BB84协议采用四个量子态(如右旋、左旋、水平和垂直偏振态)来实现量子密钥分配，通常事先约定：左旋和水平偏振态代表比特“0”，右旋和垂直偏振态代表比特“1”。也可以采用其他的编码方法，这种编码方法是公开的。

设想，如果A按照编码发送一个光子，B可以分别用四种偏振角的滤波器来测试，根据光子能够通过哪一个滤波器就可以确定光子的偏振角，从而得到A发送的信息。但是，海森堡测不准原理说明B不可能测量光子的两个量，偏振器的测量会改变光子的偏振角。如果A发送一个偏振态为“—”的光子(信息0)，B设置滤光器的偏振角为0°，那么B将测得一个光子，从而得到信息0；如果B设置滤光器的偏振角为45°，那么B只能得到一个随机值，且光子的偏振态也将改变。这时，即使B再改变滤光器的偏振角为0°，也不一定能得到信息0。这就是为什么量子密码协议能够发现窃听行为的基本原理。

量子密钥分配的操作步骤如下：

(1) Alice向Bob发送若干个光子，每个光子随机地选择右旋、左旋、水平或垂直四种偏振态中的任一种。

(2) Bob随机地选择线偏振基或圆偏振基来测量光子的偏振态，并记录下他的测量结果。

(3) Bob在公开信道上告诉Alice，他每次所选择的是哪种测量基，但不公布测量结果。

(4) Alice 在了解到 Bob 的测量基之后，便可确定 Bob 的测量基中哪些是选对的，哪些是选错的。Alice 通过公开信道告诉 Bob 留下选对基的测量结果作为密钥，而将选错的事件丢弃。这样，Alice 和 Bob 就可以 50% 的成功率建立完全相同的随机数序列(即共享相同密钥)。

(5) 为了检查是否有窃听者存在，Alice 和 Bob 从已建立的随机比特序列中抽样进行比对，如果发现误码率大于某个阈值(由单光子探测器的暗计数等决定)，那么表明有人窃听过，于是便丢弃这次的密钥不用，再次重复上述步骤进行量子密钥分配，直到确信无窃听者存在才认为密钥是安全、可用的。

图 10-4 所示为 BB84 协议实验原理图。Alice 的信号源提供量子状态，通过对称光束滤波器以后进入一个双臂 Mach-Zehnder 干涉仪，在其中的一臂中，Alice 用移相器 A 对量子进行相移；在另一端，Bob 用移相器 B 对接收到的量子比特进行相移。

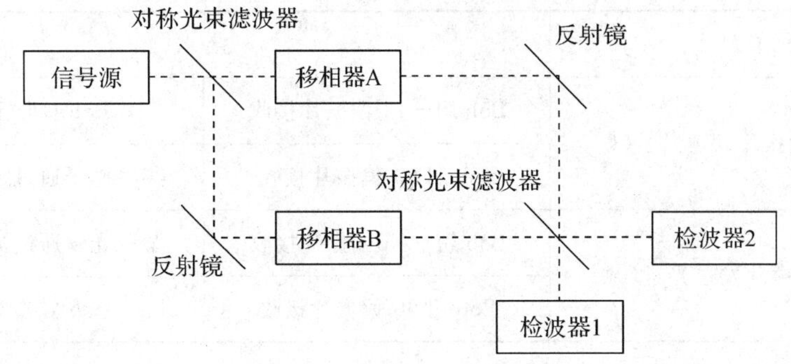

图 10-4　BB84 协议实验原理图

2. E91 协议

E91 协议是 1991 年英国牛津大学的学者 A. Ekert 利用 EPR 纠缠比特的性质提出的。其原理是利用量子纠缠的 EPR 关联光子对效应，即制备一对 EPROM 关联光子对，通信双方具有确定、不变的关联关系(如测得其中一个光子的极化态向上，同时远方的另一个光子的极化态一定向下)，且不随时间和空间的变化而变化。因此，两个具有确定关联关系的光场可用来建立通信双方间共享密钥的信息载体，任何窃听都会破坏这种关联，可基于贝尔不等式检验而被发现。根据量子力学原理，可证明 E91 量子密码协议是安全的。它与 BB84 协议类似，主要的区别在于 Bob 手上的量子不是由 Alice 通过光纤发送过来的，而是通过 Alice 和 Bob 之间的一个量子比特源，分别向 Alice 和 Bob 的方向发射 EPR 对，每边发射 EPR 对中的一个。这样，Alice 和 Bob 就有很多隐形传输的 EPR 对了。这种方法克服了量子无法在一根光纤中远距离传输的困难。

E91 协议描述如下：

(1) Alice 通过物理方法产生 EPR 粒子对，将每一个 EPR 粒子对中的 2 个粒子分发给 Alice 和 Bob，使 Alice 和 Bob 各自拥有一个粒子。

(2) Alice 随机地测量自己的粒子串，并记录结果。根据 EPR 光子纠缠态的性质，Alice 测量自己的粒子后，粒子对解纠缠，同时确定了 Bob 粒子的量子态。

(3) Bob 测量收到的量子比特串。

(4) Bob 随机地从所检测的结果中选取部分结果，将这些结果通过公共信道告诉Alice，根据贝尔理论检测窃听行为是否存在；检测 Alice 和 Bob 的光子是否关联，以此判断是否放弃本次通信。

(5) 根据获得数据协调方式对原始密钥进行纠错处理；然后采用保密性放大技术对经过数据协调后的密钥做进一步的处理，以提高密钥的保密性，并最终获得安全密钥。

E91 协议具有极好的安全性，因为量子比特在传输的过程中状态不确定，只有当合法的通信者对纠缠态中的粒子测量后，粒子的状态才确定。

3. B92 协议

B92 协议于 1992 年由美国 IBM 公司研究员 C. H. Bennet 独立提出。该协议是基于任何两个非正交量子态的量子密钥分配方案。下面以光子的偏振态为例，说明 B92 协议的基本原理，如表 10-1 所示。

表 10-1　B92 协议的基本原理

发送方	接收方	
Alice 用 45°偏振片发送光子(1)	Bob 用 −45°偏振片接收	Bob 接收不到光子
	Bob 用 90°偏振片接收	某些光子通过被 Bob 接收到
Alice 用 0°偏振片发送光子(0)	Bob 用 −45°偏振片接收	某些光子通过被 Bob 接收到
	Bob 用 90°偏振片接收	Bob 接收不到光子

为了传送密钥，Alice 以 0°和 45°两个偏振方向的光子代表二进制比特值 0 和 1，向 Bob 随机发送单光子脉冲序列，而 Bob 随机选择 90°或 −45°两个偏振方向进行接收。若 Bob 的偏振片方向垂直于 Alice 发送方向(50%概率)，则 Bob 接收不到任何光子；若成 45°，则 Bob 有 50%的概率接收到光子，而一旦接收到光子，Bob 就会知道光子的偏振方向，原因是只有一种可能性。因此，Bob 以 90°(−45°)方向接收到光子，他就知道 Alice 发送的偏振方向是 45°(0°)，对应着比特 1(0)。在接收 Alice 所发送的偏振光子完毕后，Bob 可以通过经典信道告诉 Alice，哪些光子被他接收到了。这样，双方就建立起密钥。

10.2 混沌密码

混沌动力学系统所具有的一些固有特点，使得所产生的混沌序列具备优良的密码学特性。自 1989 年 R. Mathews、D. Wheeler、L. M. Pecora 和 Carroll 等人首次把混沌理论使用到序列密码及保密通信理论以来，对数字化混沌密码系统和基于混沌同步保密通信系统的研究已引起了相关学者的高度关注，从这以后数字混沌密码学得到了广泛的研究，并得到了初步的使用。

由于混沌密码可用于信息加密、保密通信、扩频通信、智能卡加密、数字水印等方面，因此混沌密码学被视为现代密码学的重要研究前沿。

10.2.1 混沌系统理论

混沌系统是一种高度复杂的非线性动态系统。20 世界 60 年代，人们发现有一些系统，虽然描述它们的方程是确定的，但系统对初值具有极强的敏感性，即初值有极微小的变化，将引起系统不可预测的改变，从物理上看，运动似乎是随机的。这种对初值的敏感性，或者说确定性系统内在的随机性就是混沌。混沌理论产生后，它就与相对论、量子理论一起被誉为 20 世纪的三大科学革命。它打破了确定理论和随机理论之间的不可逾越的界限，揭示了自然界及人类社会普遍存在的复杂性，是有序和无序的统一，确定与随机的统一。

美国著名的气象学家 Lorenz 在研究天气预报问题时，首先发现了确定的方程中出现混沌现象。他将所研究的大气对流模式简化后，得到了如下的三维常微分方程组：

$$\begin{cases}\dot{x}=-\sigma(x-y)\\ \dot{y}=-xz+rx-y\\ \dot{z}=xy-bz\end{cases}\tag{10-1}$$

式(10－1)就是著名的 Lorenz 方程。固定参数为 $\sigma=10$，$b=8/3$，参数 r 可变，当 r 变化到大于 24.74 后系统就进入“混沌区”。对于混沌区内的参数 r 值，有时定常态是混沌解，即吸引子是奇怪的；有时也可能出现稳定的周期解。在 $r=28$ 时，动力系统呈混沌态。Lorenz 发表的关于混沌的几篇论文成为了研究耗散系统混沌现象的经典文献，为以后的混沌研究开辟了道路。

20 世纪 70 年代，混沌学的研究在多个学科领域同时展开。1971 年，法国的 D. Ruelle 和荷兰的 F. Takenes 联名发表了著名的论文“论湍流的本质”，在学术界第一次提出用混沌描述湍流形成机理的新观点。1975 年，正在美国马里兰大学攻读博士学位的华人李天岩和他的导师 J. Yorke 联名发表了一篇震动学术界的论文“周期三蕴含着混沌”，这是一个关于混沌的数学定理，定理描述了混沌的数学特征，为以后的一系列研究指引了方向。1977 年，第一届国际混沌会议在意大利召开，标志着混沌科学的诞生。

与其他的复杂现象相比，混沌系统有着自己的特征。

(1) 对初值的极端敏感性。这是混沌系统的一个主要特征，即使是十分相近的初始值，在经过系统数次迭代后均会产生很大的差别。这种对初始条件有敏感依赖性的动力学特性也称为蝴蝶效应。

(2) 内随机性。通常人们习惯把随机性的根源归结于来自系统外部的或者某些尚不清楚的原因的干扰作用，认为如果一个系统不受外来的干扰就不会产生随机性，这就是外随机性。而某些确定系统(已经用确定的微分方程描述)内依然会产生随机性，这种随机性称为内随机性。内随机性是混沌系统产生的根源。一般来说，由于内部随机性的作用，因而混沌系统具有局部不稳定性和整体稳定性。

(3) 分维性。分维性表示混沌运动状态具有多叶、多层结构，且叶与层越分越细，表现为无限层次的相似结构。

(4) 普适性。普适性是指不同的混沌系统在趋向混沌时表现出来的共同特征，它不以具体的系数以及系统的运动方程而变化。常提到的普适性有两种：结构普适性和测度普适性。普适性是混沌内在规律的一种体现。

(5) 标度性。标度性是指混沌运动无序中的有序态。其有序可以理解为：只要数值或实验设备足够精确，总可以在小尺度的混沌区看到有序的运动花样。

10.2.2 混沌密码的基本原理

最早将混沌系统应用于密码学的思想可以追溯到1949年香农(Shannon)出版的经典文章"Communication Theory of Security System"。自20世纪80年代以来，应用混沌系统构造新型密码系统的想法得到了越来越多的关注，这一想法来源于混沌系统和密码学系统之间的自然联系：强混沌系统的动力学特性大致对应着高强度密码学系统的某些安全特征，而具有良好混合性的传统密码系统又暗含着拟混沌现象。

混沌的许多基本特征，如对初始值的敏感性；产生伪随机的却又是确定可再生的序列；混沌轨道的极不规则性以及系统局部扩展、压缩、折叠，使得混沌系统的输出表现出伪随机性；指数发散性，如平面上任意接近的两点随着迭代的进行会呈指数性发散等，这些都和"混淆"、"扩散"等密码学特性相联系。也就是说，混沌系统具有密码学特性。

另外，传统的密码系统都是由确定的加密过程产生的伪随机序列，即密码系统具有类混沌特性。混沌系统与密码学的关系如表10-2所示。

表10-2 混沌系统与密码学的关系

关系	混沌系统	传统密码学
相似点	对初始条件和参数的极端敏感性	扩散性
	类似随机的行为和长周期的不稳定轨道	伪随机信号
	混沌映射通过迭代将初始域扩散到整个相空间	密码算法通过加密轮产生预期的扩散和混乱
	混沌映射的参数	加密算法的密钥
不同点	混沌映射定义在实数域	加密算法定义在有限集上
	混沌映射的混合特性和鲁棒性	密码系统的安全和性能

目前，混沌密码主要有两个研究方向：

(1) 以混沌同步技术为核心的混沌保密通信系统，主要基于模拟混沌电路系统。

(2) 利用混沌系统构造新的流密码和分组密码，主要基于计算机有限精度下实现的数字化混沌系统。

关于如何选取满足密码学特性要求的混沌映射是一个需要解决的关键问题。L. Kovarev在其文献中给出了这方面的一些指导性建议。选取的混沌映射应该至少具有如下三个特性：混合特性(Mixing Property)、鲁棒混沌(Robust Chaos)和大的参数集(Large Parameter Set)。

(1) 混合特性。将明文看做初始条件域，则混合特性是指将单个明文符号的影响扩散到许多密文符号中去。显然，该特性对应密码学中的扩散特性。具有混合特性的系统具有较好的统计特性，当迭代次数$n\to\infty$时，密文的统计性质不依赖于明文的统计性质，因而由密文的统计结构不能得到明文的结构。

(2) 鲁棒混沌。鲁棒混沌是指在小的参数扰动下，系统仍保持混沌状态。但是一般来讲，大多数混沌吸引子不是结构稳定的，而非鲁棒混沌的系统具有弱密钥。

(3) 大的参数集。密码系统安全性的一个重要的衡量指标是 Shannon 熵，即密钥空间子的测度，在离散系统中常用 $\log_2 K$ 近似，其中 K 为密钥的数目。因而，动力系统的参数空间越大，离散系统中反映的 K 就越大。

需要指出的是，具有上述属性的系统不一定安全，但不具备上述属性所得到的混沌加密系统必然是弱的保密系统。在选择混沌系统时，应该考虑在大的参数集中具有鲁棒混沌混合特性的系统。

10.2.3　混沌密码的设计和实现方案

从总体上看，混沌密码有两种通用的设计思路：

(1) 使用混沌系统生成伪随机密钥流，该密钥流直接用于掩盖明文。

(2) 使用明文和(或)密钥作为初始条件和(或)控制参数，通过迭代/反迭代(多次)的方法得到密文。

第一种思路对应于序列密码；第二种思路对应于分组密码。除了上述两种设计思路以外，最近还出现了一些新的设计思路，比如基于搜索机制的混沌密码方案、S 盒混沌分组密码、基于混沌系统的概率分组密码以及一些将混沌映射和传统密码学或其他混沌映射相结合的组合密码方案等。

1. 数字混沌流密码

密码按加密形式可分为流密码和分组密码。流密码又称为序列密码。数字混沌序列密码是用混沌系统来代替传统流密码的密钥流生成器。它是指利用单个或者单个级联的混沌系统产生的随机序列作为密钥，实现对原文的加密(包括文本、图像、声音和视频等)。至今已有许多混沌系统被用来设计产生流密钥，如二维的 Henon 吸引子、Logistic 映射、改进的 Logistic 映射、分段线性混沌映射和 Lorenz 系统等。为了增强安全性，可以考虑使用多混沌系统。比如可以让两个混沌系统的输出 $\{x_1\{i\},\ x_2\{i\}\}$，按约定方法进行比较以生成伪随机比特流 $\{k(i)\}$。若 $x_1\{i\}>x_2\{i\}$，则 $k(i)=1$；若 $x_1\{i\}<x_2\{i\}$，则 $k(i)=0$；若 $x_1\{i\}=x_2\{i\}$，则不输出任何数。

混沌序列的伪随机特性、长周期的遍历性等特性完全满足密钥流的要求，而且比传统密钥流生成器产生的密钥流的周期更长、统计特性更好。

2. 混沌分组密码

混乱和扩散理论是分组密码算法设计的基石。混乱试图隐藏明文、密文和密钥之间的任何关系，可以通过一个复杂的替代算法来达到这个目的；而扩散则是把单个明文单位或密钥位的影响尽可能扩大到更多的密文中去，可以通过重复使用数据的某种置换，并将置换结果再应用某个函数的方式来达到。

混沌分组密码通常以明文和(或)密钥作为初始条件和(或)控制参数，迭代/反迭代混沌系统产生密文。例如 Y. Habutsu 等提出了用斜 Tent 映射实现加密，具体做法如下：

以参数 a 为密钥，将明文分组 p 变换成(0，1)作为系统的初值。

加密时，计算 n 次逆映射 F^{-1} 得到密文

$$c=F^{-1}(F^{-1}(\cdots F^{-1}(p)\cdots))=F^{-n}(p)$$

在每次迭代时，需要随机地从 F^{-1} 的两个等式中选择一个，这意味着一个明文组将可

能有 2^n 种密文形式，只有其中的某一种密文形式被发送给对方。

解密时，计算 n 次映射 F 恢复出明文

$$p=F(F(\cdots F(c)\cdots))=F^n(c)=F^n(F^{-n}(p))$$

因为 F 是一个二对一的映射，所以在该计算过程中只需要一个参数 a。

3. 基于搜索的混沌密码

基于搜索的混沌密码的特点是从伪随机序列中搜索明文。其中具有代表性的有两大类，分别由 M. S. Baptista 和 E. Alvarez 首次提出。

M. S. Baptista 提出一种在伪随机序列中搜索明文的混沌密码。该类密码的伪随机序列就是其自身的混沌轨道。其基本原理可以简述如下：

将混沌间隙分成 S 个单元，每个单元代表不同的明文；迭代混沌系统，直至混沌轨道到达明文所代表的单元；记录迭代的次数，作为密文。

E. Alvarez 提出了另一种在伪随机序列中搜索明文的混沌密码。该类密码的基本原理简述如下：

首先根据门限来产生伪随机序列，任意选取初始值启动混沌系统，根据门限 U_i 来产生伪随机序列 C；然后在 C 中搜索含有 b_i 位的明文，直至找到为止；记录混沌系统的当前状态，并将 U_i、b_i 记录为密文。如果在相当长的时间内没有找到含有 b_i 位的明文，就将 b_i 减 1，重复上述过程，直至将明文找到为止。

4. S 盒混沌分组密码

通过混沌系统来构造 S 盒分组密码，是把混沌密码和传统密码结合起来的重要方式。由混沌系统来构造 S 盒分组密码有两种：动态 S 盒和静态 S 盒。

L. Kocarev 等人自 1998 年起，提出引入混沌系统构造静态 S 盒分组密码。李树钧首次明确建议用混沌系统来构造动态 S 盒密码，该密码包含一子混沌流密码和一子混沌分组密码。其基本原理如下：

使用 2^n+1 个分段线性混沌映射，其中 2^n 个用来加密 ECS(加密混沌系统)，而剩下的 1 个用来控制 CCS(控制混沌系统)。CCS 系统的初始条件和控制参数作为密钥。在子流密码中，用 2^n 个 ECS 系统迭代产生的信号来遮掩明文；在子分组密码中，通过对该 2^n 个 ECS 混沌系统的混沌轨道的分类，动态产生伪随机 S 盒；接着用该 S 盒来替代被流密码遮掩过的明文。这种密码的加密速度快，而且容易硬件实现，但是安全性不高，可以通过内部反馈或密文反馈来提高安全性。

5. 基于混沌系统的概率分组密码

Papadimitriou 提出的密码是一种概率分组密码。它将 d 比特的明文加密为 e 比特的密文($e>d$)。其基本原理如下：

(1) 给定一个(或多个)混沌系统产生一个归一化的(即缩放到[0，1]单元区间上)拟混沌轨道$\{x(n)\}_{l=1}^{\infty}$。

(2) 使用$\{x(n)\}_{l=1}^{\infty}$来构造一个虚拟状态空间，即一个由 2^d 个虚拟吸引子的列表，要求该 2^d 个虚拟吸引子将分别对应 2^e 个虚拟状态 $1\sim 2^e$。构造方法是：在序列$\{\mathrm{round}(x(n)\cdot 2^e)\}_{l=1}^{\infty}$中搜索 $1\sim 2^e$，直到所有的整数都被找到为止(即置乱 $1\sim 2^e$ 的排列次序)；选择 2^d 个状态作为虚拟吸引子，并伪随机地将剩下的 2^e-2^d 个状态分配到这 2^d 个虚拟吸引子上去。

(3) 使用一个一一置换矩阵 **P** 将每个虚拟吸引子 Va 和一个消息明文字符联系起来。**P** 是一个索引自 0 开始的 1×2^d 的向量，其元素是 2^d 个置乱的位于 $1\sim2^e$ 之间的虚拟吸引子。

但该类密码有几个缺点：明文长度 d 和密文长度 e 在可实现性和安全性上存在矛盾；没有明确地给出如何选取 2^d 个虚拟吸引子和分配 2^e 个虚拟状态等。

10.2.4　混沌密码的应用

随着混沌密码研究的深入，越来越多的领域开始使用混沌密码对信息进行加密。目前广泛应用的主要有混沌保密通信、基于混沌的图像加密算法、基于混沌的语音加密算法、基于混沌的身份标识加密算法、基于混沌小波的彩色数字图像盲水印算法等。下面简单介绍混沌密码在保密通信和图像加密算法中的应用与现状。

1. 混沌保密通信

近年来，随着宽带网的发展，各种数据开始在网上流行。在因特网上传输数据，方便快捷、不受地域限制、效率高，但由于不同的需求，网络上的数据有很多是要求保密的。这些数据不仅涉及个人隐私，而且涉及国家安全，因此网络数据的保护越来越受到社会的关注。

保密通信的要旨是用某种方法将被传送的信息加密。在接收端，只有掌握适当的密钥，才能对收到的信息解密；否则，即使信息被截取，也难以破译。混沌信号的非周期性连续宽带频谱，类似噪声的特性，使它具有天然的隐蔽性。另外，由于混沌信号对初始条件的高度敏感，即使两个完全相同的混沌系统从几乎相同的条件开始演化，它们的轨道将很快变得互不相关，这使得混沌信号具有长期不可预测性和抗截获能力；而且具有多个正的 Lyapunov 指数的超混沌系统，有着更为复杂的运动轨迹，这使得混沌信号具有很高的复杂度；同时，混沌系统本身又是确定性的，由非线性系统的方程、参数和初始条件所完全决定，因此又使得混沌信号易于产生和复制。混沌信号的隐蔽性、不可预测性、高复杂度和易于实现等特性都使它特别适合用于保密通信。

近几年混沌的同步控制理论开始成熟，为混沌在通信中的应用准备了理论基础。与其他加密算法不同的是，混沌加密是一种动态加密方法，由于其处理速度和密钥长度无关，因此这种方法的计算效率很高，尤其是它可用于实时信号处理，同时也适用于静态加密的场合。用这种方法加密的信息很难被破译，具有很高的保密度。

混沌用于保密通信的想法，最初是由 Tag 等人在研究了混沌同步电路之后提出的。随后 Endo 和 Chua 研究了锁相电路的混沌初步效应；Carrol 和 Pecora 研究了 Newcomb 电路的混沌同步现象，证明了某些混沌系统被统一信号连接时的确能保持同步。Kocarev、Cuomo 等人都证实，即使在连续摄动存在的情况下，混沌同步效应过程也是稳定的。Halle 仍以 Chua 电路为驱动系统，而把信息源改成可调节的信号，结果发现，解码过程对于不匹配的参数极其敏感，而匹配时则可以恢复原来的信息。从此混沌系统的保密通信问题引起了人们的广泛重视，开始了混沌同步在保密通信中应用的新阶段。

经过艰苦的努力，人们在 PC 同步的基础上，先后提出了主动-被动同步法、微扰反馈同步法、自适应同步法等，并基于这些同步方法，建立了多种混沌通信方案，如混沌掩盖、混沌切换等。但是，目前几乎所有的对混沌保密通信方法的研究中，都假设传输信道是理想的，这个假设使得目前的混沌通信系统无法在实际中应用，原因是时变信道将破坏同步，这是混沌系统的强非线性造成的。另外，进一步研究表明，基于混沌同步的低维保密通信系统的抗破译技术能力还是极其有限的。

混沌通信方式多种多样，但其基本思路是相同的，即把被传输的信息源加在某一由混沌系统产生的混沌信号上，产生混合类的噪声信号，对信息源加密；该混合信号发送到接收器上后，再由相应的混沌系统分离其中的混沌信号，即解密过程，进而恢复出原输送的信息源。由于混沌同步效应的存在，使得这一解密过程能够实现。

尽管目前混沌保密通信的应用仍然处于实验室阶段，但由于混沌保密通信具有实时性强、保密性高、运算速度快等明显的优点，已显示出其在通信领域的强大生命力。

2. 基于混沌的图像加密算法

随着多媒体技术的广泛应用，图像信息已经成为人们获取信息的重要手段。但是图像数据与文本信息不同，它有着自己的特点，如冗余度高、数据量大、像素间的相关性强等。这使得传统的加密算法在处理图像数据时显得效率不高、效果不理想。

针对图像信息的一些特点，近几年发展了多种图像加密技术，按照看待问题的角度不同，大致有以下几种分法。按加密的对象来分，图像加密可分为两类：一类是直接对图像数据进行加密；另一类是对图像数据编码的辅助信息进行加密。若按照加密时有无图像压缩来分，则图像加密可分为有数据压缩的加密和无数据压缩的加密两类。按加密手段不同，图像加密也可分为两类：一类是应用图像数据的特点，再加上现代密码技术来达到加密的目的；另一类是建立一种完全新式的密码体制来达到对图像数据加密的目的。

基于混沌的图像加密算法把待加密的图像信息看做按照某种编码方式变成的二进制数据流，利用混沌信号来对图像数据进行加密。在这种算法中，使用混沌原理产生伪随机序列，所用方法是：利用一个非线性映射，按照所选择的初始密钥产生混沌信号，经过适当的变换得到混沌输出序列。理论上，混沌信号由于具有对初始条件的高度敏感、快速衰减的相关函数和宽功率谱而成为伪随机信号的极佳候选者，可以用来对信息进行加密处理。同时它又是由非线性系统方程、参数和初始条件完全决定的。只要系统的参数和初始条件相同，该混沌信号就可以复制，从而可以从密文信息中解密出原有的信息。

目前，广泛应用于加密的混沌算法采用一维混沌映射(如 Logistic 映射)来实现，它的形式简单，运用方便，对密钥极端敏感。Logistic 混沌系统表述为

$$a_{k+1}=\mu\cdot a_k\cdot(1-a_k),\quad k=0,1,2,\cdots \tag{10-2}$$

其中，$3.569\,946\cdots\leqslant\mu\leqslant 4$，$a_0\in(0,1)$。这样，Logistic 映射产生的混沌序列可以定义在(0, 1)上，即得到定义在(0, 1)上的伪随机序列$\{a_k\}_{k=0}^{\infty}$。

基于 Logistic 映射的图像加密算法的基本思想是：由 Logistic 映射产生的混沌信号经过变换后得到一个中间量，然后构造一种变换，使得产生的中间量的混沌特性能传递到图像的像素中，从而达到加密图像的目的。加密密钥由混沌系统的初值和迭代次数构成。具体步骤为：

(1) 对 Logistic 映射模型取 x_0 为初始值迭代 K 次得到 $x_{(1,1)}$。

(2) 通过下列运算得到中间量 $A_{(1,1)}$：

$$A_{(1,1)}\equiv(x_{(1,1)}(\mathrm{mod}\,1))\times10^4$$

进而得到加密图像像素的灰度值 $C_{(1,1)}$。

(3) 基于步骤(1)中产生的 $x_{(1,1)}$ 和步骤(2)中产生的加密图像像素的灰度值 $C_{(1,1)}$，可以得到下次的迭代次数 K_1：

$$d \equiv (160 \times (x_{(1,1)} \times 256 + C_{(1,1)}))(\mathrm{mod}\,256)$$
$$K_1 \equiv 25 + ((K_0 + 3 \times d)(\mathrm{mod}\,75))$$

(4) 设定 $x_{(1,1)}$ 作为响应混沌模型下一次迭代的初始值。

(5) 重复步骤(1)～(4)共 $M \times N - 1$ 次，直到产生所有的加密图像像素的灰度值为止。

图 10 - 5 给出了应用以上方法加密图像的效果图。

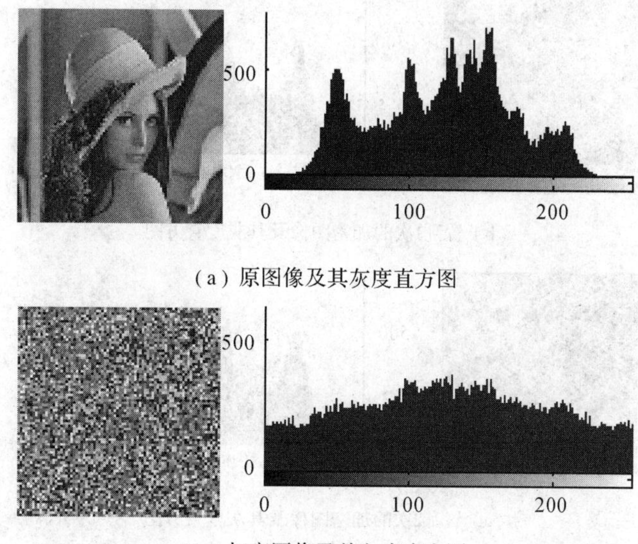

(a) 原图像及其灰度直方图

(b) 加密图像及其灰度直方图

图 10 - 5　加密图像效果图

除了基于一维混沌映射的分组密码外，还有由 Jiri Fridrich 等人发展起来的一种基于二维混沌映射的分组密码加密体制。这种体制的基本思路是：应用二维混沌系统(如 Arnold 映射)实现对明文的置换操作，进行多次迭代来实现对数据的有效加密。这种加密技术特别适合对图像数据进行加密。

以典型的二维 Arnold 映射为例，其定义形式如下：

$$\begin{cases} x_{n+1} = (x_n + y_n) \bmod 1 \\ y_{n+1} = (x_n + 2y_n) \bmod 1 \end{cases} \tag{10-3}$$

其中，mod 1 表示只取数字的小数部分，即 $x \bmod 1 = x - \lfloor x \rfloor$。因此 (x_n, y_n) 的相空间限制在单位正方形[0, 1]×[0, 1]内。二维 Arnold 映射生成序列的分布情况如图 10 - 6 所示。

在此基础上，研究者进一步给出了二维 Arnold 映射的整数推广形式，提出的广义 Arnold 映射定义如下：

$$\begin{bmatrix} x_{n+1} \\ y_{n+1} \end{bmatrix} = \begin{bmatrix} a & b \\ c & d \end{bmatrix} \cdot \begin{bmatrix} x_n \\ y_n \end{bmatrix} \bmod N \tag{10-4}$$

应用式(10 - 4)定义的整数形式映射，可以实现对图像的置乱加密，图 10 - 7 给出了相应的加密结果。

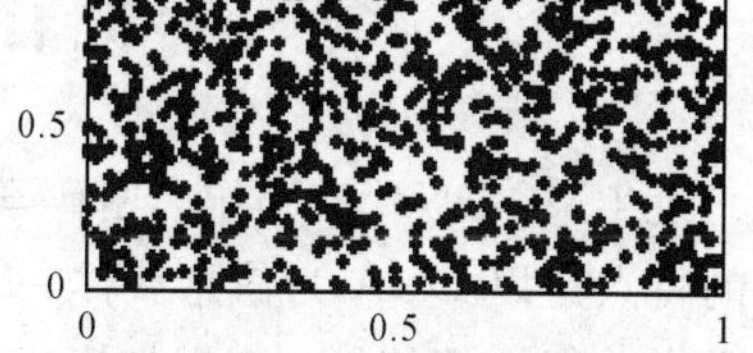

图 10 - 6　二维 Arnold 混沌序列分布情况

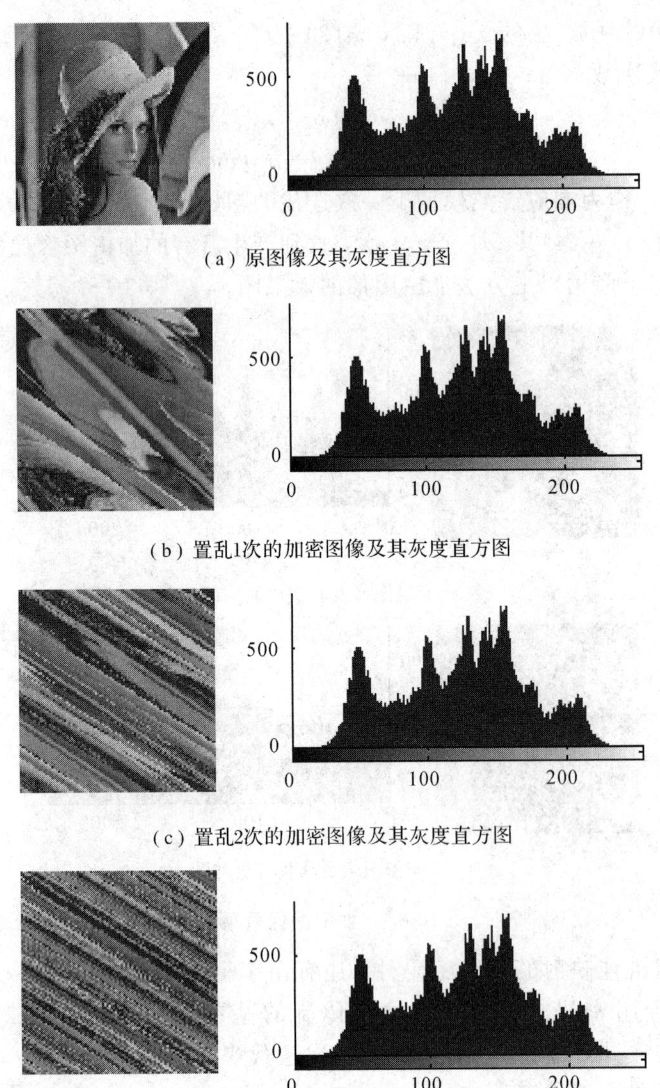

(a) 原图像及其灰度直方图

(b) 置乱1次的加密图像及其灰度直方图

(c) 置乱2次的加密图像及其灰度直方图

(d) 置乱3次的加密图像及其灰度直方图

图 10-7　图像加密结果

应用这种图像加密技术可以获得：可变的密钥长度(进而获得不同级别的安全性)；相对大的分组尺寸(几 KB 或更大)，这对于大数据的图像特别合适；相对高的加密效率。同时，因为加密过程不需要图像预处理，因而节省了时间。当然，也因为没有进行数据压缩，加密后的图像密文在通信时会占用较多的资源，对通信系统运行造成一定的压力。

10.3　DNA 密码

近年来，DNA 密码作为密码学的一个新领域，伴随着对 DNA 计算的深入研究而出现。它的特点是以 DNA 为信息载体，以现代生物技术为实现工具，挖掘 DNA 固有的高存储密度和高并行性等特性，实现加密、认证和签名等密码学功能。

10.3.1　DNA 计算

DNA 的学名是脱氧核糖核酸，是一切生物细胞中都具有的遗传物质。在生物遗传中，生物机体的遗传信息编码在 DNA 分子上，并通过 DNA 的复制由亲代传递给子代。在后代的生长发育过程中，遗传信息由 DNA 转录给 RNA，然后翻译成特异的蛋白质，以执行各种生命功能，使后代表现出与亲代相似的遗传性状。DNA 是一种高分子化合物，组成它的基本单位是脱氧核苷酸，每 1 分子的脱氧核苷酸是由 1 分子磷酸、1 分子脱氧核糖和 1 分子含氮碱基组成的(其中，含氮碱基共有四种：腺嘌呤(A)、鸟嘌呤(G)、胞嘧啶(C)和胸腺嘧啶(T))。这是 DNA 的化学组成。DNA 的组成结构非常完美，它是由两条双向平行的脱氧核苷酸长链围绕一个共同的纤维轴旋转而成的(其内部是通过碱基配对形成的有规则的双螺旋结构，其中腺嘌呤(A)与胸腺嘧啶(T)配对，鸟嘌呤(G)与胞嘧啶(C)配对，虽然组成 DNA 分子的碱基虽然有四种，但配对方式只有两种)。因为碱基对是可重复排列的，所以 DNA 分子具有多样性。

近年来，人们在研究生物遗传的同时，也发现 DNA 可以用于遗传学以外的其他领域，如信息科学领域。1994 年，Adleman 等科学家实现了世界上首次 DNA 计算，解决了一个 7 结点有向汉密尔顿回路问题。这一结果表明，利用 DNA 计算特定问题是可行的，该算法的新颖性并不仅仅在于算法和计算的并行性，而在于它是完全通过生物技术实现的，也体现了 DNA 这种物质作为计算媒体潜在的并行性。此后，有关 DNA 计算的研究不断深入，所获得的计算能力也不断增强。1995 年，Lipton 在 Adleman 的基础上解决了更有趣的 NP 完全问题。1997 年，Ouyang 等人又利用 DNA 计算解决了另一个 NP 完全问题(即图的最大团问题)。2000 年，美国威斯康星(Wisconson)大学的 Liu 等人介绍了一种基于表面计算的 SAT 问题的解决方法。到了 2002 年，Adleman 用 DNA 计算机解决了一个有 20 个变量、24 个子句、100 万种可能的 3－SAT 问题，这是一个 NPC 问题。

DNA 算法解决计算问题的基本思想是：利用 DNA 特殊的双螺旋结构和碱基互补配对原则，对计算问题进行编码，把要运算的对象映射成 DNA 分子链，在 DNA 溶液的试管里，在生物酶的作用下生成各种数据池；然后按照一定的规则将原始问题的数据计算高度并行地映射成 DNA 分子链的可控的生化过程；最后利用分子生物技术(如聚合酶链反应(PCR)、聚合重叠放大技术(POA)、超声波降解、亲和层析、克隆、诱变、分子纯化、电泳、磁珠分离等分子生物学技术)获得最终运算结果。简而言之：以 DNA 碱基序列作为信息编码的载体，在试管内生物酶的作用下进行 DNA 的序列反应来实现运算。以反应前的 DNA 序列作为输入数据，反应后的 DNA 序列作为运算结果。DNA 具有超大规模并行性、超高容量的存储密度以及超低的能量消耗，非常适用于信息领域。利用 DNA，人们有可能生产出新型的超级计算机，它们具有前所未有的超大规模并行计算能力，其并行性能远超过现有的电子计算机。这将给人们带来惊人的计算能力，引发一场新的信息革命。

10.3.2　DNA 密码的研究现状

在现代密码系统中，密钥是随机独立选取的，而超大规模并行计算机非常适用于对密钥进行穷举搜索。Boneh 等人用 DNA 计算机破译了 DES，并且声称任何小于 64 位的密钥都可以用这种方法破译。Salomaa 也宣称，现有的很多数学难题可以通过 DNA 计算机进行穷举搜索得到结果，而其中很多难题都是现代密码系统的安全依据。DNA 计算机能够破译 DES 及解决 NP 完全问题，主要原因是 DNA 分子具有信息处理的高度并行性、超高容量的存储密度以及超低的能量消耗。DNA 计算高度并行，可以同时攻击计算问题的不同部分，对传统基于计算安全的密码体系提出了挑战。

另外，随着 DNA 计算的发展，有科学家开始把 DNA 计算用于密码学领域。它包括 DNA 加密、DNA 隐写和 DNA 认证三个方向的研究。Gehani 提出利用 DNA 序列作为载体，采用异或和映射替代的方法来实现一次一密的密码体系；Clelland 等人提出利用 DNA 隐藏消息；而 Leier 设计了两种利用 DNA 二进制序列实现信息隐藏的密码方案；Kazuo 等人实现利用 DNA 解决密钥分配的问题等。DNA 计算提供分子级的并行处理能力，引入了崭新的数据结构和计算方法，在对传统的信息安全技术提出挑战的同时也带来了新的机遇。

虽然 DNA 计算的研究对 DNA 密码的发展有一定贡献，但这种贡献是间接的，Adleman 等人提出的 DNA 计算并不能直接成为 DNA 密码。DNA 计算使用 DNA 技术解决计算难题，而在 DNA 密码中，各种生物学难题被用做 DNA 密码的安全依据。DNA 密码的加密和解密过程可以被看做计算的过程，而并不是所有的 DNA 计算都与保密有关。此外，DNA 密码也不同于遗传密码，遗传密码属于基因工程领域，涉及 DNA 在生物遗传方面的知识和作用等。

10.3.3 几种典型的 DNA 密码

DNA 密码学的研究主要包括 DNA 加密技术、DNA 隐写技术和 DNA 认证三个方向的研究。现在，人们已经提出了几种 DNA 密码方案，其中比较有代表性的方案包括 Gehani 的基于 DNA 的加密技术，Clelland 等人提出的 DNA 隐写技术等。Gehani 的方案体现了 DNA 的超高存储密度，但实现困难。Clelland 的方案实现相对容易，其用 PCR 技术解密的方法既与 DNA 计算相关联，又在后续的 DNA 密码研究中得到了广泛应用。

1. DNA 加密技术

在 DNA 密码系统中，需要对输入的明文进行分割，使其成为具有固定长度的短的明文段。一次一密的加密方法是使用随机密码本将明文新消息转换成加密的文本。关于随机一次性密码本的安全性有两点原则：一是密码本必须确实是随机的；二是密码本只使用一次。这种使用随机一次性密码本的密码系统，是唯一一种被认为绝对不可破译的密码系统。同样，重复使用密码本就会增加被窃听器解密消息的风险。这两点原则规定了 DNA 序列所应具有的性质。首先以 DNA 链的形式秘密地建立随机一次性密码本，进一步假设发送方和接收方预先共享特定的一次性密码本。这一假设需要初始时刻在发送方和接收方进行一次性密码本的传递，而溶液中 DNA 非常紧密的特性可以使这一传递过程比较容易。

美国杜克大学的 Gehani 教授等人设计了两种 DNA 序列的一次一密加密方案：映射替代法和异或法。利用这两种方案实现的一次一密加密体制是具有绝对安全性的。Gehani 等人也将 DNA 计算引入非对称加密体制中，他们提出利用 DNA 极强的并行计算能力与巨大的信息存储容量，采用比通常加密算法具有更高复杂度的算法以提高密码系统的强度。Cehani 的方法在本质上是利于 DNA 作为信息载体，利用生化技术在 DNA 分子上实现传统的密码算法，但该方法对密码算法本身并没有做出任何改进。

1）映射替代法

映射替代的 DNA 加密系统也就是一次性密码本的替代加密系统，其输入是长为 n 的被分割成固定长度的二进制明文消息。替代的一次性密码本由一张表组成，该表将所有可能的明文字符串映射为固定长度的密文字符，因此存在唯一对应的逆映射。在加密过程中，明文中的每个块被替代表中的密文字符取代；而解密则是反替代过程。

在使用替代加密的情况下，希望以随机而可逆的方式，将试管中的 DNA 链（明文消息）转换成另一组完全不同的链（密文消息）。将明文加密为 DNA 密文链，同时将明文链移出。替代算法需要一次性密码本 DNA 序列来完成这种转换。该方法需要有许多小段构成的长的 DNA 密码本，每个小段又包括密文字符及附加在后面的与其相应的明文。在明文转换成密文的第一步中，可以将字符对 DNA 链看做一张查询表。理想的一次性密码本是由大量的密码本组成的，每个密码本提供完全唯一的随机的从明文到密文字符对的映射。

2）异或法

异或法是采用生物分子技术进行 DNA 明文序列与密码本序列的异或操作。下面对如何进行逐位比特异或运算做简要介绍。

对于消息的每个比特 M_i，构造一个序列 a_i，它代表了一个长的输入序列的比特。通过利用适当的粘接序列，将消息 M 的 n 比特组合为一个序列 $a_1a_2\cdots a_n$，作为每个二进制输入的染色体支架链。另有一部分染色体支架链 $a_1'a_2'\cdots a_n'$ 建立在随机输入的基础上，并作为一次性密码本。

设想许多最初由 PCR 或适当的技术来创建和克隆的形式，如 $a_1'a_2'\cdots a_n'$ 的染色体支架，在发送方和接收方进行分离和存储。当发送方需要加密时，通过引入染色体支架、一次性密码本染色体支架、分子瓦和各种不同的用来完备分子瓦的序列，以及收/发方都知道的前缀索引标志等来传递染色体支架。创建输入染色体支架和在支架上组合分子瓦的过程，已由 LaBean 在实验室中成功实现。最终，加法粘接酶产生了连续的报告链 $R=a_1a_2\cdots a_n \parallel a_1'a_2'\cdots a_n' \parallel b_1b_2\cdots b_n$，它贯穿在整个组装过程中。可以通过溶解和净化分子瓦的小序列来提取这一包括了输入消息、密钥和明文的报告链。

DNA 具有体积小、存储量大的优点。1 克 DNA 就包含有 1021 个碱基，或者说 108TB，几克 DNA 就能够存储世界上现有的所有数据。所以，DNA 非常适合用于存储一次一密乱码本。Gehani 的方案考虑了 DNA 的高容量存储特性，具有潜在的使用价值，也许会成为解决一次一密乱码本存储的有效方法。不过，制备一个能够方便地分离并读取出数据的大规模 DNA 一次一密乱码本非常困难。对于发送方和接收方来说，都要进行目前看来还有些复杂的生物学实验，需要在一个装备精良的实验室里才能实现，因此加密和解密的成本也很高，严重限制该方案的可行性。

2. DNA 隐写技术

隐写术是一种将秘密信息隐藏到其他信息中的技术。在隐写术系统中，初始明文并不用加密，而是伪装或隐藏在其他的数据中。已有的一些隐写术系统使用网格来显示图像中除秘密消息以外的所有信息，有的系统在大型图像中隐入微型图片，有的系统使用不可见的水印等。密码学文献一般认为，传统的隐写技术的安全性比较低，并且还有许多实际中隐写技术被破译的例子。但是，由于隐写术的简易性，人们还是非常关注隐写术。很多技术把隐写术应用到生物分子计算的内容中。DNA 隐写技术的原理，就是利用大量的与 DNA 无关的信息隐藏加密后的信息，使得攻击者难以确定正确的 DNA 片断。因此，只有正确的接收方才能根据事前双方约定的信息找到正确的 DNA 片段，并获取隐藏于其中的信息。

关于 DNA 隐写术的试验最早是由美国纽约市立大学西奈山医学院 Clelland 等人完成的，他们将一个第二次世界大战中的著名信息进行了 DNA 隐写，并成功将其提取出来。Clelland 等人的试验方法如下：

(1) 编码方式。他们没有采用传统的二进制编码方式，而是把核苷酸看做四进制编码，用 3 位核苷酸表示 1 个字母。例如，字母 A 用核苷酸序列 CGA 表示，字母 B 用核苷酸序列 CCA 表示。

(2) 合成消息序列。把需要传送的消息按上面的编码方式编成相应的 DNA 序到，如 AB 用 CGACCA 表示。编码结束以后，人工合成相应的 69 个核苷酸的 DNA 序列，并在 DNA 序列前、后各链接上有 20 个核苷酸的 5′和 3′引物。这样，需要隐藏的 DNA 消息序列就准备好了。

(3) 信息隐藏。用超声波把人类基因序列粉碎成长度为 50～100 的核苷酸双链，并变性成单链，作为冗余的 DNA 使用，再把含有信息的 DNA 序列混杂到冗余的 DNA 序列中，喷到信纸上形成无色的微点(Microdots，每个微点包含数量以亿计的 DNA 分子)，就可以通过普通的非保密途径传送了。

(4) 信息读取。接收方和发送方的共享秘密是编码方式和引物。接收方收到含有消息 DNA 微点的信纸后，提取出微点中的 DNA。由于接收方预先通过安全的途径得到了引物，因此他可以用已有的引物对 DNA 微点中的消息序列进行聚合酶链反应(PCR)扩增，通过测序得出消息 DNA 序列，然后根据预先约定的编码方式恢复出消息(明文)。

DNA 隐写技术的安全性基于这样一个概念：其他人(截获者或攻击者)在没有特征或者标记的情况下，无法区分“混淆”链和消息链，因此，为了得到消息链，截获者需要寻遍整个空间。换句话说，只有在已知密钥相关消息的情况下，截获者才能够成功解密。任何单一的攻击都不能产生比随机抽取一个链获得更多的信息。为了达到这一安全性要求，必须考虑两个方面：第一，每一个“混淆”链都需要有和消息链同样的结构，也就是不可分的；第二，对消息的 DNA 编码可以抗拒语言统计攻击。

3. DNA 认证

严格来说，DNA 认证利用的是 DNA 的生物特性，并未涉及太多的 DNA 计算。目前，DNA 认证已用于司法、金融等领域来准确认证生物个体的身份。

DNA 认证技术是利用分子生物的 DNA 具有的序列专一性及复杂性，将 DNA 进行特殊强化处理，使得 DNA 可与特殊媒介均匀混合，并且能于常态下长久保存，以达到广泛应用的目的。2000 年加拿大 DNA Technology 公司把 DNA 序列用于当年悉尼奥运会的授权产品认证，近 5000 万个纪念品——从奥运 T 恤到咖啡杯都被一种特殊的墨水做了标记。标记中的 DNA 片段随机地取自近百名运动员中的某一位的基因组，伪造该 DNA 信息是十分困难的。用一个便携扫描器扫描纪念品上的墨水标记中的 DNA 信息，就可以鉴别纪念品是否是真品，而所增加的成本仅为 5 美分，比通常的全息商标更便宜。当前，国内的陆博生物科技公司、南开大学戈德集团公司等均已推出了类似的产品用于 DNA 防伪与认证。

10.3.4　DNA 密码的应用

DNA 计算的高度并行性和 DNA 的密集存储信息的能力，使得 DNA 在密码学上的应用主要包括一次一密加密体制和基于 DNA 计算的密码分析、认证和防伪等方面。

1. DNA 一次一密加密体制

DNA 的高容量存储特性，使得 DNA 非常适合用做存储一次一密乱码本。DNA 一次一密加密体制具有潜在的应用价值。但是，分离并读取出数据的大规模 DNA 一次一密乱码本非常困难，复杂的生物学实验增加了加密和解密的成本。因此，DNA 一次一密加密体制的广泛应用受到了一定的限制。

2. 基于 DNA 计算的密码分析

使用 DNA 计算能对现代密码系统进行分析，破译 DES、RSA、背包密码、NTRU 密码系统等。Richard Lipton 和 Dan Boneh 最早在这一领域进行了研究。1996 年他们给出了使用分子计算机破译数据加密标准的方法，所采用的是比较直接而朴素的方法——明文密文对破译法。在此基础上，阿德尔曼等人又给出了使用 Sticker 模型破译数据加密标准的方法，这种模型主要使用 DNA 分子记忆链和粘贴来进行计算。

张文龙(Weng - Long Zhang)和郭敏意(Min - Yi Guo)等人利用 DNA 计算设计了整数因子分解的方法，从而破解了 RSA 算法。

背包问题是一个 NP 困难问题，石晓龙尝试利用 DNA 分子计算方法求解整数背包问题；随后，M. Darehmiraki 和 M. H. Nehi 利用 DNA 计算的高度并行性在试管中求解背包问题。他们都通过结合生物芯片技术，实现了可行解的提取和最优解的选择。

NTRU 公钥密码体制以速度快、安全性强等优点被广泛应用于数据加密、数字签名等领域。Pelletie 借助自组装的思想，利用暴力破解的方法，对所有可能的密钥进行卷积计算，根据 NTRU 的特点找到密钥并详细分析系统复杂度。

在现有的 DNA 计算模型下，把时间复杂度转换成了空间复杂度，计算量越多，需要的 DNA 分子就越多。一旦问题复杂到突破了生化技术所能操作的 DNA 片段的物理极限时，DNA 计算仍然鞭长莫及。所以，按照现有的 DNA 计算模式，DNA 计算机虽然极大地提高了人们破译密码的能力，但并不能对密码系统的安全性构成真正的威胁。

3. DNA 认证和防伪

与现代密码学相比，DNA 密码无法通过现有的电子计算机网络进行传输，所以 DNA 密码在使用现有的电子计算机加密和使用因特网传输方面都不如数学密码方便。现阶段，DNA 密码应该是现有的数学密码的有益补充，适合特殊领域的特殊应用，如认证、防伪等。DNA 运用于认证和防伪领域具有以下三大优势：

(1) 无法复制。应用于认证和防伪的 DNA 序列是随机组合而成的，具有唯一性，如需要复制必须使用专一的引物进行反应，故仿冒者无法复制。

(2) 应用广泛。DNA 可与许多媒介相结合，如油墨、颜料、胶水、塑胶、化妆品、饮料等，几乎可应用于各行业的认证和防伪。

(3) 安全可靠。DNA 分子无毒，对人体不会有任何伤害，可应用于各类食品、药品及保健品的生产。

DNA 密码具有一些潜在的、独特的优良特性。这些潜在的优良特性包括：DNA 密码的加密和解密过程有可能利用 DNA 计算所体现出的超大规模并行性，实现快速加密和解密；DNA 密码可以利用 DNA 的生物化学特性，实现前所未有的高密度数据存储；DNA 密码的安全性不依赖于困难数学问题，对量子计算机这样的超级计算机的攻击免疫。如果今后量子计算机强大到足以攻击数学的密码系统，DNA 密码对量子攻击免疫的能力就显得尤其重要。由于 DNA 密码具有上述优良特性，因此 DNA 密码在未来很可能就会成为新一代密码系统，与数学密码以及量子密码配合使用。

但限于目前的科学水平，现有的 DNA 密码技术还存在两个问题：一是缺乏相关的理论支持。DNA 密码还没有建立起相应的理论，DNA 密码的实现模型是什么，其安全性依据在哪里，具体应该如何实现等，这些问题都还没有解决。二是实现困难，应用代价高昂。已有的 DNA 密码技术，在加密和解密阶段往往需要人工合成消息 DNA 序列等生物学实验，现有的生物技术水平使得 DNA 密码在实际应用中很不方便。今后，人们希望能找到新型的、真正适合 DNA 特性的计算模式，使 DNA 密码充分发挥自身优势，从而应用于更广泛的领域。

量子密码采用量子态作为信息载体，经由量子通道在合法的用户之间传送密钥。量子密码的安全性由量子力学原理所保证，如果有第三方试图窃听密码，那么通信的双方便会察觉。量子密钥分发是目前量子密码的主要应用，其中具有代表性的量子密钥分发协议有 BB84 协议、B92 协议和 E91 协议。

混沌密码从总体上看有两种通用的设计思路：一种设计思路对应于序列密码，使用混沌系统生成伪随机密钥流，该密钥流直接用于掩盖明文；另一种设计思路对应于分组密码，使用初始条件，通过多次反复迭代得到密文。目前，混沌密码的主要应用有混沌保密通信、基于混沌的图像加密算法、基于混沌的语音加密算法等。

DNA 密码以 DNA 为信息载体，以现代生物技术为实现工具，利用 DNA 计算的高度并行性和 DNA 密集的存储信息的能力，实现一次一密加密、DNA 隐写、认证和防伪等密码学功能。

习 题 10

10－1　量子密码有哪些优点？

10－2　混沌密码在安全性方面有哪些特点？

10－3　谈谈你对新密码技术的看法。

参考文献

[1] Mao Wenbo. Modern Cryptography：Theory and Practice[M]. Prentice Hall，2003.

[2] Talbot John，Welsh Dominic. Complexity and Cryptography：An Introduction[M]. Cambridge University Press，2006.

[3] Rothe Jörg. Complexity Theory and Cryptology[M]. Springer，2005.

[4] Stallings William. Cryptography and Network Security：Principles and Practice (Second Edition)[M]. 北京：清华大学出版社，2002.

[5] Schneier Bruce. 应用密码学：协议、算法与 C 源程序[M]. 北京：机械工业出版社，2005.

[6] 卢开澄. 计算机密码学 [M] . 3 版. 北京：清华大学出版社，2003.

[7] 章照止. 现代密码学基础[M]. 北京：北京邮电大学出版社，2004.

[8] Stinson Douglas R. 密码学原理与实践 [M]. 2 版. 北京：电子工业出版社，2003.

[9] 陈天洲，陈纯，谷小妮. 计算机安全策略[M]. 杭州：浙江大学出版社，2004.

[10] 杨义先，钮心忻. 网络安全理论与技术[M]. 北京：人民邮电出版社，2003.

[11] Spillman Richard. Classical and Contemporary Cryptology[M]，Pearson Education，Inc，2005.

[12] 杨波. 现代密码学 [M]. 4 版. 北京：清华大学出版社，2017.

[13] 郑东，李祥学，黄征，等. 密码学：密码算法与协议[M]. 北京：电子工业出版社，2014.

[14] Shamir Adi. Identity-Based Cryptosystems and Signature Schemes[C]. Advances in Cryptology：Proceedings of CRYPTO 84，Lecture Notes in Computer Science，1984,7：47 - 53.

[15] BonehDan，Franklin Matthew K. Identity-Based Encryption from the Weil Pairing [M]. SIAM J. of Computing，2003，32(3)：586 - 615. Extended abstract in the Proceedings of Crypto 2001，Springer-Verlag，2001，LNCS 2139：213 - 229.

[16] Chaum D，Antwerpen H van. Undeniable Signatures[C]. Advances in Cryptology-Proceedings of CRYPTO 1989，Springer Verlag，1989：212 - 216.

[17] Chaum D，Heyst E. Group Signatures[C]. Advances in cryptology：proceedings of Eurocrypt 1991，Heidelberg：Springer-Verlag，1991：257 - 265.

[18] Rivest R L ，Shamir A，Tauman Y. How leak a secret[C]. Proc. of 7th International Conference on the Theory and Application of Cryptology and Information Security，2001，December 9 - 13 ：552 - 565.

[19] Mambo M，Usuda K，Okamoto E. Proxy signatures for delegating signing operation [C]. Proc 3rd ACM Conference on Computer and Communications Security，1996：48 - 57.

[20] Zheng Y. Digital signcryption or how to achieve cost (signature & encryption).

Cost(signature) ＋cost(encryption) [C]. Advances in Cryptology-CRYPTO'97, LNCS 1294, Springer-Verlag, 1997: 165－179.

[21] Lin H Y, Harn L. Fair reconstruction of a secret[J]. Information Proceeding Letters, 1995, 55(1): 45－47.

[22] 李承祖. 量子通信与量子计算[M]. 北京：国防科技大学出版社，2000.

[23] 廖晓峰，陈勇. 混沌密码学原理及其应用[M]. 北京：科学出版社，2009.

[24] 陈晖. 密码前沿技术：从量子不可克隆到DNA完美复制[M]. 北京：国防工业出版社，2015.